大数据管理与应用系列教材

新形态·立体化

数据结构与数据库技术

（微课版）

主编 ◎ 王凤军

机械工业出版社

本书是为"数据结构与数据库"课程编写的教材，也可作为学习数据结构和数据库技术的参考用书。本书分为两部分：第 1 部分为数据结构，包括数据结构与算法分析、线性表、栈和队列、树和二叉树，以及查找和排序等内容；第 2 部分为数据库技术，包括数据库技术基础、关系数据库、数据库管理、数据库设计等内容。

本书为微课版教材，各章节的重点、难点内容和部分自测练习的详细解析都配备了以二维码为载体的微课视频，能够为学生学习提供方便。

本书内容精练，结构合理，重点突出，案例翔实，通俗易懂，每章后均附有自测练习题。

本书主要面向数据结构与数据库的初学者，可作为大数据管理与应用、信息管理与信息系统、计算机及管理类其他相关专业应用型本科的教材，也可供自学计算机程序设计和数据库技术的读者参考。

图书在版编目（CIP）数据

数据结构与数据库技术：微课版/王凤军主编. —北京：机械工业出版社，2022.7

大数据管理与应用系列教材

ISBN 978-7-111-70893-3

Ⅰ.①数… Ⅱ.①王… Ⅲ.①数据结构–教材②数据库系统–教材 Ⅳ.①TP311.1

中国版本图书馆 CIP 数据核字（2022）第 089778 号

机械工业出版社（北京市百万庄大街 22 号　邮政编码 100037）
策划编辑：刘琴琴　　　　　责任编辑：刘琴琴　侯　颖
责任校对：史静怡　张　薇　封面设计：鞠　杨
责任印制：郜　敏
三河市骏杰印刷有限公司印刷
2022 年 7 月第 1 版第 1 次印刷
184mm×260mm · 14 印张 · 346 千字
标准书号：ISBN 978-7-111-70893-3
定价：45.00 元

电话服务　　　　　　　　　网络服务
客服电话：010-88361066　　机　工　官　网：www.cmpbook.com
　　　　　010-88379833　　机　工　官　博：weibo.com/cmp1952
　　　　　010-68326294　　金　书　网：www.golden-book.com
封底无防伪标均为盗版　　机工教育服务网：www.cmpedu.com

前 言 PREFACE

随着个人计算机和互联网技术的迅猛发展，以计算机技术为核心的信息技术正在深刻地改变着人们的工作方式、生活方式和思维方式。作为软件设计技术的理论基础，"数据结构"与"数据库"不仅是高等学校计算机类专业以及电子信息类专业学生必修的两门专业基础课程，而且也是大数据管理与应用、信息管理与信息系统专业的核心课程。随着课程建设的改革、课时的大量缩减，如何使相关专业学生在有限的课时内更好地掌握这两门课程的内容，并能在实际的软件开发过程中自如地应用相关知识和技术，已经成为摆在广大教师面前的严峻课题。

本书根据《普通高等学校本科专业类教学质量国家标准》的相关要求，结合相关专业课程建设改革及目前的教学实际，精心梳理了"数据结构"与"数据库"课程的相应知识单元，通过大量算法和技术案例诠释了相关原理与应用技术，注重理论知识的基础性和对学生实践应用能力的培养。通过对"数据结构与数据库"课程的教学，旨在帮助学生掌握各种数据结构的基本原理和算法，提高复杂程序设计能力，培养良好的程序设计习惯；使学生掌握数据库系统的理论知识、关系数据结构、基于结构化查询语言（SQL）的数据库管理以及数据库设计技术。

全书共 9 章，分为两大部分。第 1~5 章为第 1 部分，系统地介绍了数据结构的相关理论及其应用。其中，第 1 章主要阐述了数据结构的相关概念以及算法分析方法；第 2 章重点介绍了线性表的顺序存储与链式存储结构特点、相关操作的实现方法，以及线性表的应用；第 3 章以栈和队列为代表，分析了特殊线性表的存储表示与实现技术；第 4 章是树和二叉树，主要介绍了二叉树的定义、性质、存储方式及遍历算法，并以哈夫曼树和编码为例讨论了二叉树的应用；第 5 章为查找和排序，重点介绍了线性表查找、二叉排序树查找和散列表查找方法，以及插入类、交换类和选择类相关排序算法。第 6~9 章为第 2 部分，系统地介绍了数据库技术及其应用。其中，第 6 章主要介绍了数据库的相关概念、数据模型及数据库系统的组成与体系结构；第 7 章描述了关系数据结构与关系代数运算，以及关系规范化理论知识；第 8 章以 SQL 和 SQL Server 为背景，阐述了数据库管理的相关知识与技术，包括数据定义、数据查询、数据更新、安全性与完整性、事务与并发控制等内容；第 9 章结合软件工程的思想介绍了数据库设计过程，初步讨论了数据库概念结构设计、逻辑结构设计与物理结构设计等问题。

本书具有以下特点：

（1）面向应用型本科高校，根据相关专业人才培养目标要求，精心组织相关知识点和

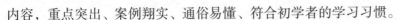

内容，重点突出、案例翔实、通俗易懂、符合初学者的学习习惯。

（2）结构严谨，数据结构与数据库技术两部分内容衔接紧密，能引导学生更好地理解、掌握数据结构与数据库的原理和方法。

（3）在内容表达上，既注重原理又重视实践，也有益于启发学生的思维和创新意识；对相关算法的分析翔实，选取的典型例题和自测练习使学生能够更好地掌握课程的基本内容。

（4）对于各章节的重点、难点内容和部分自测练习的详细解析，配备了以二维码为载体的微课视频，为学生课后复习、扫清学习障碍提供了便利条件。

本书既可作为大数据管理与应用、信息管理与信息系统、计算机及管理类其他相关专业应用型本科的教材，也可供自学计算机程序设计和数据库技术的读者参考。希望本书能成为广大读者的良师益友。

本书由王凤军担任主编，陈寅飞和许乔文参与编写。第1~6章由王凤军编写，第7章和第9章由许乔文编写，第8章由陈寅飞编写。最后由王凤军对全书进行了统稿，并对全书内容进行了仔细的校核。

本书的出版得到了云南民族大学省级一流本科专业建设点项目的资助，在此对学校领导、教务部门及学院相关领导和同仁的支持与帮助表示由衷的感谢！

本书编写过程中参考了许多同行的研究成果和相关资料，本书的出版得到了机械工业出版社的大力支持和辛勤付出，在此一并表示诚挚的谢意！本书的出版也离不开家人的鼓励和照顾，感谢他们的默默奉献。

由于编者水平有限，书中难免存在不足之处，恳请广大读者及同行专家批评指正。

编　者

二维码清单

（续）

（续）

目 录 CONTENTS

第 2 部分　数据库技术

第 1 部分

数 据 结 构

第 1 章　数据结构与算法分析

导读

　　计算机科学是一门研究数据表示和数据处理的科学。早期的计算机主要用于数值计算，现在的计算机主要用于非数值计算，包括处理字符、表格和图像等具有一定结构的数据。这些数据之间存在着某种联系，只有理解清楚数据的内在联系，合理地组织数据和存储数据，才能对它们进行有效的处理，设计出高效的算法，这就是"数据结构"主要研究的问题。可以说，数据结构是一门研究非数值计算程序设计中的操作对象，以及这些对象之间的关系和运算处理（操作）的学科。

本章要点

- 掌握与数据结构和算法相关的概念与术语
- 准确理解数据的逻辑结构和存储结构
- 掌握算法时间复杂度的分析方法

 1-1　第1章
内容简介

1.1　相关概念与术语

　　无论使用何种语言编写程序，都离不开一个共同的主题——对数据进行处理。然而，计算机程序需要处理的绝不仅仅是单个数据，而是具有内在联系的一组数据，甚至可能是数据量极为庞大的海量数据。从数据的角度来看，数据结构抽象出数据之间的内在联系；从处理的角度来看，算法则概括出为了实现一定功能需要对数据进行的操作。

　　算法与数据结构是紧密相关的。不同的数据结构上有与之相适应的算法，数据结构决定了算法的效率，甚至制约着算法的可行性。通过程序设计相关课程的学习，读者已经对数据结构和算法有了一定的了解（如对数组的全部元素进行排序），但是对数据结构和算法概念的理解还不够深入和全面。本节先介绍与数据结构相关的一些基本概念和术语，以使读者更科学、准确地理解数据结构的抽象含义。

1.1.1　数据、数据元素、数据项和数据对象

数据（Data）：是能够被计算机识别、存储和加工处理的信息的载体，是对客观事物的符号表示。对于计算机科学而言，数据的含义极为广泛，并且随着技术的进步，数据所能描述的信息越来越丰富。例如，数值计算中用到的整数和实数，文本编辑中用到的字符串，多媒体程序处理的图形、图像、音频、视频信息等，经过转换都能够形成计算机可操作的数据。

数据元素（Data Element）：数据元素也称为结点，它是数据的基本单位，用于完整地描述一个客观事物。在计算机中，通常将数据元素作为一个整体进行考虑和处理。在不同的情况下，数据元素又可称为记录、顶点等。例如，学生信息表中一名学生的记录，道路交通网络中一个城市的信息（顶点）等，都被称为一个数据元素。

数据项（Data Item）：数据项是组成数据元素的、有独立含义的、不可分割的数据，是数据的最小单位。例如，描述学生信息记录中的学号、姓名、性别等都是数据项。非数值计算问题中许多数据元素都是由多个数据项组成的。

数据对象（Data Object）：是具有相同性质的数据元素的集合。例如，整数数据对象是集合 $Z = \{0, \pm 1, \pm 2, \cdots\}$，字母字符数据对象是集合 $C = \{'A', 'B', \cdots, 'Z', 'a', 'b', \cdots, 'z'\}$，学生基本信息表也可以抽象为一个数据对象。因此，不论数据元素集合是无限集（如整数集），或是有限集（如字母字符集），还是由多个数据项组成的复合数据元素的集合（如学生表），只要集合内数据元素的性质相同，都可称之为一个数据对象。

1.1.2　数据结构

数据结构（Data Structure）通常是指数据对象当中若干个数据元素的集合，以及这些数据元素之间存在的关系，即数据的组织形式和存储（表示）方式。换言之，数据结构是带"结构"的数据元素的集合；其中，"结构"反映了数据元素之间存在的关系。

描述数据元素之间的关系有两个层次，即逻辑层次和物理层次。进而，数据结构的研究内容一般包含三个方面：数据的逻辑结构、数据的存储结构以及数据的运算。

1. 数据的逻辑结构

数据的逻辑结构是对数据元素之间存在的逻辑关系的一种抽象描述，它与数据的存储无关，是独立于计算机的。数据的逻辑结构可以看作是从具体问题抽象出来的数学模型，反映了数据的组织形式。

数据的逻辑结构有两个要素：一是数据元素，二是数据元素之间的逻辑关系。因此，可以用一个数据元素的集合和定义在此集合上的若干关系来表示。

多数情况下，数据的逻辑结构 S 可以用一个二元组 (D, R) 表示。其中，D 代表数据元素（结点）的有限集合，如 $D = \{1, 2, 3, 4, 5\}$；R 代表 D 中数据元素之间逻辑关系的有限集合，如 $R = \{<1,2>, <2,3>, <3,4>, <4,5>\}$。在表示每个关系时，通常用尖括号表示有向关系，如 $<a,b>$ 表示存在 a 到 b 的关系；用圆括号表示无向关系，如 (a,b) 表示既存在 a 到 b 的关系又存在 b 到 a 的关系。有向关系 $<a,b>$ 又称为一个序偶，表示结点 b 是结点 a 的直接后继，而结点 a 是结点 b 的直接前驱。

根据数据元素之间存在的逻辑关系的不同数学特性，数据的逻辑结构通常有四种基本类

型，它们的复杂程度依次递进，如图 1.1
所示。

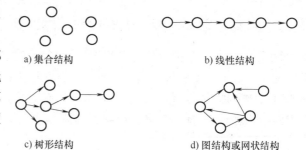

下面四种逻辑结构中所举的示例都
是以某班级学生作为数据对象（数据元
素是学生的学籍档案记录），分别从不
同的视角来描述数据元素之间不同的逻
辑关系。

a) 集合结构　　　　　　b) 线性结构

c) 树形结构　　　　　d) 图结构或网状结构

图 1.1　数据的逻辑结构示意图

（1）集合结构

数据元素之间除了"属于同一集
合"的关系外，并无其他关系。例如，确定一名学生是否为班级成员，只需将该班级学生
看作一个集合结构。

（2）线性结构

数据元素之间存在着"一对一"的线性关系的数据结构。例如，将学生档案信息数据
按照其学号先后顺序排列来反映它们之间的逻辑关系，则将组成一个线性结构。

线性结构总有一个开始结点，也总有一个终端结点，其余结点均为内部结点。每个内部
结点有且仅有一个直接前驱结点，也有且仅有一个直接后继结点。

（3）树形结构

数据元素之间存在着"一对多"的层次关系的数据结构。在树形结构中，每一个数据
元素最多有一个直接前驱结点，但可以有零或多个直接后继结点。例如，在班级的管理体系
中，班长管理多个组长，每位组长管理多名组员，从而构成树形结构。

（4）图结构或网状结构

数据元素之间存在着"多对多"的网络关系的数据结构。在该结构中，每一个数据元
素可以有零或多个直接前驱结点，也可以有零或多个直接后继结点。例如，班级同学之间的
朋友关系，任何两位同学都可以是朋友，从而构成图结构或网状结构。

> 说明：在集合结构中，数据元素之间的关系过于松散，因此对集合结构较少讨论。另
> 外，经常将集合结构、树形结构和图结构称为非线性结构。

2. 数据的存储结构

数据的逻辑结构在计算机中的存储表示称为数据的存储结构，也称为物理结构，它反映
了数据的存储（表示）方式。数据的存储结构是数据对象的逻辑结构在计算机存储器里的
实现（亦称为映象），它是依赖于计算机的。通常情况下，把数据对象存储到计算机中时，
既要存储各数据元素的数据，又要存储数据元素之间的逻辑关系。在高级语言层面讨论数据
的存储结构时，每一个数据元素在计算机内部用一个结点来表示。

数据对象在计算机中主要有两种基本的存储结构，即顺序存储结构和链式存储结构。

（1）顺序存储结构

数据的顺序存储结构是借助数据元素在存储器中的相对位置来表示数据元素之间逻辑关
系的一种存储方式。按照这样的存储方式，所有的数据元素都被存入一组地址连续的存储单
元中，因此通常借助程序设计语言的数组类型来描述。

例如，学生基本信息记录可按一定的顺序形成一个线性序列，实际存储时仍然按该顺序

依次从低地址向高地址方向顺序存储相关的数据记录（元素或结点），学生信息记录之间的逻辑关系由存储单元地址隐式地体现出来。如表 1.1 所示，假定每个学生记录占用 50 个字节的存储单元，存储空间起始地址为 300。

表 1.1　线性表的顺序存储结构示例

存储地址	学号	姓名	性别	出生日期	专业
300	2019021401	杨阳	男	2000-05-13	计算机科学与技术
350	2019021402	张勇	男	2001-12-08	计算机科学与技术
400	2019021403	王小萌	女	2001-09-20	计算机科学与技术
450	2019021404	冯春梅	女	2000-04-25	计算机科学与技术

注意：并非只有逻辑结构为线性结构的数据对象才能采用顺序存储方式。事实上，在常见的数据结构中，二叉树（尤其是完全二叉树）也可以采用顺序存储结构表示。

顺序存储结构的主要优点是存储密度大；同时，当用这种方式来存储线性结构的数据对象时，可以方便地实现对数据元素的随机访问。顺序存储结构的缺点是不便于修改，在对结点进行插入、删除操作时可能需要移动一系列的结点。

（2）链式存储结构

顺序存储结构要将所有的元素全部存放在一片连续的存储空间中，而链式存储结构无须占用一整块存储空间。为了表示结点之间的关系，需要给每个结点附加指针字段，用于存放后继元素的存储地址。所以，链式存储结构通常借助于程序设计语言的指针类型来描述。

链式存储方式不像线性表的顺序存储那样要求逻辑上相邻的结点在物理位置上也相邻。链式存储结构中结点之间的逻辑关系由附加的指针的链接关系来表示。

如果给前面的"学生基本信息表"中每个结点附加一个"后继结点"指针字段，用于存放后继结点的首地址，则可能会得到如表 1.2 所示的链式存储结构。

表 1.2　线性表的链式存储结构示例

存储地址	学号	姓名	性别	出生日期	专业	后继结点
100	2019021403	王小萌	女	2001-09-20	计算机科学与技术	300
200	2019021402	张勇	男	2001-12-08	计算机科学与技术	100
300	2019021404	冯春梅	女	2000-04-25	计算机科学与技术	∧
450	2019021401	杨阳	男	2000-05-13	计算机科学与技术	200

在表 1.2 中，存储的第一个学生"杨阳"的记录从存储地址"450"开始存放，通过其"后继结点"指针字段的值可知，第二个学生"张勇"的记录从存储地址"200"开始存放，依此类推，第三个学生"王小萌"的记录存储起始地址是"100"，而第四个学生"冯春梅"的记录的存储地址是"300"。由于第四条记录也是当前最后一条记录，因此，在该学生的信息记录中，表示"后继结点"的指针字段值为空地址。

1-2　顺序存储与链式存储

该链式存储结构可采用更为直观的链接关系图来表示，如图 1.2 所示。

2019021401	2019021402	2019021403	2019021404
杨阳	张勇	王小萌	冯春梅
男	男	女	女
2000-05-13	2001-12-08	2001-09-20	2000-04-25
计算机科学与技术	计算机科学与技术	计算机科学与技术	计算机科学与技术
			∧

图 1.2　链式存储结构示意图

与顺序存储结构相比，链式存储结构的主要优点是便于修改，在对结点进行插入、删除操作时仅仅需要修改结点的指针字段值，而不必移动结点。链式存储结构的主要缺点是存储空间利用率较低，同时难以对数据元素进行随机存取（只能从链表头部依次顺序存取）。

在链式存储结构中，每一个数据元素（结点）的存储空间往往是动态分配的，因此所有结点的存储空间不要求在一块连续的地址单元中。

关于数据的存储结构，除了上述两种常用的存储方式外，有时还可以采用索引存储方式或散列存储方式。索引存储方式是在存储结点信息的同时，还需建立附加的索引表；散列存储方式是根据结点的关键字直接确定该结点的存储地址。关于散列存储方式将在第 5 章中的散列表查找部分介绍；关于索引存储方式，感兴趣的读者可查阅其他相关资料，本书不做介绍。

3. 数据的运算

数据的运算，就是施加于数据的操作，它们通常是在数据的逻辑结构之上定义的，每一种逻辑结构都有一个运算的集合。例如，常用的运算操作有检索、排序、插入、删除、修改等。这些运算实际上是在抽象的数据上所施加的一系列抽象的操作。所谓抽象的操作，是指我们只知道这些操作是"做什么"的，而无须考虑"如何做"。然而，只要确定了数据的存储结构，我们就需要考虑如何实现这些运算，即设计具体的算法并加以实现。因此，数据的运算是在数据的存储结构上实现的。算法的实现与数据的存储结构密切相关，在数据结构课程中，数据的运算大多是指在高级语言层次上用相应的算法来实现。

需要说明的是，同一种逻辑结构的数据对象可以有不同的存储结构，因而同一种运算也可能有不同的实现方法；同理，在给定了数据的逻辑结构和存储结构之后，根据定义的运算集合及运算的性质不同，也可能构成不完全相同的数据结构。

例如，线性表的逻辑结构是线性结构，若采用顺序存储表示，则为顺序表；若采用链式存储表示，则为链表；若采用散列存储结构表示，则为散列表。又如，即使线性表采用顺序存储结构表示，但如果线性表上的插入、删除运算限制在表的一端进行，则为栈结构；如果插入运算限制在表的一端进行，而删除运算限制在表的另一端进行，则为队列结构。

综上所述，可以将数据结构定义为：按照某种逻辑关系组织起来的、按一定的存储方式存储在计算机存储器中的、运用高级语言设计并实现了一组相关运算操作的一批数据元素的集合。

上述这些基本概念的相互关系可归纳为如图 1.3 所示的内容。

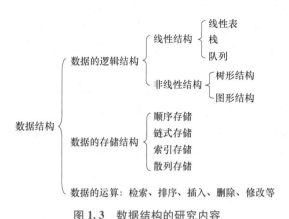

图 1.3　数据结构的研究内容

1.2　算法与算法分析

算法（Algorithm）是对问题求解过程的一种描述，是为了解决某类问题而给出的一个确定的、有限长的操作序列。衡量一个算法的优劣，通常需要从算法的正确性、可读性、健壮性和高效性几个方面进行评价。除了正确性外，评价一个算法性能最重要的指标是高效性。在数据结构中，算法分析的目的主要是考察算法的时间效率和空间效率，以求改进算法或对不同的算法进行比较。

时间高效是指算法设计合理，执行效率高，可以用时间复杂度来衡量；空间高效是指算法占用存储容量合理，可以用空间复杂度来衡量。时间复杂度和空间复杂度是衡量算法的两个主要指标。一般情况下，考虑到运算空间（内存）较为充足，通常将算法的时间复杂度作为分析的重点。

在程序设计相关课程中，读者已对算法的概念及特征有了一定的认识。本节进一步介绍常见的算法设计方法，以及算法时间和空间性能分析方面的相关知识。

1.2.1　算法的设计方法

算法不会凭空形成，需要在数理逻辑理论和程序设计方法论的指导下，结合一定的技巧来设计。算法设计的任务是对具体的操作（运算）给出一个算法，算法设计的目标是为了解决问题。然而，问题本身的特性往往决定了算法设计的方法选择，在解决同一个问题时也可能使用不同的设计方法得到多个不同类型的算法。

算法设计通常会采用以下几种方法。

1. 列举法

列举法也称为"穷举法"，其基本思想是根据提出的问题列举出所有可能的情况，并用问题中给定的条件去检验哪些情况是满足条件的。列举法常用于解决"是否存在"或"有哪些可能"等问题。

例如，输出 1~1000 之间能被 3 或 5 整除的所有整数，可以采用下列程序段实现：

```
for(n=1;n<=1000;n++)
    if(n%3==0||n%5==0)  printf("%d\n",n);
```

2. 递推法

递推法是一种简单的算法设计方法，即通过已知条件，利用特定关系得出中间推论，直至得到最后结果的方法。递推法分为顺推法和逆推法两种。

（1）顺推法

所谓顺推法，是从已知条件出发，逐步推算出所要求的最后结果。

如斐波那契（Fibonacci）数列，设它的函数为 $f(n)$，已知 $f(1)=1$，$f(2)=1$，$f(n)=f(n-2)+f(n-1)$（$n \geqslant 3$，$n \in N$），则通过顺推可知 $f(3)=f(1)+f(2)=2$，$f(4)=f(2)+f(3)=3$，…，直至得出要求的解。

（2）逆推法

所谓逆推法，是从已知问题的结果出发，用迭代表达式逐步推算出问题开始的条件，即顺推法的逆过程。

3. 迭代法

迭代法是一种不断用变量的旧值递推新值的过程。迭代法是用计算机解决问题的一种基本方法。它利用计算机运算速度快、适合做重复性操作的特点，让计算机重复执行一组指令（或一定步骤），在每次执行这组指令（或步骤）时，都从变量的原值推出它的一个新值。

利用迭代法解决问题，需要做好以下三个方面的工作。

（1）确定迭代变量

在可以用迭代方法解决的问题中，至少存在一个直接或间接的、不断由旧值递推出新值的变量，这个变量就是迭代变量。

（2）建立迭代关系式

所谓迭代关系式，是指如何从变量的前一个值推出其下一个值的公式（或关系）。迭代关系式的建立是解决迭代问题的关键，通常可以用顺推或倒推的方法来完成。

（3）对迭代过程进行控制

在何时结束迭代过程，这是编写迭代程序必须考虑的问题，不能让迭代过程无休止地重复执行下去。迭代过程的控制通常可分为两种情况：一种是所需的迭代次数是事先可以确定的；另一种是所需的迭代次数无法确定。对于前一种情况，可以构建一个固定次数的循环来实现对迭代过程的控制；对于后一种情况，需要进一步分析出用来结束迭代过程的条件。

4. 递归法

递归法是设计和描述算法的一种有力工具，它在复杂算法的描述中被经常采用。

能采用递归描述的算法通常有这样的特征：为求解规模为 n 的问题，设法将它分解成规模较小的相同问题，并且这些规模较小的问题也能采用同样的方法分解成规模更小的相同问题，并通过这些更小问题的解构造出规模较大问题的解。特别地，当规模 $n=1$ 时，能直接得到解。在解决了最后的、最小规模的简单问题后，再沿着原来的分解过程逆向逐步进行回归处理。

例如，编写计算斐波那契（Fibonacci）数列的第 n 项的函数 $\mathrm{fib}(n)$。

斐波那契数列为 $1,1,2,3,\cdots$，即

$\mathrm{fib}(1)=1$；

$\mathrm{fib}(2)=1$；

…

$$\text{fib}(n) = \text{fib}(n-1) + \text{fib}(n-2) \qquad (当 n>2 时)。$$

写成递归函数有

```
int  fib(int  n)
{if(n==1||n==2)  return 1;
 if(n>2)  return  fib(n-1)+fib(n-2);
 }
```

　　显然，递归算法的执行过程分为递推和回归两个阶段。在递推阶段，把较复杂的问题（规模为 n）的求解转化为比原问题规模更简单一些的问题（规模小于 n）的求解。在回归阶段，当获得最简单情况的解后，逐级返回，依次得到稍复杂问题的解，最后得到所要求的结果。

　　递归方法只需少量的代码就可描述出解题过程所需要的多次重复计算，能够大大地减少程序的代码量，用递归思想写出的程序往往十分简洁易懂。但是，由于递归算法将引起一系列的函数调用，并且可能会有一系列的重复计算，因此其执行效率相对较低。当某个递归算法能够较为方便地转换成非递归算法（如递推算法）时，也可以按非递归算法编写程序（需要用循环来处理）。

5. 回溯法

　　回溯法又称为试探法，它采用"走不通就退回再走"的思路。首先通过对问题的分析，找出解决问题的线索，然后沿着这条线索逐步向前进行试探；如果试探成功，就得到了问题的解；但当探索到某一步时，如果发现达不到目标（或不能解决问题），就退回一步重新选择，再换其他路线进行试探。

　　例如，对迷宫问题的求解、对树（或图）中满足特定条件的结点进行查找等问题均可以采用回溯法。这些实际问题往往很难归纳出一组简单的递推公式或直观的求解步骤，也不能使用穷举的方法，因此可以考虑采用回溯法进行试探。

1.2.2　算法的时间复杂度

　　算法效率分析的目的是看算法实际是否可行，并在同一问题存在多个算法时，可进行时间和空间效率上的比较，以便从中挑选出较优的算法。

　　衡量算法时间效率的方法主要有两类：事后统计法和事前分析估算法。事后统计法需要先将算法实现，然后测算其时间开销。这种方法的缺陷很明显：一是必须把算法转换成可执行的程序；二是时间开销的测算结果依赖于计算机软、硬件等因素，容易掩盖算法本身的优劣。所以通常采用事前分析估算法，并通过计算算法的语句频度来衡量算法的效率。

1. 问题规模和语句频度

　　影响算法时间效率的最主要因素是问题规模。问题规模是一个和输入有关的量，是问题大小的本质表示，一般用整数 n 表示，对于不同的问题其含义往往不同。例如，在排序运算中 n 为参加排序的记录数，在矩阵运算中 n 为矩阵的阶数，在树的有关运算中 n 为树的结点个数。通常，算法的执行时间往往是问题规模的函数，记为 $T(n)$。

　　一个算法的执行时间大致等于其所有语句执行时间的总和，而语句的执行时间则为该条语句的重复执行次数和执行一次所需时间的乘积。一条语句的重复执行次数称作语句频度

（Frequency Count）。由于语句执行一次实际所需的具体时间与计算机的软、硬件环境（如运行速度、编译程序质量等）密切相关，因此，算法分析并非精确统计算法实际执行所需时间，而是对算法中各种语句的执行次数做出估计，从中得到算法执行时间的信息。

设每条语句执行一次所需的时间均是单位时间，则一个算法的执行时间可用该算法中所有语句的频度之和来度量。如果将一个算法中所有语句的频度之和记为 $f(n)$，则它必然也是问题规模 n 的函数。

【例 1.1】 求两个 n 阶矩阵的乘积算法。

```
for(i=1;i<=n;i++)                          //频度为 n+1
  for(j=1;j<=n;j++)                        //频度为 n*(n+1)
  {  c[i][j]=0;                            //频度为 n²
    for(k=1;k<=n;k++)                      //频度为 n²*(n+1)
      c[i][j]=c[i][j]+a[i][k]*b[k][j];     //频度为 n³
  }
```

该算法中所有语句的频度之和是矩阵阶数 n 的函数 $f(n)=2n^3+3n^2+2n+1$。根据前面的讨论，可以认为本例中算法的执行时间 $T(n)$ 总是与 $f(n)$ 成正比。

2. 算法的时间复杂度估算

对于例 1.1 这种较简单的算法，可以直接计算出所有语句的频度，但对于稍微复杂一些的算法，计算所有语句的频度通常是比较困难的。因此，为了简化算法执行时间的估算，可以只用算法中"基本语句"的语句频度来度量算法的工作量。所谓"基本语句"，是指算法中重复执行次数和算法执行时间成正比的语句，它对算法的总体运行时间影响最大。通常，将算法中处于最深层循环体内的语句作为"基本语句"，比如例 1.1 中频度为 n^3 的赋值语句。

算法的执行时间 $T(n)$ 往往是随问题规模 n 的增长而增长的，因此对算法的评价只需考虑算法执行时间随问题规模增长的趋势。同样，也只需要考虑当问题规模越来越大时，算法中基本语句的执行次数 $f(n)$ 随问题规模增长的趋势，即它在渐近意义下的阶。

比如例 1.1 中矩阵乘积的算法，当 n 趋向无穷大时，显然有

$$\lim_{n\to\infty} f(n)/n^3 = \lim_{n\to\infty}(n^3/n^3)=1$$

说明当 n 充分大时，$f(n)$ 和 n^3 之比是一个不等于零的常数，即 $f(n)$ 和 n^3 是同阶的，或者说 $f(n)$ 和 n^3 的数量级（Order of Magnitude）相同。这里，用符号"O"来表示数量级，记作 $O(f(n))=O(n^3)$。

由此，可以给出算法时间复杂度的定义：如果一个算法中基本语句的重复执行次数是问题规模 n 的某个函数 $f(n)$，则算法的时间复杂度记为 $T(n)=O(f(n))$，它表示随问题规模 n 的增大，算法执行时间 $T(n)$ 的增长率和 $f(n)$ 的增长率相同。这种表示方法称为算法的渐近时间复杂度，简称为时间复杂度（Time Complexity）。

用数量级形式 $O(f(n))$ 表示算法执行时间 $T(n)$ 时，函数 $f(n)$ 通常取较简单的形式，如 1、$\log_2 n$、n、$n\log_2 n$、n^2、n^3、2^n 等。而且在 n 较大的情况下，常见的时间复杂度之间存在下列关系：

$$O(1)<O(\log_2 n)<O(n)<O(n\log_2 n)<O(n^2)<O(n^3)<O(2^n)$$

依次称为常数阶、对数阶、线性阶、线性对数阶、平方阶、立方阶和指数阶。

1-3 算法时间复杂度估算方法

如果算法的执行时间不随问题规模 n 的增长而增长，算法中语句频度是一个与问题规模无关的常数，则算法的时间复杂度记为 $T(n)=O(1)$，称为常数阶。

3. 算法时间复杂度分析举例

算法时间复杂度估算的基本方法是：首先，找出所有语句中频度最大的语句作为基本语句；其次，计算基本语句的频度，从而得到关于问题规模 n 的某个函数 $f(n)$；最后，取其数量级并用符号"O"表示。具体在计算数量级时，可以遵循以下定理：

定理 1.1 若基本语句的频度 $f(n)=a_m n^m+a_{m-1}n^{m-1}+\cdots+a_1 n+a_0$ 是一个 m 次多项式，则 $T(n)=O(f(n))=O(n^m)$。

该定理说明，在估算一个算法的时间复杂度时，可以忽略所有低次幂的项和最高次幂的系数，这样可以简化算法分析。

若算法采用递归法描述，则算法的时间复杂度通常可使用递归方程表示，此时将涉及递归方程求解问题。有关递归算法的时间复杂度分析方法，感兴趣的读者可自行查阅相关资料。

下面举例说明如何求非递归算法的时间复杂度。

【例 1.2】 线性阶示例。

```
for(i=0;i<n;i++){x++;  s=s+x;}
```

循环体内有两条基本语句，语句频度为 $f(n)=2n$，所以算法的时间复杂度为 $T(n)=O(n)$。

【例 1.3】 平方阶示例。

```
x=0;y=0;
for(k=1;k<=n;k++)x++;
for(i=1;i<=n;i++)
    for(j=1;j<=i;j++)
        y++;
```

以上程序段中频度最大的语句是"y++;"，其频度为 $f(n)=n(n+1)/2$，所以该算法的时间复杂度为 $T(n)=O(n^2)$。

【例 1.4】 对数阶示例。

```
for(i=1;i<=n;i=i*2)  x++;
```

设循环体中基本语句的频度为 $f(n)$，则有 $2^{f(n)-1}\leq n$ 且 $2^{f(n)}>n$，从而有 $\log_2 n<f(n)\leq 1+\log_2 n$，因此，$T(n)=O(\log_2 n)$，为对数阶。

4. 最好、最坏和平均时间复杂度

下面举一个简单的例子。

【例 1.5】 在一维数组 a 中顺序查找第一个值等于 e 的元素，并返回其所在位置。

```
for(i=0;i<n;i++)
    if(a[i]==e)return(i+1);
return 0;
```

容易看出，此算法中 if 语句的频度不仅与问题规模 n 有关，还与数组 a 中各元素的值及 e 的取值有关。假设在数组 a 中一定存在值等于 e 的元素，则查找必定成功，但 for 循环内基本语句的频度与 e 的值在数组中出现的位置有关。最好情况是每次要找的数恰好就是数组中的第一个元素，则不论数组的规模多大，基本语句的频度 $f(n)=1$；最坏情况是每次都在数组中最后一个元素位置找到，则基本语句的频度 $f(n)=n$。对于一个算法来说，需要考虑各种可能出现的情况以及每一种情况出现的概率。一般情况下，可假设待查找的值在数组中所有位置上出现的可能性（概率）均相同，则基本语句的频度为最好情况与最坏情况下的平均值，即 $f(n)=n/2$。

此例说明，某些算法的时间复杂度不仅与问题规模相关，还与问题的其他因素有关。因此，有时还需要对算法进行最好、最坏以及平均时间复杂度的评价。

算法的最好时间复杂度是指在最好情况下算法工作量可能达到的最小值，最坏时间复杂度是指在最坏情况下算法工作量可能达到的最大值，平均时间复杂度是指在所有等可能情况下算法工作量的加权平均值。其中，算法最坏时间复杂度给出了算法工作量的上限，对于算法优劣的衡量具有更重要的意义。

对算法时间复杂度的度量，人们更关心的是最坏情况下和平均情况下的时间复杂度。然而在很多情况下，算法的平均时间复杂度比较难以确定，因此，通常只讨论算法在最坏情况下的时间复杂度，即分析在最坏情况下算法的执行时间。本书后面内容中讨论的时间复杂度，除了特别指明外，均指最坏情况下的时间复杂度。

1.2.3 算法的空间复杂度

关于算法的存储空间需求，类似于算法的时间复杂度，可以采用渐近空间复杂度作为算法所需存储空间的量度，简称空间复杂度（Space Complexity），它也是问题规模 n 的函数，记作 $S(n)=O(f(n))$。

一般情况下，一个程序在机器上执行时，除了需要存储本身所用的指令、常数、变量和输入数据外，还需要一些对数据进行操作的辅助存储空间。其中，输入数据所占的存储量取决于问题本身，与算法无关，因此只需分析该算法在实现时所需要的辅助空间便可。若算法执行时所需要的辅助空间相对于输入数据量而言是一个常数，则称其为"原地工作"算法，空间复杂度记为 $O(1)$。但是，有的算法所需要的辅助存储空间与问题规模 n 有关。

下面举一个简单例子讨论算法的空间复杂度。

【例 1.6】 将一维数组 a 中的 n 个元素逆序存放到原数组中。

【算法 1】

```
for(i=0;i<n/2;i++)
{   t=a[i];
    a[i]=a[n-i-1];
```

```
        a[n-i-1]=t;
    }
```

【算法 2】

```
for(i=0;i<n;i++)  b[i]=a[n-i-1];
for(i=0;i<n;i++)  a[i]=b[i];
```

算法 1 仅需要借助一个辅助空间存放变量 t，但与问题规模 n 无关，所以其空间复杂度为 $O(1)$。算法 2 需要另外借助一个大小为 n 的辅助数组 b，所以其空间复杂度为 $O(n)$。

说明：算法的时间复杂度和空间复杂度往往是相互影响的。当追求一个较好的时间效率时，可能会导致占用较多的存储空间，即可能会使空间效率降低；反之亦然。

1.3° 自测练习

1. 简答题

简述下列术语：数据、数据元素、数据对象、数据结构、逻辑结构、存储结构、算法的时间复杂度。

2. 选择题

（1）从逻辑上可以把数据结构分成（　　）两种类型。
  A. 动态结构和静态结构　　　　　　　B. 紧凑结构和非紧凑结构
  C. 线性结构和非线性结构　　　　　　D. 内部结构和外部结构

（2）与数据元素本身的形式、内容、相对位置、个数无关的是数据的（　　）。
  A. 存储结构　　　　　　　　　　　　B. 存储实现
  C. 逻辑结构　　　　　　　　　　　　D. 运算实现

（3）要求同一逻辑结构中的所有数据元素具有相同的特性，这意味着（　　）。
  A. 数据具有同一特点
  B. 不仅数据元素所包含的数据项个数要相同，而且对应数据项的类型要一致
  C. 每个数据元素都一样
  D. 数据元素所包含的数据项个数要相等

（4）以下说法正确的是（　　）。
  A. 数据元素是数据的最小单位
  B. 数据项是数据的基本单位
  C. 数据结构是带有结构的各数据项的集合
  D. 一些表面上很不相同的数据可以有相同的逻辑结构

1-4 第 1 章
选择题解析

（5）以下数据结构中，（　　）是非线性数据结构。
  A. 树　　　　　　　　　　　　　　　　B. 字符串
  C. 队列　　　　　　　　　　　　　　　D. 栈

（6）以下关于链式存储结构特点的描述，错误的是（　　）。

  A. 便于结点的插入   B. 便于结点的删除

  C. 空间利用率较低   D. 可以对数据元素进行随机存取

（7）以下与算法相关的描述中正确的是（   ）。

  A. 算法就是程序

  B. 设计算法时只需考虑数据结构设计

  C. 设计算法时只需考虑结果的可靠性

  D. 以上三种说法都不对

（8）算法的时间复杂度取决于（   ）。

  A. 问题规模   B. 待处理数据的初态

  C. 计算机配置   D. A 和 B

3. 试分析下列各算法的时间复杂度

（1）
```
x=90;y=100;
while(y>0)
  if(x>100)
      {x=x-10;y--;}
  else x++;
```

（2）
```
void fun(int n)
{ int i=1,k=100;
   while(i<n){k=k+1;i+=2;}
}
```

（3）
```
s=0;
for(i=0;i<n;i++)
  for(j=0;j<n;j++)
    s+=b[i][j];
sum=s;
```

（4）
```
i=1;
while(i<=n)i=i*3;
```

（5）
```
x=0;
for(i=1;i<n;i++)
  for(j=1;j<=n-i;j++)
    x++;
```

（6）
```
void fun(int n)
{ int i=0,s=0;
   while(s<n){i=i+1;s=s+i;}
}
```

1-5 算法时间效率分析习题解答

第 2 章　线性表

 导读

　　本章讨论的线性表和下章讨论的栈和队列都属于线性结构。线性表是最基本、最简单、最常用的一种线性结构，同时也是其他数据结构的基础。线性表有两种存储方法：顺序存储和链式存储，它的基本操作主要包括插入、删除和检索等。其中，链式存储（尤其是单链表）是贯穿整个数据结构课程的基本技术。本章所涉及的许多概念和方法都具有一定的普遍性，因此本章是整个课程的重点与核心内容，也是后续其他章节的重要基础。

本章要点

- 掌握线性表的定义和运算
- 理解和掌握线性表的顺序存储及运算实现
- 掌握线性表的链式存储及运算实现
- 初步了解线性表的应用

2-1　第2章内容简介

2.1　线性表的定义和运算

1. 线性表的定义

　　线性表的例子不胜枚举。例如，26 个大写英文字母形成的字母表（A,B,C,…,Z）是一个线性表，表中的数据元素是单个字母。在较复杂的线性表中，一个数据元素可以包含若干个数据项。例如，在第 1 章中提到的学生基本信息表，每个学生的信息为一个数据元素，包括学号、姓名、性别、出生日期、专业等数据项。

　　由此可以看出，它们的数据元素虽然不同，但同一线性表中的元素必定具有相同的特性，即属于同一数据对象，任意两个相邻的数据元素之间存在着序偶（顺序）关系。

　　线性表是一种线性结构，其数据元素之间具有线性关系，即数据元素"一个接一个"地排列。因此，线性表是具有相同数据类型的 $n(n \geqslant 0)$ 个数据元素的有序序列，通常记为

$$(a_1, a_2, \cdots, a_{i-1}, a_i, a_{i+1}, \cdots, a_n)$$

线性表中元素的个数 n 称为线性表的长度（简称表长）。当 $n=0$ 时，称为空表。

需要说明的是，a_i 为序号为 i 的数据元素（$i=1,2,\cdots,n$），通常将它的数据类型抽象为 ElemType，实际使用时需要根据具体问题而定。

对于非空的线性表或线性结构，其特点是：

1）存在唯一的一个被称作"第一个"的数据元素（开始结点）。

2）存在唯一的一个被称作"最后一个"的数据元素（终端结点）。

3）除第一个之外，结构中的每一个数据元素均只有一个直接前驱结点。

4）除最后一个之外，结构中的每一个数据元素均只有一个直接后继结点。

2. 线性表的基本运算

在第 1 章中提到，数据结构的运算是定义在逻辑结构层次上的，而运算的具体实现是建立在数据的存储结构上的。

下面介绍线性表的基本运算。

（1）线性表的初始化：InitList(&L)

初始条件：表 L 不存在。

操作结果：构造一个空的线性表。

（2）求线性表的长度：ListLength(L)

初始条件：表 L 存在。

操作结果：返回线性表中所含元素的个数。

（3）取表中元素：GetElem(L,i)

初始条件：表 L 存在，且 $1 \leqslant i \leqslant$ ListLength(L)。

操作结果：返回线性表 L 中第 i 个元素的值或地址。

（4）按值查找：LocateElem(L,e)

初始条件：线性表 L 已存在，e 是给定的一个数据元素。

操作结果：返回 L 中第 1 个值与 e 相同的元素的位置。若这样的数据元素不存在，则返回值为 0。

（5）插入操作：ListInsert(&L,i,e)

初始条件：线性表 L 存在，插入位置正确（$1 \leqslant i \leqslant$ ListLength(L)+1）。

操作结果：在线性表 L 的第 i 个位置之前插入一个值为 e 的新元素，插入后表长加 1。

（6）删除操作：ListDelete(&L,i)

初始条件：线性表 L 存在且非空，$1 \leqslant i \leqslant$ ListLength (L)。

操作结果：在线性表 L 中删除序号为 i 的数据元素，删除后表长减 1。

需要说明的是，以上列出的运算（操作）不是它的全部运算，而是一些常用的基本运算，每一个基本运算在实现时也可能根据不同的存储结构派生出一系列相关的运算。例如，线性表的查找在链式存储结构中还会有按序号查找。读者掌握了某一数据结构的基本运算之后，其他的运算可以通过基本运算来实现，也可以直接去实现。

以上各种操作中定义的线性表 L 仅仅是一个抽象的逻辑结构层次的线性表，尚未涉及它的存储结构，因此每个操作在逻辑结构层次上尚不能用具体的某种程序语言写出具体的算法，而算法的实现只能在数据的存储结构确立之后。下面将讨论在特定的存储结构下各种相关算法的具体实现。

2.2 线性表的顺序存储及运算实现

1. 顺序表

线性表的顺序存储是指在内存中用地址连续的一块存储空间顺序存放线性表的各元素，用这种形式存储的线性表称为顺序表（Sequential List）。因为内存中的地址空间是连续的，因此，顺序表的特点是逻辑上相邻的数据元素在物理存储空间中也是相邻的。

设 a_1 的存储地址为 $Loc(a_1)$，每个数据元素占 d 个存储地址，则第 i 个数据元素 a_i 的存储地址为 $Loc(a_i) = Loc(a_1) + (i-1) \times d$，$1 \leq i \leq n$。

这就是说，只要知道顺序表首地址和每个数据元素所占地址单元的个数就可求出第 i 个数据元素的地址，这也是顺序表具有按数据元素的序号随机存取的特点。

在高级程序设计语言中，一维数组在内存中占用的存储空间就是一组连续的存储区域，而且数组类型也具有随机存取的特点，因此，用一维数组来表示顺序表的数据存储区域再合适不过。考虑到线性表有插入、删除等运算，即表长是可变的，因而，数组的容量需设计得足够大，并且需要用一个专门的变量记录顺序表的实际长度。

在 C/C++ 语言中，可用动态分配的一维数组表示顺序表。顺序表的类型定义描述如下：

```
#define  MAXSIZE  100        //顺序表可能达到的最大长度
typedef  struct{
ElemType  *elem;            //顺序表存储空间的基址
int  length;               //当前长度
}SqList;                    //顺序表结构类型为 SqList
```

说明：

① 数组空间通过初始化算法动态分配得到，初始化完成后，数组指针 elem 指示顺序表的基地址，数组空间大小为 MAXSIZE。

② 元素类型名称 ElemType 是为了描述统一而设定的，在实际应用中可根据需要具体定义表中数据元素的数据类型，既可以是基本数据类型，如 int、float、char 等，也可以是构造数据类型，如结构体类型等。

③ length 表示当前数据元素的个数。由于 C/C++ 语言数组元素的下标从 0 开始，而位置序号从 1 开始，因此要注意区分数组元素的位置序号和该元素的下标之间的对应关系，如数据元素 $a_1, a_2, \cdots, a_n$ 依次存放在数组 $elem[0], elem[1], \cdots, elem[n-1]$ 中。

2. 顺序表的运算实现

当线性表以上述形式定义的顺序表表示时，某些运算很容易实现。由于表的长度是顺序表的一个"属性"，因此可以通过返回 length 的值实现求表长的操作，通过判断 length 的值是否为 0 判断表是否为空，这些运算算法的时间复杂度都是 $O(1)$。下面讨论顺序表其他几个主要运算的实现。

（1）顺序表的初始化

顺序表的初始化即构造一个空的顺序表。

算法 2.1　顺序表的初始化

【算法步骤】

S1：为顺序表 L 动态分配一个预定义大小的数组空间，使 elem 指向该空间起始地址。

S2：将表的当前长度 length 置为 0，表示表中没有数据元素。

【算法描述】

```
int  InitSqList(SqList  &L){
L.elem=(ElemType * )malloc(MAXSIZE * sizeof(ElemType));
if(!L.elem)  exit(OVERFLOW);     //存储分配失败
L.length=0;
return  OK;
}
```

说明：①函数体中对顺序表 L 是一个加工型的运算，因此，需将其设为引用型参数。②线性表的存储空间采用动态分配可以更有效地利用系统资源，当不再需要该表时可以通过销毁操作及时释放所占用的存储空间。

（2）顺序表的查找

算法 2.2　顺序表的顺序查找

【功能描述】

根据给定的数值 e，从第一个元素开始，查找顺序表中第一个与 e 相等的元素 L.elem$[i]$。若查找成功，返回该数据元素的序号 $i+1$；否则，查找失败，返回 0。

【算法描述】

```
int  LocateElem(SqList  L,ElemType  e)
{ //在顺序表 L 中查找值为 e 的数据元素,返回其序号
for(i=0;i<L.length;i++)
  if(L.elem[i]==e)  return(i+1);        //查找成功,返回序号 i+1
return(0);                              //查找失败,返回 0
}
```

【算法分析】

当在顺序表中查找一个数据元素时，其时间主要耗费在数据的比较上，而比较的次数取决于被查元素在线性表中的位置。

在查找时，为确定元素在顺序表中的位置，需和给定值进行比较的数据元素个数的期望值称为查找算法在查找成功时的平均查找长度（Average Search Length，ASL）。

2-2 顺序表
的顺序查找

假设 p_i 是查找到第 i 个元素的概率，C_i 为找到第 i 个记录时已和给定值比较过的数据元素个数，则在长度为 n 的线性表中，查找成功时的平均查找长度为

$$ASL = \sum_{i=1}^{n} p_i C_i$$

由顺序查找过程可知，C_i 取决于所查元素在表中的位置。例如，查找到表中第一个记录时，仅需比较一次；而查找到表中最后一个记录时，需比较 n 次。一般情况下，C_i 等于 i。假设每个元素的查找概率相等，即 $p_i = 1/n$，则上式可简化为

$$ASL = \frac{1}{n} \sum_{i=1}^{n} i = \frac{n+1}{2}$$

由此可见，顺序表按值顺序查找算法的平均时间复杂度为 $O(n)$。

（3）插入运算

算法 2.3　顺序表的插入

【功能描述】

在顺序表的第 i（$1 \leqslant i \leqslant n+1$）个位置插入一个值为 e 的新元素，使长度为 n 的顺序表 $(a_1, a_2, \cdots, a_{i-1}, a_i, a_{i+1}, \cdots, a_n)$ 成为长度为 $n+1$ 的顺序表 $(a_1, a_2, \cdots, a_{i-1}, e, a_i, a_{i+1}, \cdots, a_n)$。

【算法步骤】

S1：判断插入位置 i 是否合法（合法范围是 $1 \leqslant i \leqslant n+1$），若不合法，则返回 ERROR。

S2：判断顺序表的存储空间是否已满，若满，则返回 ERROR。

S3：将第 $i \sim n$ 个位置的元素依次向后移动一个位置（$i = n+1$ 时无须移动）。

S4：将新元素 e 放入第 i 个位置。

S5：表长加 1。

【算法描述】

```
int  ListInsert(SqList &L,int  i,ElemType  e){
if(i<1||i>L.length+1)  return ERROR;        //插入位置不合法
if(L.length==MAXSIZE)  return OVERFLOW;    //当前存储空间已满,不能插入
for(j=L.length-1;j>=i-1;j--)
    L.elem[j+1]=L.elem[j];                 //插入位置及之后的元素右移
L.elem[i-1]=e;                             //插入 e
++L.length;                               //表长增 1
return OK;
}
```

【算法分析】

顺序表上的插入运算，时间主要消耗在了数据的移动上，而移动元素的个数取决于插入元素的位置。

易知，在等概率情况下，顺序表插入算法的平均时间复杂度为 $O(n)$。

2-3　顺序表
插入算法解析

（4）删除运算

算法2.4 顺序表的删除

【功能描述】

删除运算是指将顺序表中第 $i(1 \le i \le n)$ 个元素删除，使长度为 n 的顺序表（$a_1, a_2, \cdots, a_{i-1}, a_i, a_{i+1}, \cdots, a_n$）成为长度为 $n-1$ 的顺序表（$a_1, a_2, \cdots, a_{i-1}, a_{i+1}, \cdots, a_n$）。

【算法步骤】

S1：判断删除位置 i 是否合法（合法范围是 $1 \le i \le n$），若不合法，则返回 ERROR。

S2：将第 $i+1 \sim n$ 个位置的元素依次前移一个位置（$i=n$ 时无须移动）。

S3：表长减 1。

【算法描述】

```
int  ListDelete(SqList &L,int i){
if((i<1)||(i>L.length))  return ERROR;      //删除位置 i 不合法
for(j=i;j<=L.length-1;j++)
    L.elem[j-1]=L.elem[j];                   //被删除元素之后的元素左移
--L.length;                                  //表长减 1
return OK;
  }
```

【算法分析】

顺序表的删除运算与插入运算相似，其时间主要消耗在了移动表中的元素上，而移动元素的个数取决于删除元素的位置。

2-4 顺序表的删除操作

当删除表中第 i（$1 \le i \le n$）个元素时，其后面的元素 $a_{i+1} \sim a_n$ 都要向前移动一个位置，共移动了 $n-i$ 个元素。

假定在线性表的任何位置删除元素的概率相等，且设 p_i 是在长度为 n 的线性表中删除第 i 个元素的概率，则有

$$p_i = \frac{1}{n}$$

又假设用 E_{del} 表示在长度为 n 的线性表中删除一个元素时所需移动元素次数的期望值（平均移动次数），则有

$$E_{del} = \sum_{i=1}^{n} p_i(n-i) = \frac{1}{n} \sum_{i=1}^{n}(n-i) = \frac{n-1}{2}$$

因此，顺序表删除算法的平均时间复杂度也是 $O(n)$。

顺序表可以随机存取表中任一元素，然而，这种存储结构的缺点也很明显：在做插入或删除操作时，需移动大量元素；当表中数据元素个数较多且变化较大时，操作过程相对复杂，必然导致存储空间的浪费。所有这些问题，都可以通过线性表的链式存储结构来解决。

2.3 线性表的链式存储及运算实现

2.3.1 单链表

1. 单链表的表示

线性表链式存储结构的特点是：通过一组任意的存储单元来存储线性表中的数据元素（这组存储单元可以连续，也可以不连续）。为了建立起数据元素之间的逻辑关系，对每个数据元素 a_i，除了存放元素自身的信息外，还需要存放其后继 a_{i+1} 所对应存储单元的地址，这两部分信息组成一个"结点"（Node）。每个结点的存储结构（内存映象）如图 2.1 所示，其中，存放数据元素信息的部分称为数据域（data），存放其后继地址的部分称为指针域（next）。

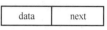

| data | next |

图 2.1 单链表结点结构示意图

因此，具有 n 个元素的线性表通过每个结点的指针域拉成了一个"链"，称之为链表。由于每个结点中只有一个指向后继元素的指针，所以称其为单链表。

单链表的逻辑状态如图 2.2 所示。其中，L 称为头指针，指向链表中第一个结点；最后一个结点的指针域为空指针（NULL），它不指向任何结点，只起标志的作用。

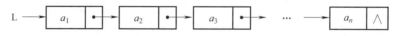

图 2.2 单链表逻辑状态示意图

> 说明：根据链表中结点所含指针个数、指针指向和连接方式，可将链表分为单链表、循环链表、双向链表、二叉链表、十字链表、邻接表等。其中，单链表、循环链表和双向链表用于实现线性表的链式存储结构，其他形式多用于实现树和图等非线性数据结构。

用单链表表示线性表时，数据元素之间的逻辑关系是由结点中的指针表示的。换言之，指针为数据元素之间逻辑关系的映像，逻辑上相邻的两个数据元素其物理存储位置不要求相邻，因此，这种存储结构称为线性表的链式存储结构。

线性表的单链表存储结构，用 C/C++语言描述下：

```
typedef  struct  LNode{
ElemType  data;              //数据域
struct LNode * next;         //指针域
}LNode, * LinkList;
LinkList  L;                 //L 定义为单链表的头指针
```

通常用"头指针"来标识一个单链表，链表的存取必须从头指针开始进行，头指针值为"NULL"时表示线性表为一个空表。

为了处理方便，可在单链表第一个结点之前增设一个结点（称为头结点），这样形成的单链表称为带头结点的单链表。带头结点的单链表逻辑状态如图 2.3 所示。

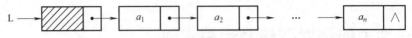

图 2.3　带头结点的单链表逻辑状态示意图

思考：①在带头结点的单链表中，如何区分首元结点（存储线性表中第一个元素的结点）、头结点和头指针？②使用带头结点的单链表有什么好处？

2. 单链表基本运算的实现

单链表是非随机存取的存储结构，要取得每一个数据元素都要从头指针出发顺着链路依次进行访问，因此它属于顺序存取的数据结构，其基本运算的实现不同于顺序表。下面介绍在带头结点的单链表上实现的基本运算。

（1）初始化

单链表的初始化就是构造一个带头结点的空链表。

算法 2.5　单链表的初始化

【算法步骤】

S1：生成新结点作为头结点，用头指针 L 指向头结点。

S2：头结点的指针域初始时置为空。

【算法描述】

```
int  InitList(LinkList &L)      //构造一个空的单链表 L
{ L=new  LNode;                 //生成新结点作为头结点,用头指针 L 指向头结点
  L->next=NULL;                 //头结点的指针域置空
  return OK;
}
```

（2）建立单链表

1）头插法创建单链表——在链表的头部插入结点建立单链表。链表与顺序表不同，它是一种动态管理的存储结构，链表中的每个结点占用的存储空间不是预先分配的，而是系统运行时根据需要动态生成的。因此，头插法建立单链表从空表开始，每读入一个数据元素就申请一个结点，然后将其插入到链表的头部（头结点之后、第一个结点之前）。

算法 2.6　头插法创建单链表

【算法描述】

```
void  CreateList_H(LinkList &L,int n)
{ InitList(L);                  //先建立一个带头结点的空链表
  for(i=0;i<n;i++)              //依次输入 n 个数据建立单链表
  {p=new  LNode;
  cin>>p->data;                 //将输入数据存入新结点的数据域
  p->next=L->next;
  L->next=p;
  }
}
```

注意：因为采用头插法，每次插入的结点在链表的头部，所以应该逆序输入数据，即输入顺序与线性表中的逻辑顺序相反。

2-5 头插法
创建单链表

2）尾插法创建单链表——在单链表的尾部插入结点建立单链表。头插法建立单链表操作简单，但输入的数据元素的顺序与生成的链表中元素顺序是相反的，若希望次序一致，可采用在尾部插入的方法。因为每次是将新结点插入到链表的尾部，所以需加入一个指针 r 用来始终指向链表中的尾结点（单链表为空时指向头结点）。

算法 2.7　尾插法创建单链表

【算法步骤】

S1：创建一个只有头结点的空链表；

S2：尾指针 r 初始化，指向头结点；

S3：根据创建链表包括的元素个数 n，重复 n 次执行以下操作：

　　S3.1：生成一个新结点 *p；

　　S3.2：输入元素值赋给新结点 *p 的数据域；

　　S3.3：将新结点 *p 插入到尾结点 *r 之后；

　　S3.4：尾指针 r 指向新的尾结点 *p。

【算法描述】

```
void  CreateList_R(LinkList &L,int n)
{ //正位序输入 n 个元素的值，建立带头结点的单链表 L
  InitList(L);            //建立带头结点的空链表
  r=L;                    //尾指针 r 指向头结点
  for(i=0;i<n;++i)
  { p=new  LNode;        //生成新结点
    cin>>p->data;         //输入元素值赋给新结点 *p 的数据域
    p->next=NULL;         //新结点指针域置空,准备作为新的尾结点
    r->next=p;            //将新结点 *p 插入尾结点 *r 之后
    r=p;                  //r 指向新的尾结点 *p
  }
}
```

2-6 尾插法
创建单链表

易知，算法 2.6 和算法 2.7 的时间复杂度均为 $O(n)$。

（3）取值——获取单链表中指定位置的元素值

和顺序表不同，要根据指定的位置序号在链表中找到该结点，只能从链表的头结点出发顺着指针域（next）逐个向下查找计数，直到指定的位置再取其数据值。

算法 2.8　获取单链表中第 i 个元素的值

【算法步骤】

S1：用指针 p 指向首元结点，将 j 作为计数器且其初值赋为 1。

S2：从首元结点开始顺着指针域（next）向下访问。只要指针 p 不为空，并且没有到达

序号为 i 的结点，则重复执行以下操作：

S2.1：p 指向下一个结点；

S2.2：计数器 j 相应加 1。

S3：如果指针 p 为空，或者计数器 j 大于 i，则指定的 i 值不合法（i 大于表长 n 或 i 小于等于 0），查找失败，出错返回；否则（此时 $j=i$），p 所指的结点就是要找的第 i 个结点，用参数 e 保存当前结点的数据域，成功返回。

【算法描述】

```
int  GetElem(LinkList L,int i,ElemType &e)
{//在带头结点的单链表 L 中根据序号 i 获取元素的值,用 e 返回 L 中第 i 个数据元素的值
  p=L->next;  j=1;        //初始化,p 指向首元结点,计数器 j 赋初值为 1
  while(p&&j<i)           //顺链域向后扫描,直到 p 为空或 p 指向第 i 个
                          //  元素
  {
    p=p->next;           //p 指向下一个结点
    ++j;                 //计数器 j 相应加 1
  }
  if(!p||j>i)return ERROR; //i 值不合法(i>n 或 i≤0)
  e=p->data;             //取第 i 个结点的数据域
  return OK;
}
```

【算法分析】

该算法的基本操作是比较 j 和 i 并后移指针 p，while 循环体中的语句频度与位置 i 有关。若 $1 \leqslant i \leqslant n$，则频度为 $i-1$，一定能取值成功；若 $i>n$，则频度为 n，取值失败。因此，算法 2.8 的最坏时间复杂度为 $O(n)$。

假设每个位置上元素的取值概率相等，即 $p_i=1/n$，则

$$ASL = \frac{1}{n}\sum_{i=1}^{n}(i-1) = \frac{n-1}{2}$$

由此可见，单链表取值算法的平均时间复杂度为 $O(n)$。

(4) 查找操作

【功能描述】

在单链表中查找数据等于给定值 e 的第一个结点。

【算法分析】

与取值算法相似，可以从单链表的首元结点开始，依次将结点值与给定值进行比较。若相等，则查找成功，返回该结点的指针；否则，继续扫描下一个结点，直到链表为空或查找成功为止。

算法2.9　单链表的查找

【算法描述】

```
LNode *  LocateElem(LinkList L,ElemType e)
{//在带头结点的单链表 L 中查找值为 e 的元素
  p=L->next;            //开始时,p 指向首元结点
  while(p&&p->data!=e)  //顺着链路向后扫描,直到
                        p 为空或查找成功
    p=p->next;          //p 指向下一个结点
  return  p;
}
```

2-7 单链表查找算法解析

（5）插入运算

假设要在单链表的两个数据元素 a 和 b 之间插入一个数据元素 x，已知 p 为单链表中指向结点 a 的指针。插入前如图 2.4a 所示。

为了插入数据元素 x，首先要生成一个数据域为 x 的结点。为了实现插入，需要修改结点 a 中的指针域，使其指向结点 x；而结点 x 中的指针域应指向结点 b，从而构建三个元素 a、x 和 b 之间的逻辑关系。插入后的单链表如图 2.4b 所示。假设 s 为指向结点 x 的指针，则上述指针的修改用语句描述为：

① s->next=p->next;

② p->next=s;

注意：两个操作的顺序不能交换。

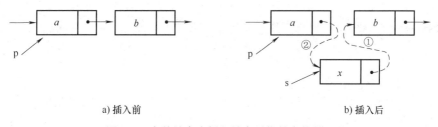

a) 插入前　　　　　　　　　　　　　　b) 插入后

图2.4　在单链表中插入结点时指针变化状况

算法2.10　在单链表指定位置插入一个新结点

【算法步骤】

将值为 e 的新结点插入到单链表的第 i 个结点位置，即插入到结点 a_{i-1} 与 a_i 之间，具体插入过程如图 2.5 所示，对应的四个步骤说明如下。

S1：查找结点 a_{i-1} 并由指针 p 指向该结点。

S2：生成一个新结点 $*s$，将新结点 $*s$ 的数据域置为 e。

S3：将新结点 $*s$ 的指针域链接结点 a_i。

S4：将结点 $*p$ 的指针域链接新结点 $*s$。

2-8 在单链表指定位置插入新结点

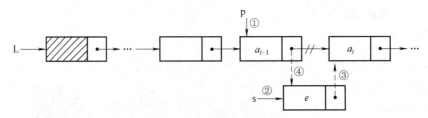

图2.5 在单链表第 i 个位置上插入新结点的过程

【算法描述】

```
int  ListInsert(LinkList &L,int i,ElemType e)
{//在带头结点的单链表 L 中第 i 个位置插入值为 e 的新结点
  p=L;j=0;
  while(p&&j<i-1)                //顺链路查找第 i-1 个结点,使 p 指向该结点
      {p=p->next;++j;}
  if(!p||i<1)  return ERROR; //位置 i 的值不合法(i>n+1 或 i<1)
  s=new LNode;                 //生成新结点 *s
  s->data=e;                   //将结点 *s 的数据域置为 e
  s->next=p->next;             //将结点 *s 的指针域指向结点 a_i
  p->next=s;                   //将结点 *p 的指针域指向新结点 *s
  return OK;
}
```

说明：和顺序表一样，如果表中有 n 个结点，则插入操作中合理的插入位置有 $n+1$ 个，即 $1 \leqslant i \leqslant n+1$。当 $i=n+1$ 时，新结点插在链表尾部；当 $i=1$ 时，新结点插在首元结点之前。

【算法分析】

链表的插入操作虽然不需要像顺序表那样移动元素，但平均时间复杂度仍为 $O(n)$。这是因为，为了在第 i 个结点之前插入一个新结点，必须首先找到第 $i-1$ 个结点，其时间复杂度与算法2.8相同，为 $O(n)$。

（6）删除运算

要删除单链表中指定位置的结点（数据元素），同插入一样，首先应该找到该位置的前驱结点。如图2.6所示，在单链表中删除元素 b 时，应该首先找到其前驱结点 a。为了实现单链表中元素 a、b 和 c 之间逻辑关系的变化，仅需修改结点 a 中的指针域即可。假设 p 为指向结点 a 的指针，则修改指针的语句为 p->next=p->next->next。

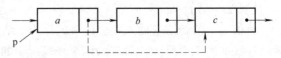

图2.6 在单链表中删除结点时指针的变化

在删除结点 b 时，还需要释放结点 b 所占的空间，所以在修改指针前，应该引入另一指针 q，临时保存结点 b 的地址以备释放。

算法2.11　删除单链表中指定位置的结点

【算法步骤】

删除单链表中第 i 个结点 a_i 的具体过程如图2.7所示，对应的四个步骤说明如下。

S1：查找结点 a_{i-1} 并由指针 p 指向该结点。

S2：临时保存待删除结点 a_i 的地址在 q 中，以备释放。

S3：将结点 *p 的指针域指向 a_i 的直接后继结点。

S4：释放结点 a_i 的空间。

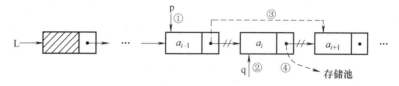

图 2.7　删除单链表中第 i 个结点的过程

【算法描述】

```
int  ListDelete(LinkList &L,int i)      //在带头结点的单链表 L 中删
                                          除第 i 个元素
  {p=L;j=0;
    while((p->next)&&(j<i-1))            //查找第 i-1 个结点,p 指向
                                          该结点

        {p=p->next;  ++j;}
    if(!(p->next)||(j>i-1))  return ERROR;//当 i>n 或 i<1 时,删除位置
                                          不合理

    q=p->next;                          //临时保存被删结点的地址,
                                          以备释放

    p->next=q->next;                    //改变被删除结点前驱结点的
                                          指针域

    delete  q;                          //释放被删除结点的空间
    return  OK;
  }
```

　说明：删除算法的循环条件（p->next)&&(j<i-1) 和插入算法的循环条件 p&&(j<i-1) 是有区别的。因为插入操作中合法的插入位置有 $n+1$ 个，而删除操作中合法的删除位置只有 n 个，如果使用与插入操作相同的循环条件，会出现引用空指针的情况，导致操作失败。

【算法分析】

类似于插入算法，删除算法时间复杂度亦为 $O(n)$。

通过上面的基本操作可以得知：

1）在单链表上插入、删除一个结点，必须知道其前驱结点。

2）单链表不具有按序号随机访问的特点，只能从头指针开始一个个顺序进行。

2.3.2 循环链表

循环链表（Circular Linked List）是另一种形式的链式存储结构。对于单链表而言，最后一个结点的指针域是空指针，如果将该链表头指针置入该指针域，则使得链表头尾结点相连，就构成了单循环链表，如图 2.8 所示。类似地，还可以建立多重链的循环链表。

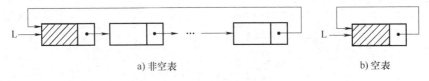

a) 非空表   b) 空表

图 2.8 单链循环结构示意图

在单循环链表上的操作基本上与非循环链表相同，只是判断当前指针 p 是否指向表尾结点的终止条件有所不同，没有其他较大的变化。

对于单链表只能从头结点开始遍历整个链表，而对于单循环链表则可以从表中任意结点开始遍历整个链表。不仅如此，有时对链表常做的操作是在表尾、表头进行，此时可以改变一下链表的标识方法，不用头指针而用一个指向尾结点的指针 R 来标识，可以使得操作效率得以提高。

2.3.3 双向链表

单链表的结点中只有一个指向其后继结点的指针域，因此若已知某结点的指针为 p，其后继结点的指针则为 p->next，而找其前驱结点则只能从该链表的头指针开始，顺着各结点的指针域进行。也就是说，找后继的时间复杂度是 $O(1)$，找前驱的时间复杂度是 $O(n)$。如果希望找前驱的时间复杂度也能达到 $O(1)$，则只能付出空间的代价，即每个结点再加一个指向前驱的指针域（prior）。此结点的结构如图 2.9 所示，由此组成的链表称为**双向链表**（Double Linked List）。

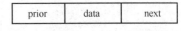

prior	data	next

图 2.9 双向链表结点结构示意图

线性表的双向链表存储结构用 C 语言描述如下：

```
typedef  struct  DuLNode{
ElemType  data;              //数据域
struct DuLNode * prior;      //直接前驱
struct DuLNode * next;       //直接后继
}DuLNode,*DuLinkList;
```

和单链表类似，双向链表通常也用头指针标识，也可以带头结点。

在双向链表中，一些操作仅涉及一个方向的指针，它们的算法与线性链表相同。但是，在结点的插入或删除运算中，由于需要同时修改两个方向上的指针，因而与线性链表有很大的不同。

1. 双向链表中结点的插入

设 p 指向双向链表中某结点，s 指向待插入的值为 x 的新结点，将 $*s$ 插入到 $*p$ 的前面，插入示意图如图 2.10 所示。

操作如下：

① s->prior=p->prior;

② p->prior->next=s;

③ p->prior=s;

④ s->next=p;

2-9 双向链表中插入结点

指针操作的顺序不是唯一的，但也不是任意的，比如操作①必须要放到操作③的前面完成，否则 $*p$ 的前驱结点的指针就丢掉了。

2. 双向链表中结点的删除

设 p 指向双向链表中某结点，删除 $*p$，操作示意图如图 2.11 所示。

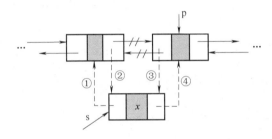

图 2.10 在双向链表中插入结点的示意图

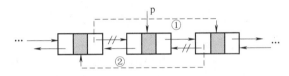

图 2.11 在双向链表中删除结点的示意图

操作如下：

① p->prior->next=p->next;

② p->next->prior=p->prior;

前两节重点介绍了线性表的两种存储结构：顺序表和链表。在实际应用中，两种存储结构各有长短，选择哪一种由实际问题中的主要因素决定。通常，对于"较稳定"的线性表选择顺序存储，而对需要频繁做插入、删除等动态性较强的操作的线性表宜选择链式存储。

另外，在某些应用中，往往还要对线性表数据元素之间的依赖关系进行约定，比如规定有序性等，可以简化算法，有助于问题的求解。对于有序的线性表，根据其存储结构分为顺序有序表和有序链表两种类型，相关内容在此不再赘述，有兴趣的读者可查阅相关资料。

2.4 线性表的应用

工作和生活中的许多实际问题，其数据对象往往都可以抽象为一个线性表。本节仅以一元多项式的运算为例，讨论线性表的实际应用。

【案例分析】

在数学上，一个一元多项式 $P_n(x)$ 可按升幂写成 $P_n(x)=a_0+a_1x+a_2x^2+\cdots+a_nx^n$。

要求：实现两个一元多项式相加（相减）的运算。

实现两个多项式相关运算的前提是在计算机中有效地表示一元多项式，进而设计相关运算的算法。这个问题看似复杂，但通过本章介绍的线性表的表示及其相关运算便可完成。

可以看出，一元多项式可由 $n+1$ 个系数唯一确定，因此可以将一元多项式 $P_n(x)$ 抽象为一个由 $n+1$ 个元素组成的有序序列，用一个线性表 P 来表示，如 $P=(a_0,a_1,a_2,\cdots,a_n)$。

这时，多项式中每一项的指数 i 由其系数 a_i 在线性表中的位置序号隐含表示。

假设 $Q_m(x)$ 是一元 m 次多项式，同样可用线性表 Q 来表示：$Q=(b_0,b_1,b_2,\cdots,b_m)$。

不失一般性，设 $m\leq n$，则两个多项式相加的结果 $R_n(x)=P_n(x)+Q_m(x)$ 可用线性表 R 表示为 $R=(a_0+b_0,a_1+b_1,\cdots,a_m+b_m,a_{m+1},\cdots,a_n)$。

因此，将一元多项式抽象成一个线性表后，可以采用数组来表示。如利用数组 a 表示，则数组中每个分量 $a[i]$ 的值表示多项式中对应项的系数 a_i，数组分量的下标 i 即对应每项的指数，数组中非零分量的个数即为多项式的项数。

例如，多项式 $P(x)=8+5x-4x^2+x^3+2x^4$ 可以用表 2.1 所示的数组来表示。

表 2.1　一元多项式的数组表示

指数（下标 i）	0	1	2	3	4
系数 $a[i]$	8	5	-4	1	2

显然，利用上述方法表示一元多项式，多项式相加的算法很容易实现，只要把两个数组对应的分量相加就可以了。

然而，在实际应用中，多项式的次数可能很大且项数不多，这种稀疏多项式如果采用上述表示方法，将使得线性表中出现很多零元素，导致存储空间的浪费。

例如，在处理形如 $S(x)=1+2x^{1000}+3x^{2000}$ 的多项式时，就要用一个长度为 2001 的线性表表示，而表中仅有 3 个非零元素，这种对空间的浪费是应当避免的。由于线性表的元素可以包含多个数据项，因此可以改变元素设定，对多项式的每一项用（系数,指数）的二元组唯一确定。

一般情况下，一元 n 次多项式可写成
$$P_n(x)=p_1x^{e_1}+p_2x^{e_2}+\cdots+p_mx^{e_m}$$
其中，p_i 是指数为 e_i 的项的非零系数，且满足 $0\leq e_1<e_2<\cdots<e_m=n$。

用一个长度为 m 且每个元素有两个数据项（系数项和指数项）的线性表便可唯一确定多项式 $P_n(x)$。在最坏情况下，$n+1(=m)$ 个系数都不为零，则只比存储每项系数的方案多存储一倍的数据。而对于类似 $S(x)$ 的稀疏多项式，这种表示将大大节省存储空间。

由此可以看出，如果多项式属于非稀疏多项式，且只对多项式进行"求值"等不改变多项式的系数和指数的运算，可采用数组表示（顺序存储结构）。如果多项式属于稀疏多项式，虽然也可以采用数组表示，但其存储空间分配不够灵活，且在实现多项式相加运算时还需要开辟一个新数组保存运算结果，导致算法的空间复杂度较高。改进方案是利用链式存储结构表示多项式的有序序列，这样可增强问题处理的灵活性。

图 2.12 所示的两个链表分别表示多项式 $A(x)=2+3x+9x^8+5x^{15}$ 和多项式 $B(x)=6x+12x^7-9x^8$。其中，每个结点表示多项式中的一项。

当采用链式存储结构表示多项式时，两个稀疏多项式相加的过程和归并两个有序表的过程类似。在比较两个多项式相关项的指数时要考虑三种情况（等于、小于和大于）。下面讨

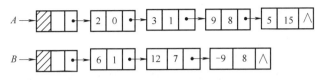

图 2.12　多项式的单链表存储结构

论如何利用单链表的基本操作来实现两个多项式相加运算的算法。

多项式相加的运算规则：对于两个多项式中所有指数相同的项，对应系数相加，若其和不为零，则插入到"和多项式"链表中去；对于指数不相同的项，则将指数值较小的项直接插入到"和多项式"链表中去。"和多项式"链表中的结点无须生成，直接从两个多项式的链表中摘取即可。图 2.12 所示的两个多项式相加的结果如图 2.13 所示，图中的长方框表示已被释放的结点。

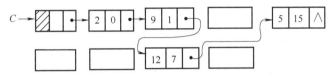

图 2.13　两个多项式相加得到的"和多项式"

【案例实现】

用链表表示多项式时，每个链表结点存储多项式中的一个非零项，包括系数（coef）和指数（expn）两个数据域以及一个指针域（next）。对应的数据结构定义为

```
typedef  struct  PNode
{float  coef;                    //系数
  int  expn;                     //指数
  struct  PNode  *next;          //指针域
}PNode,*Polynomial;
```

一个多项式可以表示成由这些结点链接起来的单链表，要实现多项式的相加运算，首先需要创建多项式链表。

1. 多项式链表的创建

多项式链表的创建方法类似于链表的创建方法，区别在于多项式链表是一个有序表，每项的位置要经过比较才能确定。首先初始化一个空链表用来表示多项式，然后逐个输入各项，通过比较找到第一个大于该输入项指数的项，将输入项插到此项的前面，这样即可保证多项式链表的有序性。

算法 2.12　多项式链表的创建

【算法步骤】

S1：创建一个只有头结点的空链表。

S2：根据多项式的项数 n，重复 n 次执行以下操作：

　　　S2.1：生成一个新结点 *s；

　　　S2.2：输入多项式当前项的系数和指数，赋给新结点 *s 的数据域；

S2.3：设置一前驱指针 pre，用于指向待找到的第一个大于输入项指数的结点的前驱，pre 初值指向头结点；

S2.4：指针 q 初始化，指向首元结点；

S2.5：循链向下逐个比较链表中当前结点与输入项指数，找到第一个大于输入项指数的结点 *q；

S2.6：将输入项结点 *s 插入到结点 *q 之前。

【算法描述】

```
void  CreatePolyn(Polynomial &P,int n)
{  //输入 n 项的系数和指数,建立表示多项式的有序链表 P
   P=new  PNode;
   P->next=NULL;              //建立一个只有头结点的空链表
   for(i=l;i<=n;++i)          //依次输入 n 个非零项
   {
   s=new  PNode;             //生成新结点
   cin>>s->coef>>s->expn;    //输入系数和指数
   pre=P;                    //pre 用于保存 q 的前驱,初值为头结点
   q=P->next;               //q 初始化,指向首元结点
   while{q&&q->expn<s->expn) //通过比较指数找到第一个大于输入项指数的
                                   项 *q
       {  pre=q;  q=q->next;  }
   s->next=q;               //将输入项 s 插入到 q 和其前驱结点 pre 之间
   pre->next=s;
   }                        //for
}
```

【算法分析】

创建一个项数为 n 的有序多项式链表，需要执行 n 次循环逐个输入各项，而每次循环又都需要从前向后比较输入项与各项的指数。在最坏情况下，第 n 次循环需要做 n 次比较，因此，时间复杂度为 $O(n^2)$。

2. 多项式的相加

创建两个多项式链表后，便可以进行多项式的加法运算了。假设头指针为 Pa 和 Pb 的单链表分别为多项式 A 和 B 的存储结构，指针 p1 和 p2 分别指向 A 和 B 中当前进行比较的某个结点，则逐一比较两个结点中的指数项。对于指数相同的项，对应系数相加，若其和不为零，则将其插入到"和多项式"链表中去；对于指数不相同的项，则通过比较将指数值较小的项插入到"和多项式"链表中去。

算法 2.13　多项式的相加

【算法步骤】

S1：指针 p1 和 p2 初始化，分别指向 Pa 和 Pb 的首元结点。

S2：p3 指向"和多项式"的当前结点，初值为 Pa 的头结点。

S3：当指针 p1 和 p2 均未到达相应表尾时，则比较 p1 和 p2 所指结点对应的指数值（p1->expn 与 p2->expn）。有下列三种情况：

● 当 p1->expn 等于 p2->expn 时，则将两个结点中的系数相加。若和不为零，则修改 p1 所指结点的系数值，同时删除 p2 所指结点；若和为零，则同时删除 p1 和 p2 所指结点；

● 当 p1->expn 小于 p2->expn 时，则应摘取 p1 所指结点，将其插入到"和多项式"链表中去；

● 当 p1->expn 大于 p2->expn 时，则应摘取 p2 所指结点，将其插入到"和多项式"链表中去。

S4：将非空多项式的剩余段插入到 p3 所指结点之后。

S5：释放 Pb 的头结点。

【算法描述】

```
void  AddPolyn(Polynomial &Pa,Polynomial &Pb)
{ //多项式加法 Pa=Pa+Pb,利用两个多项式的结点构成"和多项式"
  p1=Pa->next;p2=Pb->next;          //p1 和 p2 的初值分别指向
                                      Pa 和 Pb 的首元结点

  p3=Pa;                            //p3 指向和多项式的当前结
                                      点,初值为 Pa

  while(p1&&p2)  {                  //p1 和 p2 均非空
  if(p1->expn==p2->expn)            //指数相等
    {sum=p1->coef+p2->coef;        //sum 保存两项的系数和
      if(sum!=0)                    //系数和不为 0
        { p1->coef=sum;            //修改 p1 当前结点的系数
                                      值为两项系数的和

          p3->next=p1;p3=p1;       //将修改后的 p1 当前结点链
                                      接在 p3 之后,p3 指向 p1

          p1=p1->next;            //p1 指向后一项
          r=p2;p2=p2->next;delete r;  //删除 Pb 当前结点,p2 指向
                                      后一项

        }
      else                          //系数和为 0
        { r=p1;p1=p1->next; delete r;  //删除 Pa 当前结点,p1 指向
                                      后一项

          r=p2;p2=p2->next; delete r;  //删除 Pb 当前结点,p2 指向
                                      后一项

        }
  else  if(p1->expn<p2->expn)      //Pa 当前结点的指数值小
         {p3->next=p1;             //将 p1 链接在 p3 之后
          p3=p1;                   //p3 指向 p1
```

```
        p1=p1->next;                    //p1 指向后一项
            }
    else                                //Pb 当前结点的指数值小
        {p3->next=p2;                   //将 p2 链接在 p3 之后
        p3=p2;                          //p3 指向 p2
        p2=p2->next;                    //p2 指向后一项
        }
}//while
p3->next=p1? p1:p2;                     //插入非空多项式的剩余段
delete Pb;                              //释放 Pb 的头结点
}
```

【算法分析】

假设两个多项式的项数分别为 m 和 n，则该算法的时间复杂度为 $O(m+n)$，空间复杂度为 $O(1)$。

◀ 思考：对于两个一元多项式的减法和乘法的运算，你觉得是否可以直接利用多项式加法的算法来实现？如果可以，该如何操作？

2.5 自测练习

1. 简答题

（1）试述线性表的两种存储结构各自的优缺点。

（2）试述以下三个概念的区别：头指针、头结点、首元结点（第一个元素结点）。

2. 选择题

（1）假设顺序表中第一个元素的存储地址是 100，每个元素的长度为 2 个字节，则第 5 个元素的存储地址是（　　）。

    A. 110　　　　　　B. 108　　　　　　C. 100　　　　　　D. 120

（2）在含 n 个结点的顺序表中，算法的时间复杂度是 $O(1)$ 的操作是（　　）。

    A. 访问第 i 个结点（$1 \leqslant i \leqslant n$）

    B. 在第 i 个结点后插入一个新结点（$1 \leqslant i \leqslant n$）

    C. 删除第 i 个结点（$1 \leqslant i \leqslant n$）

    D. 将 n 个结点从小到大排序

（3）链式存储结构中结点所占用的存储空间（　　）。

    A. 只有一部分，存放结点值

    B. 只有一部分，存储表示结点间关系的指针

    C. 分为两部分，一部分存放结点值，另一部分存放表示结点间关系的指针

    D. 分为两部分，一部分存放结点值，另一部分存放结点所占单元数

（4）线性表若采用链式存储结构，则要求内存中可用存储单元的地址（　　）。

A. 必须是连续的　　　　　　　　　　B. 部分地址必须是连续的

C. 一定是不连续的　　　　　　　　　D. 连续或不连续都可以

（5）线性表在（　　）情况下适合采用链式存储结构来表示。

A. 需经常修改表中结点值　　　　　　B. 需不断对表进行插入、删除

C. 表中含有大量的结点　　　　　　　D. 表中结点的结构复杂

（6）在一个长度为 n 的顺序表中，在第 i（$1 \leqslant i \leqslant n+1$）个位置插入一个新元素时，需要向后移动（　　）个元素。

A. $n-i$　　　　　　　B. $n-i+1$　　　　　　C. $n-i-1$　　　　　　D. i

（7）对于线性表，下列陈述中正确的是（　　）。

A. 表中每个元素都有一个直接前驱和一个直接后继

B. 线性表中至少有一个元素

C. 线性表中诸元素的排列必须是由小到大或由大到小

D. 除第一个和最后一个元素外，其余每个元素都有且仅有一个直接前驱和直接后继

（8）关于线性表的两种存储方式，以下陈述错误的是（　　）。

A. 求表长、定位这两种运算在顺序表中实现的效率不比线性链表中低

B. 顺序存储的线性表可以随机存取

C. 顺序存储要求连续的存储区域，因而其存储管理不够灵活

D. 线性表的链式存储结构优于顺序存储结构

（9）在单链表中，要将 s 所指结点插入到 p 所指结点之后，其语句应为（　　）。

A. s->next = p+1；p->next = s；

B. (＊p).next = s；(＊s).next = (＊p).next；

C. s->next = p->next；p->next = s->next；

D. s->next = p->next；p->next = s；

（10）在双向链表存储结构中，删除 p 所指结点时，修改指针的操作为（　　）。

A. p->next->prior = p->prior；p->prior->next = p->next；

B. p->next = p->next->next；p->next->prior = p；

C. p->prior->next = p；p->prior = p->prior->prior；

D. p->prior = p->next->next；p->next = p->prior->prior；

2-10　第2章
选择题解析

3. 算法设计题

（1）设计一个算法，将顺序表中所有值为 x 的元素替换成 y。

（2）已知长度为 n 的线性表 A 采用顺序存储结构，请设计一个时间复杂度为 $O(n)$、空间复杂度为 $O(1)$ 的算法，该算法可删除线性表中所有值为 item 的数据元素。

（3）设计一个算法，要求以较高的效率实现删除顺序存储的线性表中元素值在 x 和 y 之间的所有元素。

（4）设计一个算法，通过一次遍历确定长度为 n 的单链表中值最大的结点。

（5）设计一个算法，将一个带头结点的单向链表中所有结点的链接方向"原地"逆转。要求仅利用原表的存储空间，即算法的空间复杂度为 $O(1)$。

第 3 章 栈和队列

导读

栈和队列是两种重要的线性结构，也是两种特殊的线性数据结构。从数据的逻辑结构角度看，栈和队列也是线性表；从运算的角度看，栈和队列的基本运算是线性表运算的子集，它们是操作受到特殊限制的线性表。因此，栈和队列可称为限定性的数据结构。

本章要点

- 栈的定义与基本运算
- 栈的存储方式及运算的实现
- 栈的应用
- 队列的定义与基本运算
- 队列的存储方式及运算的实现

3-1 栈与队列的应用

3.1 栈及其应用

3.1.1 栈的定义与基本运算

1. 栈的定义

为了能够更好地向读者说明栈结构的特征，现举一个现实生活中的例子。有一个很窄的死胡同，胡同的宽度仅够一辆小轿车进入，长度可以容纳若干辆小轿车。假设有五辆小轿车编号为①~⑤，并按编号顺序依次进入此胡同，如图 3.1 所示。

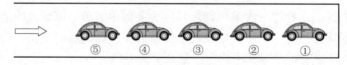

⑤ ④ ③ ② ①

图 3.1 死胡同示意图

此时，若编号为④的轿车想要退出此胡同，必须等编号为⑤的轿车先退出后才能退出。同样，若①号车想要退出，则必须等到⑤、④、③、②号车辆依次先行退出后它才可以退出此胡同。也就是说，车辆退出此胡同的顺序刚好与进入时的顺序相反。

类似这样的情况还有。比如，用于更换列车机头的铁路调度站；再如，洗干净的盘子总是逐个往上叠放在已经洗好的盘子上面，而使用的时候却是从上往下逐个依次拿取，即后洗好的盘子比先洗好的盘子要先被使用。栈的结构及其操作特点正是对上述实际的抽象。

栈（Stack）是限定只能在表的一端（表尾）进行插入和删除运算的线性表。在表中，允许插入和删除的一端称为"栈顶"（Top），另一端称为"栈底"（Bottom），当表中没有元素时称为空栈。以上述死胡同为例，可以将胡同口视为栈顶，轿车进、出胡同可以看作栈元素的插入、删除运算。因此，栈的插入和删除运算是按照"后进先出"的原则进行的，栈又称为 LIFO（Last In First Out）线性表。在栈顶进行插入运算，称为进栈；在栈顶进行删除运算，称为出栈。栈的结构通常如图 3.2 所示。

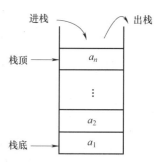

图 3.2　栈结构示意图

2. 栈的基本运算

栈的基本运算包括以下几种：

初始化栈：InitStack(&S)，其作用是构造一个空栈。

进栈：Push(&S,e)，在栈 S 存在且空间未满时，将元素 e 插入并作为新的栈顶元素，元素入栈以后需要调整栈顶位置。

出栈：Pop(&S,&e)，在栈 S 存在且非空时，删除（弹出）栈顶元素并用 e 返回其值，元素出栈以后同样需要调整栈顶位置。

判断栈空：StackEmpty(S)，在栈 S 存在时，若是空栈返回 TRUE，否则返回 FALSE。

判断栈满：StackFull(S)，在栈 S 存在时，若栈已满返回 TRUE，否则返回 FALSE。

取栈顶元素：GetTop(S)，在栈 S 存在且非空时，返回栈顶元素的值，但无须修改栈顶指针的值。

计算栈的长度：StackLength(S)，在栈 S 存在时，返回栈中元素的个数，即栈的长度。

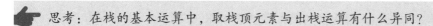

思考：在栈的基本运算中，取栈顶元素与出栈运算有什么异同？

说明：栈的其他运算一般可以由基本运算的组合来实现。

3.1.2　栈的顺序存储及运算实现

线性表的两种存储结构对栈也适用，两者只是操作方法上有区别，有时也将栈称为操作（运算）受限的线性表。与线性表类似，栈也有两种存储结构：顺序存储和链式存储。采用顺序存储结构表示的栈称为顺序栈，采用链式存储结构表示的栈称为链栈。基于两种不同的存储方式，栈的基本运算的实现方法往往有一定差异。

1. 顺序栈的类型定义

顺序栈是指利用顺序存储结构实现的栈，即利用一组地址连续的存储单元依次存放从栈底到栈顶的数据元素。另设一个指针 top 指示栈顶元素在顺序栈中的位置。同时，为了便于对栈空的判断，也便于用 C/C++语言描述算法，附设一个栈底指针 base 指示栈底元素在顺序栈中的位置，约定当 top 和 base 的值相等时表示空栈；对于非空的顺序栈，栈顶指针始终指向栈顶元素的下一个位置。

顺序栈的类型定义如下：

```
#define  STACK_SIZE  100    //顺序栈存储空间的初始分配量
typedef  struct{
SElemType  *base;           //栈底指针,在栈构造之前和销毁之后,base 的值
                              为 NULL
SElemType  *top;            //栈顶指针,初始化时与栈底指针值相等
int  stacksize;             //当前分配的栈空间大小
}SqStack;
```

👉 **注意：** 在这种栈空间动态分配的顺序存储结构中，base 始终指向栈底元素，非空栈中的 top 始终指向栈顶元素的下一个位置，栈顶指针与栈顶元素是有区别的。

由此可见，顺序栈 s 有四个要素：

1）栈空：s. top==s. base；

2）栈满：s. top-s. base==s. stacksize；

3）进栈操作：*s. top=e; s. top++；或 *s. top++=e；

4）出栈操作：s. top--；*s. top=e；或 e= *--s. top；

2. 顺序栈运算的实现

下面是顺序栈基本运算的实现：

（1）顺序栈的初始化

算法 3.1　顺序栈的初始化

【算法步骤】

S1：为顺序栈动态分配一个最大容量为 STACK_SIZE 的数组空间，使指针 base 指向该空间的基地址，即栈底。

S2：栈顶指针 top 初始为 base，表示栈为空。

S3：当前栈空间大小 stacksize 置为栈的最大容量 STACK_SIZE。

【算法描述】

```
Status InitStack(SqStack  &S)         //构造一个空栈 S
{  //为顺序栈动态分配一个最大容量为 STACK_SIZE 的数组空间
  S.base=new SElemType[STACK_SIZE];
  if(!S.base)  exit(OVERFLOW);        //存储分配失败
  S.top=S.base;                       //top 初始为 base,构造一个空栈
  S.stacksize=STACK_SIZE;             //stacksize 置为栈的最大容量
                                        STACK_SIZE

  return OK;
}
```

（2）判断顺序栈是否为空

算法 3.2　判断顺序栈是否为空

在栈 S 存在时，若 S 是空栈返回 1，否则返回 0。

【算法描述】

```
int  StackEmpty(SqStack  S)
{    if(S.top==S.base)  return(1);
     else  return(0);
}
```

（3）判断顺序栈是否已满

算法 3.3　判断顺序栈是否已满

在栈 S 存在时，若栈已满返回 1，否则返回 0。

【算法描述】

```
int  StackFull(SqStack  S)
{    if(S.top-S.base==S.stacksize)  return(1);
     else  return(0);
}
```

（4）顺序栈的进栈操作

算法 3.4　顺序栈的入栈

在栈 S 存在且栈空间未满时，将元素 e 插入并作为新的栈顶元素。

【算法步骤】

S1：判断栈是否满，若满则返回 ERROR。

S2：将新元素压入栈顶，然后栈顶指针加 1。

【算法描述】

3-2 顺序栈
的入栈操作

```
Status  Push(SqStack &S,SElemType e)
{  //插入元素 e 作为新的栈顶元素
if(StackFull(S))  return ERROR;  //判断栈是否满
*S.top++=e;                          //元素 e 压入栈顶,栈顶指针加 1
return OK;
}
```

（5）顺序栈的出栈操作

算法 3.5　顺序栈的出栈

在栈 S 存在且栈非空时，删除（弹出）栈顶元素并用 e 返回其值。

【算法步骤】

S1：判断栈是否空，若空则返回 ERROR。

S2：栈顶指针减 1，然后取栈顶元素值给变量 e。

3-3 顺序栈
的出栈操作

【算法描述】

```
Status  Pop(SqStack &S,SElemType &e)
{  //删除 S 的栈顶元素,用 e 返回其值
if(StackEmpty(S))  return ERROR;      //栈空
e= * --S.top;                          //栈顶指针减 1,将栈顶元素赋给 e
return OK;
}
```

（6）取顺序栈栈顶元素

算法 3.6　取顺序栈的栈顶元素值

在栈 S 存在且非空时，返回栈顶元素的值，但栈顶指针保持不变。

【算法描述】

```
SElemType  GetTop(SqStack S)
{  //返回 S 的栈顶元素,不修改栈顶指针
  if(S.top!=S.base)                   //栈非空
    return( * (S.top-1));             //返回栈顶元素的值,栈顶指针不变
}
```

由于顺序栈和顺序表一样，受到最大空间容量的限制，虽然可以在栈满时重新分配空间以扩大容量，但工作量较大，应当尽量避免。因此，在应用程序无法预先估计栈可能达到的最大容量时，可以使用链栈。

3.1.3　栈的链式存储及运算实现

1. 链栈的类型定义

链栈是指利用链式存储结构实现的栈。由于栈的主要操作是在栈顶插入和删除，显然以链表的头部作为栈顶是最方便的，而且没有必要像单链表那样附加一个头结点。因此，通常用不带头结点的单链表来表示链栈，如图 3.3 所示。

链栈的结点结构与单链表相同，结点中链接指针 next 的指向总是从栈顶依次指向栈底。约定当指针 S==NULL 时，链栈为空；否则 S 始终指向栈顶，因此也称为栈顶指针。

链栈中结点的类型定义如下：

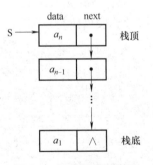

图 3.3　链栈结构示意图

```
typedef  struct  StackNode{
SElemType  data;
struct  StackNode * next;
}StackNode,*LinkStack;
```

基于此定义，可以用数据类型 LinkStack 声明一个链栈指针 S。

2. 链栈相关运算的实现

链栈中，每一个结点的空间是动态分配的，链栈可用空间的大小取决于计算机系统内存的容量。因此，相对于顺序栈，链栈中一般不需要考虑判断栈满的操作。下面是链栈基本运算的实现。

（1）链栈的初始化

链栈的初始化就是构造一个空栈，因为没有使用头结点，所以直接将栈顶指针置为空地址值即可。

算法3.7 链栈的初始化

【算法描述】

```
Status InitStack(LinkStack &S)
{//构造一个空栈S,栈顶指针置空
S=NULL;
return  OK;
}
```

（2）判断链栈是否为空

当链栈栈顶指针S==NULL时（此时链栈为空）返回1；否则返回0。

算法3.8 判断链栈是否为空

【算法描述】

```
int  StackEmpty(LinkStack S)
{ if(S==NULL) return(1);
   else  return(0);
}
```

（3）链栈的入栈操作

与顺序栈的入栈操作所不同的是，链栈在入栈前不需要判断栈是否满，只需要为入栈元素动态分配一个结点空间，并按"头插法"插入链表，将其作为新的栈顶结点即可，如图3.4所示。

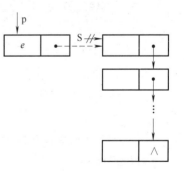

算法3.9 链栈的入栈

【算法步骤】

S1：为入栈元素 e 动态分配空间并用指针p指向它。

S2：将新结点数据域置为 e。

S3：用头插法将新结点插入作为栈顶。

S4：修改栈顶指针S指向新结点p。

图3.4 链栈的入栈过程

【算法描述】

```
Status  Push(LinkStack &S,SElemType e)
{ //在栈顶插入元素e
```

```
p=new StackNode;
p->data=e;
p->next=S;
S=p;
return OK;
}
```

3-4 链栈入栈过程解析

（4）链栈的出栈操作

和顺序栈一样，链栈在出栈之前也需要判断当前栈是否为空；不同的是，链栈在出栈后需要释放原栈顶结点的空间。

算法 3.10 链栈的出栈

【算法步骤】

S1：判断栈是否为空，若空，则返回 ERROR。

S2：将栈顶元素的数据值赋给 e。

S3：临时保存当前栈顶结点指针，以备释放其存储空间。

S4：修改栈顶指针 S，使其指向新的栈顶元素。

S5：释放原栈顶结点的空间。

【算法描述】

```
Status  Pop(LinkStack &S,SElemType &e)
{ if(S==NULL)  return ERROR;
  e=S->data;
  p=S;
  S=S->next;
  delete  p;
  return OK;
}
```

3-5 链栈出栈过程解析

（5）取链栈的栈顶元素值

与顺序栈一样，当栈非空时，该操作返回当前栈顶结点的值，但栈顶指针 S 的指向始终保持不变。

算法 3.11 取链栈栈顶元素的值

【算法描述】

```
SElemType  GetTop(LinkStack S)
{ if(S!=NULL)              //栈非空
    return S->data;        //返回栈顶元素的值,栈顶指针不变
}
```

另外，与单链表类似，如果需要获得链栈的长度，可以从栈顶到栈底进行扫描统计（遍历）。采用链栈存储结构，如果需要从栈底到栈顶顺序遍历所有元素，可使用递归算法。

相关算法实现在此不再赘述，读者可自行思考或参阅相关书籍。

3.1.4 栈的应用

在计算机领域，栈的应用较多，常见的有数制的转换、回文的判断、表达式中括号匹配的检验、表达式求值等。这里仅讨论其中两个较为简单的应用。

1. 数制的转换

要求设计一个算法，将一个非负的十进制整数转换成其他进制的数输出。

【案例分析】

这里以将一个非负十进制整数 N 转换为八进制数为例。在计算过程中，根据数制转换的方法及栈结构"后进先出"的特点，可以利用"带余除法"把 N 除以 8 取得的余数作为八进制数的一位数字依次进栈，并将 N 除以 8 取得的商数作为 N 的新值重复以上过程，直到 $N=0$ 为止。计算完毕后，将栈中的八进制数依次出栈输出，输出结果就是转换得到的八进制数从高位到低位的各位数字。

【案例实现】

在具体实现时，栈可以采用顺序存储表示，也可以采用链式存储表示。算法 3.12 以顺序栈来暂存转换后的各位数字，并实现将一个非负的十进制整数转换成八进制数输出。如果需要转换成其他进制的数，可进行适当的修改。

算法 3.12　数制的转换

【算法步骤】

S1：初始化一个空栈 S。

S2：当十进制数 N 非零时，重复执行以下操作：

　　S2.1：把 N 除以 8 取余数得到的八进制数压入栈 S；

　　S2.2：将 N 更新为 N 除以 8 的商。

S3：当栈 S 非空时，重复执行以下操作：

　　S3.1：弹出栈顶元素 e；

　　S3.2：输出 e 的值。

3-6 数制转换算法解析

【算法描述】

```
void conversion(int n)
{ SqStack S;
  InitStack(S);
  while(n!=0){
      Push(S,n%8);
      n=n/8;}
  while(!StackEmpty(S)){
      Pop(S,e);
      cout<<e;}
  return;
}
```

【算法分析】

不难证明，该算法的时间和空间复杂度均为 $O(\log_8 n)$。

2. 回文判断

【案例分析】

回文是指这样的一个字符串，从前往后读以及从后往前读都一样，如"abcddcba"。要设计一个算法判断一个字符串是否为回文，可将字符串从头到尾各个字符依次放入一个栈中，利用栈的"后进先出"特点，从栈顶到栈底的各个字符正好是原字符串从尾部到头部的各个字符。此时，可将字符串从头到尾的每一个字符依次与出栈的字符相比较。若两者不同，则表明原字符串不是回文；若相同，则继续比较。如果一直到比较完毕两者都能匹配，说明原字符串是回文。

算法 3.13　回文的判断

【算法描述】

```
int  IsPalindrome(char  text[])
{  //判断给定字符串 text 是否为回文,若是返回1,否则返回0
    int  i=0;
    char ch,tmp;
    SqStack s;
    InitStack(s);
    while((ch=text[i++])!='\0')              //所有字符依次全部进栈
        Push(s,ch);
    i=0;
    while(!StackEmpty(s)){                    //栈不空,继续比较
        Pop(s,tmp);
        if(tmp!=text[i++])  return 0; //两者不相同,提前结束,返回0
        }
    return(1);
}
```

思考：算法 3.13 仅仅是为了说明栈结构的运算特点，实际上，它的执行效率并不高，尤其是两者之间半数的比较是多余的。你觉得可以如何改进？

提示：可以只将字符串从头开始的"一半字符"依次与出栈字符相比较。也可以只将字符串前一半入栈，依次将出栈元素和字符串后一半进行比较，即将第一个出栈元素和后一半中第一个字符比较，依此类推。

以上是借助栈的"后进先出"特性解决实际问题中比较简单的例子，其中栈的操作是单调的，即先入栈，然后出栈。在一些较为复杂的栈的应用问题中，入栈和出栈操作往往是交替进行的，如表达式求值等问题，读者可参考其他相关资料进行了解。

另外，栈的一个重要应用是在程序设计语言中实现递归。递归是程序设计中重要的方法

之一。递归程序结构清晰，形式简洁。但递归程序在执行时需要系统提供隐式的工作栈来保存函数调用过程中的参数、局部变量及返回地址等，因此递归程序占用内存较多，运行效率相对较低。

3.2 队列

3.2.1 队列的定义与基本运算

1. 队列的定义

队列（Queue）是一种只允许在表的一端（尾部）进行插入，而在表的另一端（头部）删除元素的特殊的线性表。因此，和栈一样，队列也是一种操作受限制的线性表。

队列中的数据元素又称为队列元素。在队列中插入一个队列元素称为入队，从队列中删除一个队列元素称为出队。队列中没有元素时，称为空队列。

在队列中，允许插入的一端称为队尾（rear），允许删除的一端称为队头（front）。因为队列只允许在一端插入，在另一端删除，所以只有最早进入队列的元素才能最先从队列中删除，故队列又称为"先进先出"（First In First Out，FIFO）的线性表。

假设队列为 $q = (a_1, a_2, \cdots, a_n)$，则 a_1 就是队列当前的队头元素，a_n 是队尾元素。队列中的元素是按照 $a_1, a_2, \cdots, a_n$ 的顺序依次进入的，离开队列时也只能按照这个次序依次出队。显然，只有在 $a_1, a_2, \cdots, a_{n-1}$ 都依次出队后，a_n 才能退出队列。

队列示意图如图 3.5 所示。

队列与现实生活中人们为了得到某种服务（如购物、购票等）而排队十分相似。只是这里的排队规则中绝不允许"插队"，新加入的成员只能排在队尾，队列中全体成员只能按顺序依次出队，先进队的成员先离队。

图 3.5 队列示意图

2. 队列的基本运算

队列的运算（操作）与栈的运算类似，不同的是，队列的删除是在表的头部（即队头）进行。队列仍然以线性表作为其逻辑结构，同样可以被视为操作受限的线性表。

队列的基本运算主要有：

1）初始化队列：InitQueue(&Q)，其作用是构造一个空队列。

2）销毁队列：DestroyQueue(&Q)，对于一个存在的队列，将其所占用的存储空间加以释放。

3）判断队列空：QueueEmpty(Q)，对一个存在的队列，判断其是否为空队列，若为空则返回 TRUE，否则返回 FALSE。

4）判断队列满：QueueFull(Q)，对一个存在的队列，判断其空间是否被占满，如果是则返回 TRUE，否则返回 FALSE。

5）求队列长度：QueueLength(Q)，对于一个存在的队列，计算其中包含的数据元素的个数。

6）进队：EnQueue(&Q,e)，在队列未满时，将数据元素 e 插入到队尾，并且将该元素结点置为队列新的队尾结点。

7）出队：DeQueue(&Q,&e)，在队列非空时，将队头元素的值赋给变量 e，并删除队头元素，该结点原来的后继结点将成为新的队头结点。

8）取队头元素：GetQueueHead(Q)，对于一个非空队列，返回队头结点的值。

队列也有两种存储结构，即顺序存储结构和链式存储结构。

3.2.2 队列的顺序存储及运算实现

1. 队列的顺序存储

与栈类似，用顺序存储结构表示的队列一般称为**顺序队列**。

建立队列的顺序存储结构必须为其静态分配或动态申请一片连续的存储空间，并设置两个指针进行管理。一个是队头指针 front，它指向队头元素；另一个是队尾指针 rear，它指向下一个入队元素的存储位置。在实际应用中，队头指针和队尾指针一般用两个整型变量来表示。

因此，顺序队列的数据类型可以定义如下：

```
#define  MAXQSIZE  100      //队列可能达到的最大长度
typedef  struct
{ QElemType * base;         //存储空间的基地址
  int  front;               //队头指针
  int  rear;                //队尾指针
}SqQueue;
```

👉 说明：在非空队列中，队头指针 front 始终指向队头元素，而队尾指针 rear 始终指向队尾元素的下一个位置。

为了在 C/C++语言中描述方便，对于顺序队列，通常做出这样的约定：初始化创建空队列时，令 front＝rear＝0；每当在队列尾部插入新的元素以后，尾指针 rear 增 1；每当删除队列头元素以后，头指针 front 增 1。

假设当前队列分配的空间最大长度为 6。图 3.6a 表示空队列；图 3.6b 表示元素 a_1、a_2、a_3 依次入队后的状态；图 3.6c 表示 a_1、a_2 相继出队后的状态；图 3.6d 表示 a_4、a_5 和 a_6 相继入队，紧跟着 a_3 和 a_4 又相继出队后的状态。由此可见，在顺序队列中，随着插入和删除操作的进行，队列元素的个数在不断变化，实际所用空间也在为队列结构所分配的连续空间中移动。当 front＝rear 时（与队列初始化时类似），队列中没有任何元素，称为空队列。

然而，顺序队列面临一个最大问题：当队尾指针 rear 指向分配的空间之外时，无法再插入新元素，但这时往往还有大量可用空间，它们是已出队的元素曾经占用的存储单元。比如当队列处于图 3.6d 所示状态时，不能再继续插入新的元素，这种现象称为"上溢"。很明显，在顺序队列中"上溢"现象可能是真实的，但也有可能是假象。

👉 说明：在顺序队列的入队和出队操作中，头、尾指针只增加不减小，这导致被删元素的空间无法重新利用。当队列中实际元素个数远远小于队列空间规模时，也可能由于尾指针已超越队列空间的上限而不能做入队操作。

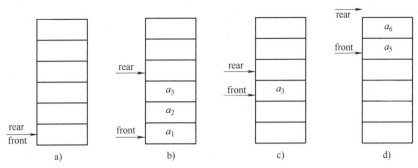

图 3.6　队列的顺序存储结构示意图

顺序队列中的溢出现象包括"下溢"（当队列为空时，出队运算产生的溢出）和"上溢"（当队列满时，入队运算产生的溢出）。在顺序队列中，"下溢"是正常的，常用作程序控制的条件；而"真上溢"是一种出错状态，程序中应当设法避免。那么，对于"假上溢"问题，应该如何解决呢？

为了使队列空间能够被重复使用，要对顺序队列的使用方法加以改进：无论插入或删除，一旦 rear 指针或 front 指针增 1 时超出了所分配的队列空间，就让它们指向这片连续空间的起始位置。要从 MAXQSIZE-1 增 1 后变到 0，可用取余运算来实现。这样，实际上是把队列空间想象成一个环形空间，当头、尾指针"增 1"时采用"模"运算（在循环意义上增 1）。通过取模，使头、尾指针在顺序存储的线性空间内"循环移动"，首尾相连。通常将采用这种方法管理的队列称为**循环队列**。除了一些简单应用之外，真正实用的队列是循环队列。

因此，在循环队列中，将队头指针和队尾指针增 1 的操作调整如下：

队头指针增 1：front =（front+1）% MAXQSIZE；

队尾指针增 1：rear =（rear+1）% MAXQSIZE。

队列中数据元素入队、出队的操作可以是任意交替进行的。在循环队列中，如果数据元素出队的速度快于入队的速度，则队头指针将很快追上队尾指针，一旦出现两者相等时，将变成一个空队列。反之，如果数据元素入队的速度快于出队的速度，则队尾指针将很快追上队头指针，一旦队列空间被占满就不能再加入新元素了。

图 3.7a 为一般情况下循环队列中头、尾指针的关系；图 3.7b 表示元素 $a_4 \sim a_7$ 依次出队后的状态，此时队列已空；图 3.7c 是基于图 3.7a，元素 a_8、a_9 入队后的状态，此时队列已满。

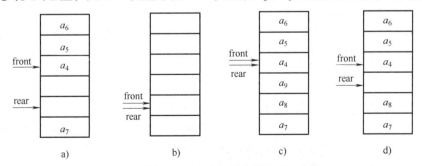

图 3.7　循环队列中头、尾指针关系示意图

由此可见，对于一般的循环队列，当遇到"front == rear"时既不能断定队列是"空"，也不能断定队列已"满"。为了区分这两种情况，通常的做法是少用一个元素空间，即规定

循环队列最多只能有 MAXQSIZE-1 个队列元素，当循环队列中只剩下一个空存储单元时就认为队列已经满了。这样，判断队空的条件不变，即当头、尾指针值相同时队列为空；而当尾指针在循环意义上增 1 后等于头指针时，则认为队列已满。

说明：在循环队列中，队空和队满的条件如下：

队空$\Longleftrightarrow$Q. front == Q. rear。

队满$\Longleftrightarrow$（Q. rear+1）% MAXQSIZE == Q. front。

如在图 3.7d 中，当 a_8 进入图 3.7a 所示的队列后，（Q. rear+1）% MAXQSIZE 的值等于 Q. front，此时认为队列已满。

2. 循环队列运算的实现

下面给出循环队列相关运算的实现方法，循环队列的类型定义同前面给出的顺序队列的类型定义。

（1）初始化

循环队列的初始化操作就是动态分配一个预定义大小为 MAXQSIZE 的数组空间。

算法 3.14　循环队列的初始化

【算法步骤】

S1：为队列分配一个最大容量为 MAXQSIZE 的数组空间，base 指向数组空间的首地址。

S2：头指针和尾指针置为零，表示初始化时队列为空。

【算法描述】

```
Status InitQueue(SqQueue &Q)
{//构造一个空队列 Q
Q. base=new QElemType[MAXQSIZE];
if(!Q. base)  exit(OVERFLOW);
Q. front=Q. rear=0;
return OK;
}
```

（2）求循环队列的长度

对于非循环队列，尾指针和头指针的差值便是队列长度。然而，对于循环队列，两者的差值可能为负数，所以需要将差值加上 MAXQSIZE，然后再与 MAXQSIZE 相除求余。

算法 3.15　求循环队列的长度

【算法描述】

```
int  QueueLength(SqQueue Q)
{//返回队列 Q 中当前的元素个数,即队列的长度
return(Q. rear-Q. front+MAXQSIZE)%MAXQSIZE;
}
```

（3）循环队列元素入队

入队操作是指在循环队列的尾部插入一个新的元素。

算法 3.16 循环队列的入队

【算法步骤】

S1：判断队列是否满，若满则返回 ERROR。

S2：将新元素插入队尾。

S3：队尾指针在循环意义上增 1。

3-7 循环队列入队解析

【算法描述】

```
Status EnQueue(SqQueue &Q,QElemType e)
{ //插入元素 e 作为队列 Q 的新的队尾元素
  if((Q.rear+1)%MAXQSIZE==Q.front)  return ERROR;
  Q.base[Q.rear]=e;                 //新元素插入队尾
  Q.rear=(Q.rear+1)%MAXQSIZE;       //队尾指针在循环意义上增 1
  return OK;
}
```

（4）循环队列元素出队

出队操作是将循环队列的队头元素删除。

算法 3.17 循环队列的出队

【算法步骤】

S1：判断队列是否为空，若空则返回 ERROR。

S2：保存队头元素。

S3：队头指针在循环意义上增 1。

3-8 循环队列出队解析

【算法描述】

```
Status DeQueue(SqQueue &Q,QElemType &e)
{ //删除队列 Q 的队头元素,用 e 返回其值
  if(Q.front==Q.rear)return ERROR;     //队空
  e=Q.base[Q.front];                   //参数 e 保存队头元素值
  Q.front=(Q.front+1)%MAXQSIZE;        //队头指针在循环意义上增 1
  return OK;
}
```

（5）取循环队列的队头元素

当队列非空时，返回当前队头元素的值，但队头指针保持不变。

算法 3.18 取循环队列的队头元素

【算法描述】

```
QElemType  GetQueueHead(SqQueue Q)
{if(Q.front!=Q.rear)
    return Q.base[Q.front];
}
```

（6）判断循环队列是否满

当循环队列满时，返回 1；否则，返回 0。

算法 3.19　判断循环队列是否已满

【算法描述】

```
int  QueueFull(SqQueue Q)
{if((Q.rear+1)% MAXQSIZE==Q.front)  return 1;
  else  return 0;
}
```

　　在循环队列的基本运算函数设计好以后，用户应用程序可以根据需要灵活调用它们以解决队列应用的综合问题。另外，由上述分析可见，如果用户的应用程序中设有循环队列，则必须为它设定一个最大队列长度；若用户无法预估所用队列的最大长度，则宜采用链队。

3.2.3　队列的链式存储及运算实现

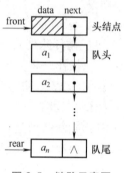

图 3.8　链队示意图

1. 队列的链式存储——链队

　　链队是指采用链式存储结构实现的队列。与链栈相似，链队通常用单链表来表示，如图 3.8 所示。显然，一个链队需要两个分别指示队头和队尾的指针（分别称为头指针和尾指针）才能便于队列相关操作的实现。和线性表的单链表存储结构一样，通常给链队添加一个头结点，并令队头指针始终指向头结点。

　　以链式存储结构表示的队列，其数据类型定义如下：

```
typedef  struct  QNode
{ //链队中结点的结构
  QElemType data;
  struct QNode * next;
}QNode, * QueuePtr;
typedef struct
{ //链队结构
  QueuePtr front;      //队头指针
  QueuePtr rear;       //队尾指针
}LinkQueue;
```

　　注意：在队列的链式存储结构中，不需要考虑队列是否会满；链队中头指针始终指向头结点，而链队为空的条件是 Q. front==Q. rear 或 Q. front->next==NULL。

2. 链队运算的实现

　　链队的插入和删除操作属于单链表相关操作的特殊情况。很明显，在链队中插入结点只能采用尾插法，而删除操作必然是从队列头部删除队头结点，两者都只需修改相应的指针。下面给出链队初始化、入队、出队等操作的实现。

（1）链队的初始化

链队的初始化操作就是构造一个只有一个头结点的空队列。

算法 3.20　链队的初始化

【算法步骤】

S1：生成新结点作为头结点，队头和队尾指针均指向此结点。

S2：头结点的指针域置空。

【算法描述】

```
Status InitQueue(LinkQueue &Q)
{
    Q.front=Q.rear=new QNode;    //新结点作为头结点,队头和队尾指针指
                                   向此结点

    Q.front->next=NULL;
    return OK;
}
```

（2）链队中元素入队

和循环队列的入队操作不同的是，链队在入队前不需要判断队是否满，但需要为入队元素动态分配一个结点空间。同时，由于是在队尾插入新元素，因此，在链队中需要采用"尾插法"插入新结点。

算法 3.21　链队的入队

【算法步骤】

S1：为入队元素动态分配结点空间，并用指针 p 指向它。

S2：将新结点数据域置为 e。

S3：将新结点插入到队尾。

S4：修改队尾指针为 p。

【算法描述】

3-9 链队的
入队操作

```
Status EnQueue(LinkQueue &Q,QElemType e)
{   //插入元素 e 为 Q 的新的队尾元素
    p=new QNode;             //为入队元素分配结点空间,用指针 p 指向它
    p->data=e;               //将新结点数据域置为 e
    p->next=NULL;
    Q.rear->next=p;          //将新结点插入到队尾
    Q.rear=p;                //修改队尾指针
    return OK;
}
```

（3）链队中元素出队

和循环队列一样，链队在出队前也需要判断队列是否为空；不同的是，链队在出队后需要释放队头元素所占的存储空间。

算法 3.22　链队的出队

【算法步骤】

S1：判断队列是否为空，若空，则返回 ERROR。

S2：临时保存队头元素的空间，以备释放。

S3：修改链队头指针，使其指向下一个结点。

S4：判断出队元素是否为最后一个元素，若是，则将队尾指针重新赋值，指向头结点。

3-10 链队元素出队解析

S5：释放原队头元素的空间。

【算法描述】

```
Status  DeQueue(LinkQueue &Q,QElemType &e)
{  //删除 Q 的队头元素,用 e 返回其值
  if(Q.front==Q.rear)  return ERROR;
  p=Q.front->next;                //p 指向队头元素,等待释放
  e=p->data;                      //保存队头元素的数据值
  Q.front->next=p->next;          //修改相关指针,使队头元素出队
  if(Q.rear==p)Q.rear=Q.front;    //如果最后一个元素被删,队尾指针指向
                                  //头结点
  delete  p;
  return  OK;
}
```

这里需要注意的是，在实现链队元素出队操作时，还需要考虑到当队列中最后一个元素被删除后队尾指针可能会丢失，因此需对队尾指针重新赋值（指向头结点）。

（4）取链队队头元素的值

与循环队列一样，当链队列非空时，此操作将返回当前队头元素的值，但队头指针保持不变。

算法 3.23　取链队的队头元素

【算法描述】

```
QElemType  GetHead(LinkQueue Q)
{  //返回 Q 的队头元素,但不修改队头指针
  if(Q.front!=Q.rear)             //队列非空
    return  Q.front->next->data;  //返回队头元素的值,队头指针不变
}
```

本节主要讨论了队列的两种存储结构及其相关运算的实现原理。

队列在程序设计中有很多应用，凡是符合"先进先出"原则的数学模型，都可以使用队列。典型的例子有操作系统中主机与外设之间速度不匹配问题，以及多个用户引起的资源竞争问题。例如，在局域网上有一台共享的网络打印机，每个用户都可以将数据发送给网络打印机进行打印，为了保证能够正常打印，操作系统将为网络打印机生成一个"作业队

列"，每个申请打印的"作业"按先后顺序排队，打印机从队列中依次提取作业进行打印。

队列在现实生活中的应用更是常见，比如汽车到加油站排队等候加油、病人到医院看病排队等。

3.3　自测练习

1. 简答题

（1）试述栈和队列之间的区别与联系。

（2）若有四个元素 a、b、c、d 需要进栈，请给出所有可能的出栈次序。

（3）与一般顺序队列相比，循环队列有什么优点？

（4）对于循环队列，请给出队列满和队列空的判断条件。

2. 选择题

（1）若让元素 1、2、3、4、5 依次进栈，则出栈次序不可能出现的情况是（　　）。

　　A. 5，4，3，2，1　　　　　　　B. 2，1，5，4，3

　　C. 4，3，1，2，5　　　　　　　D. 2，3，5，4，1

（2）若已知一个栈的入栈序列是 $1,2,3,\cdots,n$，其输出序列为 $P_1,P_2,P_3,\cdots,P_n$，若 $P_1=n$，则 P_i 为（　　）。

　　A. i　　　　　　B. $n-i$　　　　　C. $n-i+1$　　　　D. 不能确定

（3）下列关于栈的叙述，正确的是（　　）。

　　A. 栈按"先进先出"组织数据　　　B. 栈按"后进先出"组织数据

　　C. 只能在栈底插入数据　　　　　　D. 不能删除数据

（4）链栈结点为（data, link），top 指向栈顶，若想摘除栈顶结点，并将删除结点的值保存到 x 中，则应执行操作（　　）。

　　A. x = top->data；top = top->link；　　　B. top = top->link；x = top->link；

　　C. x = top；top = top->link；　　　　　　D. x = top->link；

（5）下列与队列结构有关联的是（　　）。

　　A. 函数的递归调用　　　　　　　B. 数组元素的引用

　　C. 多重循环的执行　　　　　　　D. 先到先服务的作业调度

（6）设栈 S 和队列 Q 的初始状态为空，元素 e1、e2、e3、e4、e5 和 e6 依次进入栈 S，一个元素出栈后即进入队列 Q。若六个元素出队的序列是 e2、e4、e3、e6、e5 和 e1，则栈 S 的容量至少应该是（　　）。

　　A. 2　　　　　　　B. 3　　　　　　　C. 4　　　　　　　D. 6

（7）用链式存储结构表示的队列，在进行删除运算时（　　）。

　　A. 仅修改头指针　　　　　　　　B. 仅修改尾指针

　　C. 头、尾指针都要修改　　　　　D. 头、尾指针可能都要修改

（8）设循环队列存储在数组 A[0..m] 中，则入队时队尾指针增 1 操作应该是（　　）。

　　A. rear = rear+1　　　　　　　　B. rear = (rear+1)%(m-1)

　　C. rear = (rear+1)%m　　　　　　D. rear = (rear+1)%(m+1)

（9）最大容量为 n 的循环队列，队尾指针是 rear，队头指针是 front，则队空的条件

是（　　）。

  A.（rear+1）%n==front   B. rear==front

  C. rear+1==front   D.（rear−1）%n==front

（10）栈和队列的共同点是（　　）。

  A. 都是先进先出

  B. 都是后进先出

  C. 只允许在端点处插入和删除元素

  D. 没有共同点

3-11　第3章
选择题解析

3. 算法设计题

（1）设从键盘输入一整数序列 $a_1, a_2, \cdots, a_n$，试编写算法实现：用栈结构存储输入的整数，当 $a_i \neq -1$ 时，将 a_i 入栈；当 $a_i = -1$ 时，输出当前栈顶整数并出栈。算法应对异常情况（如栈满、栈空）给出相应信息。

（2）请设计一个算法，求链队中数据元素的个数（队列长度）。

（3）如果用一个数组 Q[0..MAXQSIZE−1] 表示循环队列，但只设一个头指针 front（不设尾指针 rear），用计数器 count 记录队列中数据元素的个数。试设计实现队列的四个基本运算（队列初始化、判断队空、入队和出队）的算法。

（4）假设以带头结点的循环链表表示队列，并且只设一个指向队尾元素的指针（不设头指针），试编写相应的队列初始化、判断队列是否为空、入队和出队算法。

（5）将编号为0和1的两个栈存放于一个数组空间 V[m] 中，栈底分别处于数组的两端。当第0号栈的栈顶指针 top[0] 等于−1时，该栈为空；当第1号栈的栈顶指针 top[1] 等于 m 时，该栈为空。两个栈均从两端向中间增长，如图3.9所示。试编写双栈初始化，判断栈空、栈满、进栈和出栈等算法的函数。

双栈数据结构的类型定义如下：

```
typedef  struct
{
  int  top[2],bot[2];    //栈顶和栈底指针
  SElemType  *V;         //栈数组
  int  m;                //栈最大可容纳元素个数
}DblStack;
```

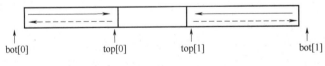

bot[0]   top[0]   top[1]   bot[1]

图3.9　双栈数据结构示意图

第 **4** 章　树和二叉树

　　树形结构是一类非常重要的非线性数据结构。直观来看，树是体现分支关系的一种层次结构。树形结构在客观世界中广泛存在，如人类社会的族谱和各种社会组织机构都可用树来表示。树形结构在计算机领域中也得到了广泛的应用，如在操作系统中，用树来表示文件目录的组织结构；在编译系统中，用树来表示源程序的语法结构；在数据库系统中，树形结构也是信息的重要组织形式之一。二叉树是一种典型的树形结构，由于它具有存储方便、操作灵活等优点，因此成为最常用的树形结构。本章除了介绍树与二叉树相关的定义外，还将重点讨论二叉树的存储结构、各种基本操作算法的实现，以及哈夫曼树和哈夫曼编码的相关知识。

本章要点

- 树和二叉树的定义
- 二叉树的性质和存储结构
- 二叉树的基本运算
- 二叉树的遍历运算
- 哈夫曼树及其应用

4-1　树与二叉树简介

4.1　树和二叉树的定义

　　树是树形结构的简称。本节主要讨论树和二叉树的定义及相关的术语。

4.1.1　树的定义

　　先给出树的形式化描述。

　　定义 4.1　树是一种数据结构：$T = (D, R)$。其中，D 为树中结点的有限集合，包含 $n(n \geqslant 0)$ 个结点，当 $n = 0$ 时称为空树；R 表示树中结点之间关系集合，即 $R = \{ <a, b>$

$|a，b\in D|$。非空树中结点之间的二元关系满足以下条件：

1）有且仅有一个结点 $r\in D$，它没有前驱结点，称为树的根结点。

2）除根结点外，树中每一个结点有且仅有一个前驱结点。

3）树中每一个结点可以有零到多个后继结点。

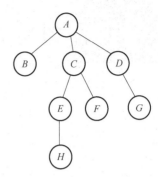

【例4.1】 有一棵树 $T=(D，R)$，其中元素集合 $D=|A，B，C，D，E，F，G，H|$，关系集合 $R=\{<A，B>，<A，C>，<A，D>，<C，E>，<C，F>，<D，G>，<E，H>\}$。请给出其逻辑结构图。

解：该树中结点 A 没有前驱结点，是树的根结点。该树的逻辑结构如图4.1所示。

图4.1 树的逻辑结构示意图

由此可见，一棵树往往被分成几个大的分支（称为子树），每个大分支可以分成几个小分支，每个小分支又可以再分成更小的分支……。每个分支也都可以看作一棵树。因此，关于树的概念，还有以下递归的定义。

定义4.2 树（Tree）是 $n(n\geqslant0)$ 个结点的有限集，它或为空树（$n=0$），或为非空树。对于非空树 T：

1）有且仅有一个特殊的结点称为树的根结点，它没有前驱结点。

2）除根结点之外，其余结点可被分成 m（$m>0$）个互不相交的子集 $T_1，T_2，\cdots，T_m$，其中每一个集合 T_i（$1\leqslant i\leqslant m$）本身又是一棵树，称为根结点的子树（SubTree）。

以上关于树的逻辑结构的递归定义反映了树的固有特性。

树除了可以采用图4.1所示的树形图表示外，还可以有其他几种表示形式。如图4.2所示分别为图4.1表示的树的集合嵌套形式（文氏图）表示法和凹入表示法。

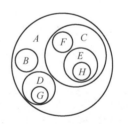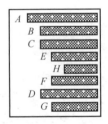

图4.2 树的集合嵌套形式表示法和凹入表示法示例

其中，文氏图表示法是通过集合以及集合之间的包含关系来描述树的结构。凹入表示法则是通过线段的伸缩关系描述树的结构，类似于书的目录。

另外，还有一种较为常见的方法称为括号表示法。具体的做法是：将树的根结点写在括号的左边，除根结点之外的其余结点写在括号中并用逗号间隔。例如，图4.1所示的树可以用 $A(B，C(E(H)，F)，D(G))$ 表示其逻辑结构。

树的逻辑结构表示方法的多样性反映了树形结构在日常生活中及计算机程序设计中的重要性。通常情况下，用层次结构表示的分级（分类）方案都可以用树形结构来表示。

4.1.2 树的基本术语

与树相关的基本术语如下。

1）结点的度：结点所拥有的子树的个数称为该结点的度。

2）树的度：树的所有结点的度当中的最大值称为该树的度。

3）分支结点：度不为 0 的结点称为分支结点或非终端结点。

4）叶子结点：度为 0 的结点称为叶子结点（叶结点）或终端结点。一棵树的结点除叶子结点外，其余都是分支结点。

5）孩子结点：树中一个结点的子树的根结点称为这个结点的孩子结点；或者说，一个结点的后继结点称为该结点的孩子结点。

6）双亲结点：除了根结点之外，任何一个结点的前驱结点称为其双亲结点。

7）兄弟结点：具有同一个双亲的结点互称为兄弟结点。

8）祖先结点：从树根到达某一结点所经分支上的所有结点称为该结点的祖先结点。

9）子孙结点：一个结点的所有子树中的结点称为该结点的子孙结点。

10）结点的层数：树是一种层次结构，约定根结点的层数为 1，其余结点的层数等于它的双亲结点的层数加 1。

11）树的深度：树中所有结点的层数的最大值称为树的深度，也叫树的高度。

12）堂兄弟：双亲在同一层的结点互称为堂兄弟。

13）有序树和无序树：如果树中结点的各子树从左到右是有次序的（不能互换位置），则称这棵树为有序树；反之则称为无序树。在有序树中，结点的最左边子树的根结点称为第一个孩子，最右边子树的根结点称为最后一个孩子。

14）森林：m（$m \geqslant 0$）棵不相交的树的集合称为森林。在自然界中，树和森林是不同的概念，但在数据结构中，树和森林只有很小的差别。任何一棵树，其根结点的所有子树的集合即为森林。因此，就逻辑结构而言，任何一棵树又都可以看成一个二元组 Tree =（root，F），其中 root 是树的根结点，F 是 m（$m \geqslant 0$）棵子树所对应的森林。

4.1.3　二叉树的定义

二叉树是一种特殊的树。在一般的树中，每个结点可以有任意多个后继结点，但二叉树中每个结点最多只能有两个后继结点，并且二叉树是有序树。由于二叉树的存储和操作更易于实现，因此它是一类最简单、最重要也最为常用的树形结构，在计算机领域有着十分广泛的应用。

1. 二叉树

简单来讲，二叉树是指树的度为 2 的有序树。

同样，也可以给出二叉树的递归定义：

二叉树（Binary Tree）是 n（$n \geqslant 0$）个结点的有限集，它或为空二叉树（$n = 0$），或为非空二叉树。对于非空二叉树 T，要求满足：

1）有且仅有一个根结点。

2）除根结点之外，其余结点分成两个互不相交的子集 T_1 和 T_2，分别称为 T 的左子树和右子树，且 T_1 和 T_2 本身又都是二叉树。

注意：二叉树是一棵有序树，若将其左、右子树交换位置，将成为另一棵不同的二叉树。即使二叉树中的结点只有一棵子树，也要区分它是左子树还是右子树。

根据二叉树的定义，关于树的相关术语都适用于二叉树。特别地，在二叉树中，每个结点的左子树的根结点称其左孩子结点，右子树的根结点称其右孩子结点。

由二叉树的定义可知，一棵二叉树可以有五种基本形态，如图 4.3 所示。

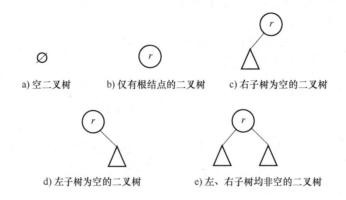

图 4.3　二叉树的五种基本形态

思考：用树形表示法描述由 A、B、C 三个结点（不考虑三个结点值的差异）构成的二叉树共有多少种形态？

下面介绍两种特殊形态的二叉树。

2. 满二叉树与完全二叉树

4-2　完全二叉树及其特点

（1）满二叉树

在一棵二叉树中，如果所有分支结点都存在左子树和右子树，并且所有叶子结点都在最后一层上，这样的二叉树称为满二叉树。换言之，一棵深度为 k 且含有 2^k-1 个结点的二叉树称为满二叉树。

满二叉树的特点是：每一层上的结点数都是最大可能的结点数，即二叉树中任意第 i 层的结点数都达到其最大值 2^{i-1}。

可以对满二叉树的结点进行连续编号，约定编号顺序从根结点（编号为 1）开始，自上而下，每一层自左至右。这样，就可以引出完全二叉树的概念。

（2）完全二叉树

一棵深度为 k 的有 n 个结点的二叉树，对树中的结点按照从上到下、从左到右的顺序进行编号，如果任一编号为 i（$1 \leqslant i \leqslant n$）的结点都与深度为 k 的满二叉树中编号为 i 的结点的位置相同，则这棵二叉树称为完全二叉树。

换言之，在一棵二叉树中，如果除最后一层外其余层都是满的，并且最后一层或者满，或者只在右边缺少部分连续的结点，则该二叉树为完全二叉树。

完全二叉树的特点是：叶子结点只可能出现在最下层和次下层，且最下层的叶子结点全部集中在树的左部。

显然，一棵满二叉树必定是一棵完全二叉树，而完全二叉树未必是满二叉树。

例如，在图 4.4 所示的几棵二叉树中，a 为满二叉树，b 为完全二叉树，但 c 并非是完全二叉树。

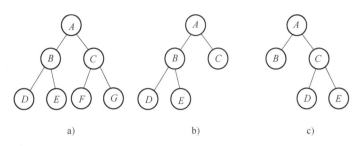

图 4.4　几个特殊形态的二叉树

4.2　二叉树的性质和存储结构

4.2.1　二叉树的性质

二叉树具有下列重要的性质。

性质 4.1：在一棵非空二叉树的第 i 层上最多有 2^{i-1} 个结点（$i \geqslant 1$）。

证明：用数学归纳法证明。

当 $i = 1$ 时，只有一个根结点，显然 $2^{i-1} = 2^0 = 1$，结论成立。

现在假设对所有的 k（$1 \leqslant k \leqslant i-1$）命题成立，即第 k（$1 \leqslant k \leqslant i-1$）层上最多有 2^{k-1} 个结点。

由于二叉树中每个结点的度至多为 2，故第 i 层上的最大结点数为第 $i-1$ 层上的最大结点数的 2 倍，即 $2 \times 2^{i-2} = 2^{i-1}$。

命题证毕。

性质 4.2：在一棵深度为 k 的二叉树中最多有 $2^k - 1$ 个结点（$k \geqslant 1$）。

证明：由性质 4.1 可知，深度为 k 的二叉树的最大结点数为

$$\sum_{i=1}^{k}（第\ i\ 层的最大结点数）= \sum_{i=1}^{k} 2^{i-1} = 2^k - 1$$

命题证毕。

性质 4.3：在一棵非空二叉树中，叶子结点数等于度为 2 的分支结点数加 1。

证明：设 n 为二叉树中结点总数，n_0 为叶子结点数，n_1 为度为 1 的结点数，n_2 为度为 2 的结点数，则有 $n = n_0 + n_1 + n_2$。

另一方面，考察二叉树中的分支数。除根结点外，其余结点都有唯一的一个分支进入。设 b 为二叉树中的分支数，则有 $b = n-1$。而这些分支是由度为 1 和度为 2 的结点发出的，一个度为 1 的结点发出一个分支，一个度为 2 的结点发出两个分支，所以有 $b = n_1 + 2n_2$。

综合以上三个式子可以得到 $n_0 = n_2 + 1$。

命题证毕。

性质 4.4：一棵具有 n（$n \geqslant 1$）个结点的完全二叉树，其深度 k 为 $\lfloor \log_2 n \rfloor + 1$。（其中，符号 $\lfloor x \rfloor$ 表示不大于 x 的最大整数；反之，$\lceil x \rceil$ 表示不小于 x 的最小整数）。

证明：假设该树的深度为 k，则根据性质 4.2 及完全二叉树的特点有 $2^{k-1} - 1 < n \leqslant 2^k - 1$ 或

$2^{k-1} \leqslant n < 2^{k}$，于是，$k-1 \leqslant \log_2 n < k$。

由于 k 为整数，所以 $k = \lfloor \log_2 n \rfloor + 1$。

命题证毕。

性质 4.5：一棵具有 n（$n \geqslant 1$）个结点的完全二叉树，如果对其结点按层序从 1 开始顺序编号（从上到下、每层从左到右），则对于编号为 i（$1 \leqslant i \leqslant n$）的结点而言，有：

1）如果 $i = 1$，则其为根结点，无双亲结点；否则（即 $i > 1$），它的双亲结点编号为 $\lfloor i/2 \rfloor$。

2）如果 $2i > n$，则其为叶子结点；否则（即 $2i \leqslant n$），该结点为分支结点，其左孩子结点的编号为 $2i$。

3）如果 $2i+1 \leqslant n$，则该结点为分支结点，而且有右孩子结点，其右孩子结点的编号为 $2i+1$；否则（即 $2i+1 > n$），该结点一定没有右孩子结点。

证明略。

由性质 4.5 易知，对于一棵有 n（$n > 1$）个结点的完全二叉树 T，其分支结点的最大编号是 $\lfloor n/2 \rfloor$，树中编号大于该值的结点必然是叶子结点。另外，如果 n 为奇数，则每一个分支结点都既有左孩子结点，又有右孩子结点；如果 n 为偶数，则编号最大的分支结点只有左孩子结点而没有右孩子结点，其余分支结点左、右孩子都有。

此外，如果对二叉树的根结点从 0 开始编号，则相应的第 i 号结点的双亲结点的编号为 $\lfloor (i-1)/2 \rfloor$，其左孩子结点的编号为 $2i+1$，右孩子结点的编号为 $2i+2$。

4.2.2　二叉树的存储结构

二叉树虽然是一种非线性数据结构，但与线性表类似，其存储结构也可以采用顺序存储和链式存储两种方式。

1. 二叉树的顺序存储

所谓二叉树的顺序存储，就是用一组地址连续的存储单元存放二叉树中的结点。一般是按照二叉树结点自上而下、自左至右的顺序存储。此时，结点在存储位置上的先后关系不一定就是它们在逻辑上的前驱和后继关系，只有通过一定的方法确定某结点在逻辑上的前驱结点和后继结点，这种存储才有意义。

依据二叉树的性质，完全二叉树和满二叉树采用顺序存储比较合适，树中结点的编号可以唯一地反映出结点之间的逻辑关系，这样既能够尽可能地节省存储空间，又可以利用数组元素的下标值确定结点在二叉树中的位置以及结点之间的关系。

如图 4.5a 所示，可以用一个一维数组来存储图 4.4a 所示的完全二叉树。

对于一般的二叉树，如果仍按从上到下、从左到右的顺序将树中的结点顺序存储，同时又要使数组元素下标之间的关系能够反映二叉树中结点之间的逻辑关系，只有增添一些并不存在的空结

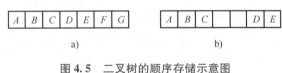

图 4.5　二叉树的顺序存储示意图

点，使之成为一棵完全二叉树的形式，然后再用一维数组顺序存储。如图 4.4c 所示的二叉树可以按此方式存储为图 4.5b 所示的顺序存储结构。

二叉树顺序存储结构的数据类型定义如下：

```
#define  MAXSIZE  100                  //二叉树的最大结点数
typedef  TElemType  SqBiTree[MAXSIZE]; //0号单元存放根结点
SqBiTree  b;                           //将 b 定义为含有 MAXSIZE 个元
                                         素的一维数组
```

其中，TElemType 为二叉树中结点的数据类型。为了方便运算，也可以将下标为 0 的位置闲置不用，即用 1 号单元存放根结点。

采用顺序存储方式表示的完全二叉树，要寻找结点的孩子结点、双亲结点都很方便。但如果用于表示一般的二叉树，则在确定结点之间的逻辑关系时需要进行判断，而且存储空间的利用率有时非常低。在最坏的情况下，一棵深度为 k 的右单支树，只有 k 个结点，却需要使用长度为 2^k-1 的一维数组。显然，顺序存储方式主要适用于完全二叉树。对于一般的二叉树，更适合采用下面介绍的链式存储结构。

2. 二叉树的链式存储

二叉树的链式存储是指用链表来表示一棵二叉树，用指针来反映元素之间的逻辑关系。

由二叉树的定义可知，二叉树的结点由一个数据元素和分别指向其左、右子树的两个分支构成，因此表示二叉树的链表中的结点至少包含 3 个域，即数据域（data）和左、右指针域（lchild、rchild），如图 4.6a 所示。有时，为了便于找到结点的双亲结点，还可在结点结构中增加一个指向其双亲结点的指针域（parent），如图 4.6b 所示。利用这两种结点结构得到的二叉树的存储结构分别称为二叉链表和三叉链表。链表的头指针指向二叉树的根结点。

a)　　　　　　　　　　　　　　b)

图 4.6　二叉树的结点结构示意图

因此，二叉树的链式存储结构通常有下面两种表示形式。

（1）二叉链表

链表中每个结点由三个域组成，除了数据域外，还有两个指针域，分别用来存储该结点的左孩子结点和右孩子结点的存储地址，当不存在左孩子结点或右孩子结点时，相应的指针域的值为空。二叉链表存储结构的数据类型可描述为：

```
typedef  struct  BiTNode{
TElemType  data;
struct  BiTNode * lchild; * rchild;    //左、右孩子结点指针
}BiTNode, * BiTree;
BiTree  b;                             //将 b 定义为指向二叉链表结点的指
                                         针类型
```

与用树形图表示的二叉树所对应的二叉链表存储结构如图 4.7 所示。

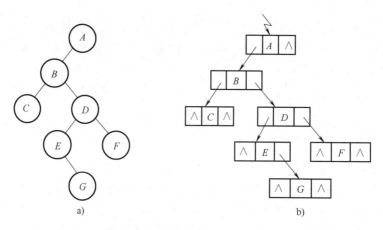

图 4.7　二叉链表存储结构示意图

（2）三叉链表

在三叉链表中，每个结点由四个域组成，结点的存储结构如图 4.6b 所示。其中，data、lchild 以及 rchild 三个域的意义与二叉链表结构相同；parent 域为指向该结点的双亲结点的指针。

与用树形图表示的二叉树所对应的三叉链表存储结构如图 4.8 所示。

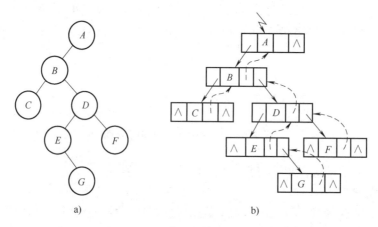

图 4.8　三叉链表存储结构示意图

显然，这种存储结构既便于查找孩子结点，又便于查找双亲结点；但是，相对于二叉链表存储结构而言，它增加了空间开销。因此，在具体应用中采用什么样的存储结构，除了需考虑二叉树的形态之外还应考虑需要进行何种操作。

尽管在二叉链表中无法由结点直接找到其双亲结点，但由于二叉链表结构灵活、操作方便，所以二叉链表仍然是最常用的二叉树存储方式。本书后面所涉及的二叉树的链式存储结构，若没有特别说明都是指二叉链表结构。

另外，由于在含有 n 个结点的二叉链表中有 $n+1$ 个空链域，因此，有时也可以利用这些空链域存储其他有用信息，从而可以得到另一种形式的链式存储结构——线索链表。但限于篇幅，本书对此不做深入讨论。

4.2.3 二叉树的基本运算

一般地，与二叉树相关的运算主要有以下几种：

（1）构造一棵二叉树——CreateBiTree（&T,definition）

运算要求：根据 definition 对二叉树的定义构造一棵二叉树。

（2）判断二叉树是否为空——BiTreeEmpty（T）

运算要求：在二叉树 T 存在时，若为空二叉树，则返回 TRUE；否则返回 FALSE。

（3）求二叉树的高度（深度）——BiTreeDepth（T）

运算要求：在二叉树 T 存在时，计算并返回树的高度（深度）。

（4）求二叉树中结点个数——BiTNodeCount（T）

运算要求：在二叉树 T 存在时，统计其中所有结点数量并返回。

（5）查找双亲结点——Parent（T,e）

运算要求：二叉树 T 存在，e 为 T 中某个结点。若 e 不是二叉树 T 的根结点，则返回其双亲结点；否则返回空。

（6）查找左孩子结点——LeftChild（T,e）

运算要求：二叉树 T 存在，e 为 T 中某个结点。返回 e 的左孩子结点；若 e 无左孩子结点，则返回空。

（7）查找右孩子结点——RightChild（T,e）

运算要求：二叉树 T 存在，e 为 T 中某个结点。返回 e 的右孩子结点；若 e 无右孩子结点，则返回空。

（8）插入二叉树——InsertChild（&T,p,LR,c）

初始条件：二叉树 T 存在，p 指向 T 中某结点，LR 为 0 或 1，非空二叉树 c 与 T 不相交且右子树为空。

运算结果：根据 LR 的取值，将二叉树 c 插入并作为 p 所指结点的左或右子树，p 所指结点原来的左或右子树则成为 c 的右子树。

（9）删除子树——DeleteChild（&T,p,LR）

初始条件：二叉树 T 存在，p 指向 T 中某结点，LR 为 0 或 1。

运算结果：根据 LR 的取值（0 或 1），删除 T 中 p 所指结点的左或右子树。

（10）遍历二叉树——TraverseBiTree（T）

运算要求：在二叉树 T 存在的情况下，按照某种次序对 T 中每一个结点访问一次且只访问一次。

假设二叉树按照常见的二叉链表存储结构表示，下面对实现以上部分运算操作的算法进行讨论。

1. 建立二叉链表

为了使问题简化，假设二叉树中结点的值用一个英文字母（如 *A*、*B*、*C* 等）表示。对于逻辑结构采用括号表示法描述的一棵二叉树，可以根据用户输入的字符串（与二叉树的括号表示法对应）在内存中建立相应的二叉链表存储结构。

根据二叉树的递归特点，在算法中需要使用一个栈来临时保存每一个双亲结点。本算法中栈的存储结构采用顺序栈表示（也可以采用链栈表示），栈元素类型与二叉树中结点数据类型相同。

算法 4.1　基于二叉树的括号表示法建立二叉链表

【算法步骤】

S1：初始化一个顺序栈。

S2：将二叉树初始化为一棵空树。

S3：用 ch 依次扫描二叉树的括号表示法字符串 str 中的字符，分为以下几种情况：

● 若 ch='('，则将前面刚创建的结点作为双亲结点入栈，并置 $k=1$，表示其后将要创建的结点将作为栈顶结点的左孩子结点；

● 若 ch=')'，则说明栈中结点的左、右孩子结点处理完毕，此时需将当前栈顶元素退栈；

● 若 ch=','，则表示其后将要创建的结点将作为栈顶结点的右孩子结点，并置 $k=2$；

● 其他情况（约定为字母字符），表示要创建一个新结点，并根据 k 的当前取值建立该结点与当前栈顶结点之间的逻辑联系。

S4：返回 S3，重复扫描直到 str 处理完为止。

算法中保存双亲结点时，用变量 k 表示其后处理的结点是双亲结点（保存在栈中）的左孩子结点（$k=1$）还是右孩子结点（$k=2$）。

【算法描述】

```
#define  STACK_SIZE  50              //顺序栈空间最大容量
void  CreateBiTree(BiTree &bt,char * str)   //由 str 创建二叉树,bt 指向
                                             二叉树的根结点
{
  BiTNode * st[STACK_SIZE];          //定义一个顺序栈,用指针数
                                       组 st[]表示

  int  top=-1,k,j=0;                 //栈初始化时 top=-1 表示
                                       栈空,不用栈底指针

  char  ch;
  BiTree  p;                         //指针 p 用于指向每次新创
                                       建的二叉树结点

  bt=NULL;                           //二叉树初始时为空
  ch=str[j];
  while(ch!='\0'){
      switch(ch){
          case  '(': top++;  st[top]=p;  k=1;  break;
          case  ')': top--;  break;
          case  ',': k=2;  break;
          default:  p=(BiTNode * )malloc(sizeof(BiTNode));
                    p->data=ch;  p->lchild=p->rchild=NULL;
                    if(bt==NULL)            //p 指向的结点作为根结点
                      bt=p;
```

```
             else  switch(k){
                     case  1:st[top]->lchild=p;break;
                     case  2:st[top]->rchild=p;break;
                     }
      }//switch(ch)
      j++;
      ch=str[j];
   }//while
 }
```

如果调用该函数模块时使用语句 CreateBiTree(bt,"A(B(C,D(E(,G),F)))"),则将创建一棵二叉树,其二叉链表存储结构如图 4.7 所示。

2. 求二叉树的高度

基于二叉树的递归定义及其逻辑结构特征,许多操作运算都会用到递归算法思想。二叉树的高度为树中结点的最大层数,正好等于其左、右子树高度中的较大值再加上 1。因此,对于一棵用二叉链表存储结构表示的二叉树,求其高度可以建立如下的递归数学模型:

$$H(bt) = \begin{cases} 0 & bt = NULL \\ Max\{H(bt\text{->}lchild), H(bt\text{->}rchild)\} + 1 & bt \neq NULL \end{cases}$$

基于此递归模型,求一棵用二叉链表表示的二叉树的高度可采用以下递归算法。

4-3 计算二叉树的高度

算法 4.2 求二叉树高度的递归算法

【算法描述】

```
int  BiTreeDepth(BiTree bt)
{int  lchilddep,rchilddep;
  if(bt==NULL)  return(0);
  else {lchilddep=BiTreeDepth(bt->lchild);      //求左子树的高度
        rchilddep=BiTreeDepth(bt->rchild);      //求右子树的高度
        return(lchilddep>rchilddep)? (lchilddep+1):(rchilddep+1);
        }
 }
```

3. 计算二叉树中结点个数

对于一棵用二叉链表存储结构表示的二叉树,求其结点数量的递归数学模型如下:

$$f(bt) = \begin{cases} 0 & bt = NULL \\ f(bt\text{->}lchild) + f(bt\text{->}rchild) + 1 & bt \neq NULL \end{cases}$$

4-4 统计二叉树的结点数

相应的递归算法如下。

算法 4.3　求二叉树结点个数的递归算法

【算法描述】

```
int  BiTNodeCount(BiTree bt)
{int lchildcount,rchildcount;
 if(bt==NULL)  return(0);
 else  {lchildcount=BiTNodeCount(bt->lchild); //求左子树的结点个数
        rchildcount=BiTNodeCount(bt->rchild); //求右子树的结点个数
        return(lchildcount + rchildcount +1);
        }
}
```

基于前面两个算法的思想，读者可设计相应的算法实现：统计二叉树中叶子结点（度为 0）的个数、度为 1 的结点个数和度为 2 的结点个数。相关算法实现的关键是如何表示度为 0、1 或 2 的结点。

4. 以括号表示法输出二叉树

对于一棵用二叉链表存储结构表示的非空二叉树，可以用括号表示法形式输出该二叉树的逻辑结构。

算法 4.4　以括号表示法输出二叉树的递归算法

【算法步骤】

对于一棵非空的二叉树 bt：

S1：输出根结点元素值（比如一个字符）。

S2：如果根结点存在左子树或右子树，则：

　　S2.1：输出一个"("号；

　　S2.2：递归处理其左子树；

　　S2.3：如果右子树非空，则输出一个","号；

　　S2.4：递归处理其右子树；

　　S2.5：输出一个")"号。

【算法描述】

```
void  DispBiTree(BiTree &bt)              //以括号表示法输出二叉树
{
 if(bt!=NULL)
 {  printf("%c",bt->data);                //输出根结点元素值
    if(bt->lchild!=NULL||bt->rchild!=NULL)
      {  printf("(");
         DispBiTree(bt->lchild);          //递归处理其左子树
         if(bt->rchild!=NULL)  printf(",");
         DispBiTree(bt->rchild);          //递归处理其右子树
         printf(")");
      }
   }
}
```

5. 在二叉树中插入左子树

对于一棵用二叉链表存储结构表示的非空二叉树 T，假设 p 指向 T 中某结点，非空二叉树 c 与 T 不相交且右子树为空。现在需要设计一个算法，将二叉树 c 插入作为 p 所指向结点的左子树，p 所指向结点原来的左子树则成为 c 的右子树。若插入成功返回 1，否则返回 0。

算法 4.5　在二叉树中插入左子树

【算法步骤】

S1：若当前结点 p 空，则返回 0；否则进入下一步。

S2：用指针变量 t 临时保存 p 所指结点的左子树指针。

S3：将非空二叉树 c 插入作为 p 所指结点的左子树。

S4：将 p 所指结点原来的左子树作为 c 的右子树。

【算法描述】

```
void  InsertLeftChild(BiTree &T,BiTNode * p,BiTNode * c)
  {BiTNode * t;
  if(p==NULL)  return(0);
  t=p->lchild;
  p->lchild=c;
  c->rchild=t;
  return(1);  }
```

讨论：基于算法 4.5 的基本思想，可以设计相关算法，将一个右子树为空且与二叉树 T 不相交的非空二叉树 c 插入到二叉树 T 中作为指针 p 当前所指结点的右子树。也可以将两种算法合并为一个算法，完成二叉树基本运算中的插入操作。

4.3　二叉树的遍历

在二叉树的一些应用问题中，常常需要按一定顺序对二叉树中的所有结点逐一进行某种处理；或查找具有某种特征的结点，然后对这些满足相应条件的结点进行处理。这就提出了遍历二叉树（Traversing Binary Tree）的问题，即如何按照一定的规律和次序访问二叉树中的每个结点，使每个结点被访问一次且仅被访问一次。其中，对二叉树结点进行"访问"的含义很广泛，可以是对结点进行各种处理，包括输出结点的信息、对结点的值进行运算和修改等。

遍历二叉树是二叉树最基本的操作，也是二叉树其他相关操作的基础。遍历的实质是对二叉树进行线性化的过程，通过一次完整的遍历，使二叉树中的结点由非线性结构变为某种意义上的线性序列，即遍历操作实质上是对一个非线性结构进行线性化的过程。

由于二叉树的每个结点都可能有两棵子树，因而遍历操作需要寻找一种规律，以便能将二叉树上的结点排列成为一个线性序列。回顾二叉树的递归定义可知，二叉树由三个基本单元组成：根结点、左子树和右子树。因此，若能依次遍历这三个部分，便是遍历了整个二叉树，因而可以得到遍历二叉树的相关递归算法。

假如用 L、D、R 分别表示遍历左子树、访问根结点和遍历右子树，则可以有 DLR、

LDR、LRD、DRL、RDL、RLD 这六种遍历二叉树的方案。若限定先左后右，则只有前三种情况，分别称为先序（根）遍历、中序（根）遍历和后序（根）遍历。

事实上，对二叉树的遍历除了可以使用先序遍历、中序遍历和后序遍历外，还可以按层次顺序（从上到下、从左到右）进行遍历，简称为层次遍历。下面将在介绍每一种遍历算法思想的基础上，进一步讨论二叉树的其他相关运算操作的实现方法。

4.3.1 先序遍历

先序遍历二叉树的递归过程：

若二叉树为空，遍历结束。否则：

1）访问根结点。

2）先序遍历根结点的左子树。

3）先序遍历根结点的右子树。

算法 4.6 先序遍历二叉树的递归算法

【算法描述】

```
void  PreOrderTraverse(BiTree bt)
{
  if(bt!=NULL){
    Visit(bt->data);                  //访问根结点 bt 的数据域
    PreOrderTraverse(bt->lchild);     //先序递归遍历 bt 的左子树
    PreOrderTraverse(bt->rchild);     //先序递归遍历 bt 的右子树
              }//if
}
```

在此算法中，对根结点数据域的"访问"用一个函数调用"Visit（bt->data）"来表示。在具体应用中，该函数模块的功能可以是输出根结点数据域的值，也可以延伸到对结点值的判断、对结点计数等其他操作。如果在先序遍历过程中，将访问根结点的操作变为动态生成根结点，此递归算法还可以用于从无到有地建立二叉链表存储结构。

例如，如果将"Visit（bt->data）;"改为"cout<<bt->data;"，则对于图 4.9 所示的二叉树的二叉链表存储结构（结点元素值均为一个单字符），算法 4.6 的执行结果是输出一个结点字符序列 *ABCDEGF*，称为该二叉树结点的先序序列。

先序序列的特点：第一个元素值为二叉树根结点的数据值。

【例 4.2】 假设二叉树中结点元素均为一个单字符（如 *A*、*B*、*C*、*D* 等），试按先序次序输入二叉树的结点字符序列，从根结点开始建立一个二叉链表。

【问题分析】

前面的算法 4.1 能够根据用户输入的、与二叉树的括号表示法对应的字符串，在内存中建立相应的二叉链表存储结构。现在的问题是，要根据一棵二叉树的先序遍历字符序列，从根结点开始，从无到有地建立该二叉树的二

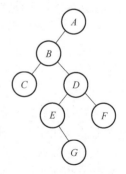

图 4.9 二叉树逻辑
结构示意图

叉链表存储结构。

很显然，如果输入的字符序列只是希望创建的一棵二叉树结点的先序序列，是不足以唯一地确定一棵二叉树的。因此，可以考虑在输入的字符序列中的适当位置加入一个特殊字符（非结点字符，如 "#" 号）表明左子树（或右子树）为空。比如，对于图 4.9 所示的二叉树，如果输入的字符序列为 *ABC##DE#G##F###*（其中#表示空树），就可以建立相应的二叉链表存储结构。

算法 4.7　按先序遍历字符序列创建二叉树

【算法步骤】

S1：扫描字符序列，读入字符 ch。

S2：如果 ch 是 "#" 字符，则该子树为空树，将根结点的指针 bt 置为 NULL；否则执行以下操作：

　　S2.1：生成一个新结点，根指针 bt 指向该结点，并将 ch 赋给 bt->data；

　　S2.2：先序递归创建 bt 的左子树；

　　S2.3：先序递归创建 bt 的右子树。

4-5　按先序序列创建二叉树

【算法描述】

```
void  CreateBiTree(BiTree &bt)
{//按先序次序输入二叉树中结点的值(一个字符),创建二叉树 bt 的二叉链表
  cin>>ch;
  if(ch=='#')  bt=NULL;          //建空树,本次递归结束
  else{
    bt=new  BiTNode;             //生成根结点
    bt->data=ch;                 //将根结点数据域置为 ch
    CreateBiTree(bt->lchild);    //先序递归创建左子树
    CreateBiTree(bt->rchild);    //先序递归创建右子树
  }//else
}
```

【例 4.3】　假设在以二叉链表作为存储结构的二叉树中每个结点的值均不相等。试设计一个算法查找二叉树中值为 *x* 的结点。

【问题分析】

可以规定：在给定的二叉树 bt 中，如果找到了值为 *x* 的结点，则返回该结点的指针；否则，返回 NULL。因此，可以采用先序遍历的递归算法，先对树（子树）根结点的值进行判断，如果成功，则返回根结点指针。否则，继续在左子树中查找，若成功，则算法结束；若不成功，则继续在右子树中查找，并返回查找的结果（若最终没有符合条件的结点，返回 NULL）。

算法 4.8　按先序顺序查找二叉树中的结点

【算法描述】

```
BiTNode * FindBiTNode(BiTree bt,TElemType x)
{//按先序次序查找二叉树中值为 x 的结点
```

```
BiTNode * p;
if(bt==NULL)  return(NULL);                //空树(子树)返回 NULL
else  if(bt->data==x)  return(bt);         //查找成功返回根结点指针
    else{  p=FindBiTNode(bt->lchild,x);    //在左子树中查找
            if(p!=NULL)
                return(p);                 //左子树中查找成功,算法结
                                           //束,返回
            else  return(FindBiTNode(bt->rchild,x));  //在右子树中查找
    }
}
```

利用该算法的基本思路，读者也可以设计相应算法，查找以二叉链表作为存储结构（每个结点的值均不相等）的二叉树中值最大（或最小）的结点。

【例 4.4】　试设计一个算法，将一棵以二叉链表作为存储结构的二叉树复制后得到另一棵与其结构完全相同的二叉树。

【问题分析】

根据二叉树的特点，复制二叉树的步骤一般为：若二叉树不空，则首先复制根结点，相当于二叉树先序遍历算法中访问根结点；然后，依次复制二叉树根结点的左子树和右子树，这相当于先序遍历二叉树中的递归遍历左子树和右子树。因此，该算法的实现与二叉树先序遍历算法的实现非常相似。

算法 4.9　复制二叉树的递归算法

【算法步骤】

S1：如果是空树，则递归结束；否则，进入 S2。

S2：依次执行以下操作：

S2.1：申请一个新结点空间，复制根结点；

S2.2：递归复制左子树；

S2.3：递归复制右子树。

【算法描述】

```
void  CopyBiTree(BiTree bt,BiTree &newbt)
{//将指针 bt 所指向的二叉树复制产生一棵新的二叉树,新树根结点用 newbt 指向
  if(bt==NULL){
      newbt=NULL;  return;}
  else{
      newbt=new  BiTNode;
      newbt->data=bt->data;                        //复制根结点
      CopyBiTree(bt->lchild,newbt->lchild);        //递归复制左子树
      CopyBiTree(bt->rchild,newbt->rchild);        //递归复制右子树
  }//else
}
```

4.3.2 中序遍历

中序遍历二叉树的递归过程为：若二叉树为空，遍历结束；否则：

1）中序遍历根结点的左子树。

2）访问根结点。

4-6 二叉树中序遍历过程解析

3）中序遍历根结点的右子树。

对应的递归算法如下：

```
void  InOrderTraverse(BiTree bt)
{
  if(bt!=NULL){
      InOrderTraverse(bt->lchild);      //中序递归遍历 bt 的左子树
      Visit(bt->data);                   //访问根结点的数据域,可换成
                                          cout<<bt->data;
      InOrderTraverse(bt->rchild);      //中序递归遍历 bt 的右子树
  }//if
}
```

采用中序遍历二叉树得到的访问结点序列称为中序遍历序列。中序遍历序列的特点是：若已知二叉树的根结点的数据值，则以该数据值为界，将中序遍历序列分成两部分，前半部分为左子树的中序遍历序列，后半部分为右子树的中序遍历序列。

如图 4.9 所示的二叉树，其中序遍历序列为 *CBEGDFA*。

前面讨论的是中序遍历二叉树的递归算法。实际上，利用栈可以将其改写成二叉树中序遍历的非递归形式的算法。

算法 4.10   中序遍历的非递归算法

【算法步骤】

S1：初始化一个空栈 S 用于暂存树（子树）的根结点指针，指针 p 指向树的根结点。

S2：申请一个结点空间 q，用于存放从栈顶弹出的元素。

S3：当 p 非空或栈 S 非空时，重复执行以下操作：

如果 p 非空，则将 p 进栈，并修改指针 p 使其指向当前结点的左孩子结点；否则，弹出栈顶元素（存于 q）并访问 q 指向的根结点，修改指针 p 使其指向当前根结点的右孩子结点。

【算法描述】

```
void  InOrderTraverse(BiTree bt)
 {  //中序遍历二叉树 bt 的非递归算法
   InitStack(S);  p=bt;
   q=new  BiTNode;
   while(p||!StackEmpty(S))
    {
      if(p)                          //p 非空
```

```
        {  Push(S,p);                     //根结点指针入栈
           p=p->lchild;                    //准备遍历左子树
        }
      else                                 //p 为空
        {  Pop(S,q);                       //栈顶元素退栈
           cout<<q->data;                  //访问根结点
           p=q->rchild;                    //准备遍历右子树
        }
    }//while
  }
```

经过对比，不难发现，改写后的非递归算法与递归算法相比，结构不够清晰，可读性较差。参照这样的思路，读者同样可以写出先序和后序遍历的非递归形式的算法。需要说明的是，由于递归函数结构清晰，程序易读，并且其正确性容易得到证明，因此，利用允许递归调用的语言（如 C 语言）进行程序设计时，递归算法的使用给用户编制程序和调试程序带来了极大的方便。

关于二叉树中序遍历算法的应用，将在后面相关章节中进行介绍。借助二叉排序树（二叉查找树），可以通过中序遍历得到一个有序序列，从而实现排序操作。比如，对于事先建立的一棵二叉排序树（如图 4.10 所示），通过中序遍历可以得到有序序列 {2,5,8,10,12,30}。

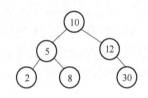

图 4.10　二叉排序树示意图

关于二叉排序树的概念，建立方法及查找、插入和删除等算法，后面相关章节将予以介绍。

4.3.3　后序遍历

后序遍历二叉树的递归过程为：若二叉树为空，遍历结束；否则：

1）后序遍历根结点的左子树。

2）后序遍历根结点的右子树。

3）访问根结点。

对应的递归算法如下：

```
void  PostOrderTraverse(BiTree bt)
{
  if(bt!=NULL){
    PostOrderTraverse(bt->lchild);        //后序递归遍历 bt 的左子树
    PostOrderTraverse(bt->rchild);        //后序递归遍历 bt 的右子树
    Visit(bt->data);                       //访问根结点的数据域
  }//if
}
```

采用后序遍历二叉树得到的访问结点序列称为后序遍历序列。后序遍历序列的特点是：其最后一个元素值为二叉树根结点的数据值。

比如，对于如图 4.9 所示的二叉树，其后序遍历序列为 *CGEFDBA*。

基于二叉树后序遍历算法的思想，对于以二叉链表作为存储结构的二叉树，可以设计一些相关的运算操作算法。

【例 4.5】　假设二叉树以二叉链表作为存储结构，设计一个算法删除一棵二叉树中所有的结点。

【问题分析】

根据二叉树的结构特点，删除二叉树中所有结点的递归处理方法为：若二叉树非空，则依次删除左子树和右子树中所有的结点，最后再删除（或释放）根结点。

4-7　删除一棵二叉树

算法 4.11　删除二叉链表的递归算法

【算法描述】

```
void  DestroyBiTree(BiTree &bt)
{
  if(bt!=NULL){
      DestroyBiTree(bt->lchild);   //后序递归删除 bt 的左子树中所有结点
      DestroyBiTree(bt->rchild);   //后序递归删除 bt 的右子树中所有结点
      free(bt);                    //释放根结点
  }//if
}
```

【例 4.6】　假设以二叉链表存储结构表示一个简单的算术表达式，试设计相关算法，模拟编译器完成简单算术表达式的求值问题。

【问题分析】

一般情况下，一个算术表达式由一个运算符和两个操作数构成，两个操作数之间有次序之分，并且操作数本身也可以是表达式。算术表达式的这种结构类似于二叉树，因此可以利用算术表达式来构建一棵表达式树，并且还可以利用表达式树来计算表达式的值。

用二叉树表示表达式的递归定义如下：

若表达式为数或简单变量，则相应的二叉树中仅有一个根结点，其数据域存放该表达式信息；若表达式为"第一操作数　运算符　第二操作数"的形式，则在相应的二叉树中以左子树表示第一操作数，右子树表示第二操作数，根结点的数据域存放运算符（若为一元运算符，则左子树为空），其中，操作数本身又可以为表达式。

图 4.11 所示的二叉树表示算术表达式 (*a*+*b*) * (*c*−*d*)+*e*/*f*。虽然在此二叉树中并没有出现括号，但其结

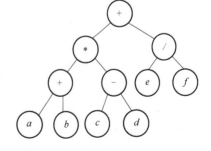

图 4.11　算术表达式的语法树示意图

构却有效地表达了运算符之间的运算次序，因而这样的二叉树通常被称为算术表达式的语法树。

下面先讨论创建简单算术表达式语法树的方法。

假设表达式中运算符均为双目运算符，则与表达式对应的表达式树中叶子结点均为操作数，分支结点均为运算符。由于所创建的表达式树需要准确地表达运算顺序，因此在扫描表达式创建树的过程中，当遇到运算符时不能直接创建结点，而应将其与前面的运算符进行比较，根据比较的结果再进行处理。因而，可以借助于一个运算符栈来暂存已经扫描到的但还未处理的运算符。

根据算术运算符的运算优先顺序（先乘除后加减，同级运算符从左到右，如遇括号由内到外），在扫描表达式的过程中，对于任意两个相继出现的运算符 θ_1 和 θ_2 之间的优先关系，可以由表 4.1 来定义。

表 4.1　运算符之间的优先关系

θ_1 ＼ θ_2	+	-	*	/	(	)	#
+	>	>	<	<	<	>	>
-	>	>	<	<	<	>	>
*	>	>	>	>	<	>	>
/	>	>	>	>	<	>	>
(	<	<	<	<	<	=	
)	>	>	>	>		>	>
#	<	<	<	<	<		=

在上表中，"（"="）"表示当左、右括号相遇时，该对括号内的运算已经完成。为了便于处理，假设每个表达式均以"#"开始、以"#"结束。因此，表中"#"="#"表示整个表达式处理完成。另外，表中空白的地方表明运算符 θ_1 和 θ_2 之间没有优先关系，表达式中不允许相继出现这样的运算符，一旦出现，则认为发生了语法错误。

为简化起见，在下面的讨论中，总是假定所输入的表达式不会出现语法错误。

根据表达式树与算术表达式对应关系的递归定义，每两个操作数和一个运算符就可以建立一棵二叉树，该二叉树又可以作为另一个运算符结点的一棵子树。因此，在扫描表达式的过程中，可以借助于一个表达式树栈来暂存已建立好的子树的根结点，以便其作为另一个运算符结点的子树而被引用。

算法 4.12　创建算术表达式的语法树

如前所述，为了创建一棵算术表达式的语法树，可以使用两个工作栈：一个称为OPTR，用来暂存已经扫描到的当前还未处理的运算符；另一个称为 EXPT，用来暂存已建立好的子树的根结点。

【算法步骤】

S1：初始化 OPTR 栈和 EXPT 栈，将表达式起始符"#"压入 OPTR 栈。

S2：扫描表达式，读入第一个字符 ch，当表达式没有被扫描完毕至"#"或 OPTR 栈的栈顶元素不为"#"时，重复执行以下操作：

若 ch 不是运算符，则以 ch 为根创建一棵只有根结点的二叉树，且将该根结点压入

EXPT 栈，读入下一个字符 ch。

否则根据 OPTR 栈顶元素和 ch 的优先级比较结果，进行不同的处理：

● 若是小于，则将 ch 压入 OPTR 栈，读入下一个字符 ch；

● 若是大于，则弹出 OPTR 栈顶的运算符作为根结点，将第一次从 EXPT 栈顶弹出的子树作为其右子树，第二次从 EXPT 栈顶弹出的子树作为其左子树，创建一棵新的二叉树，并将该树根结点压入 EXPT 栈；

● 若是等于，则 OPTR 栈顶元素是"（"且 ch 是"）"，此时弹出 OPTR 栈顶的"（"，表明该对括号匹配成功，继续读入下一个字符 ch。

【算法描述】

```
void  InitExpTree()
{//表达式树的创建算法
InitStack(EXPT);                    //初始化 EXPT 栈
InitStack(OPTR);                    //初始化 OPTR 栈
Push(OPTR,'#');                     //将表达式起始符"#"压入 OPTR 栈
cin>>ch;
while(ch!='#'||GetTop(OPTR)!='#')
{if(!In(ch))                        //ch 不是运算符
   {CreateExpTree(T,NULL,NULL,ch);  //以 ch 为根,创建一棵只有根结点的二
                                       叉树
   Push(EXPT,T);                    //将二叉树根结点 T 压入 EXPT 栈
   cin>>ch;                         //读入下一字符
   }
else
  switch(Precede(GetTop(OPTR),ch))//比较 OPTR 的栈顶元素和 ch 的优先级
  {
  case  '<':Push(OPTR,ch);  cin>>ch;  break;
  case  '>':
    Pop(OPTR,theta);                //弹出 OPTR 栈顶的运算符
    Pop(EXPT,b);Pop(EXPT,a);        //弹出 EXPT 栈顶的两个运算数
    CreateExpTree(T,a,b,theta);
    Push(EXPT,T);                   //将新建的二叉树根结点 T 压入
                                      EXPT 栈
    break;
  case    '=':                      //OPTR 的栈顶元素是"（"且 ch 是"）"
    Pop(OPTR,x);cin>>ch;            //弹出 OPTR 栈顶的"（",读入下一字符 ch
    break;
    }//switch
  }//while
}
```

【算法分析】

此算法从头到尾扫描算术表达式中的每个字符，若表达式的字符串长度为 n，则此算法的时间复杂度为 $O(n)$。算法在运行时所占用的辅助空间主要取决于 OPTR 栈和 EXPT 栈的大小，显然，它们的空间大小之和不会超过 n，所以此算法的空间复杂度也同样为 $O(n)$。

当然，此算法中调用的几个函数需要读者自行补充完成。其中，函数 In( ) 是判断读入的 ch 是否为运算符，CreateExpTree( ) 是根据指定的参数建立一棵表达式子树的函数，Precede( ) 是判断运算符栈的栈顶元素与读入的运算符 ch 之间优先关系的函数。

另外，算法中的操作数只用一个字符表示，如果是数字，仅考虑到一位数。如果算术表达式中需要使用多位数，则可将输入的数字字符序列拼成一个操作数再进行处理。有兴趣的读者可以改进此算法，使之能够实现多位数操作数的算术表达式语法树的构建。

下面来讨论如何利用一棵表达式语法树来求解一个简单算术表达式的值。

很明显，根据表达式语法树的结构特点，算术表达式求值的过程完全类似于后序遍历二叉树的递归过程。

算法 4.13　表达式树的求值

【算法步骤】

S1：用变量 lvalue 和 rvalue 分别记录表达式树中左子树和右子树所对应的表达式的值，初值均为 0。

S2：在二叉树非空的情况下，如果当前结点为叶子结点（结点值为操作数），则返回该结点的数值；否则（结点为运算符），执行以下操作：

- 递归计算左子树的值并记入变量 lvalue；
- 递归计算右子树的值并记入变量 rvalue；
- 根据当前结点运算符的类型，对 lvalue 和 rvalue 进行相应的运算后返回其结果。

【算法描述】

```
int  EvaluateExpTree(BiTree bt)
{//后序遍历表达式树进行算术表达式求值
int  lvalue=0,rvalue=0;
if(bt->lchild==NULL&& bt->rchild==NULL)
    return  bt->data-'0';                //如果结点为操作数,直接返
                                            回该结点的数值

else
{
  lvalue=EvaluateExpTree(bt->lchild);    //递归计算左子树的值
  rvalue=EvaluateExpTree(bt->rchild);    //递归计算右子树的值
  return  GetValue(bt->data,lvalue,rvalue); //根据当前运算符进行运算处理
}
}
```

其中，函数 GetValue( ) 根据当前结点运算符对左、右子树的值进行运算处理，读者完全可以自行设计编写。

4.3.4　层次遍历

所谓二叉树的层次遍历是指，在二叉链表存储结构中，从二叉树的第一层（根结点）开始，按层次自上而下、在同一层中从左到右的顺序依次对结点逐个进行访问。

很显然，层次顺序遍历完全不同于二叉树的先序遍历、中序遍历和后序遍历。在进行层次顺序遍历时，对某一层的结点访问完后，需要依次对各个结点的左孩子结点和右孩子结点顺序访问；同一层中先访问的结点，在下一层中也要先访问其左、右孩子结点。因此，层次遍历不是一个递归过程。而且，联想到队列"先进先出"的特点，如果借助于队列来实现层次遍历的操作将是比较方便的。

层次遍历从二叉树的根结点开始，首先将根结点指针入队列，在队列非空时重复执行以下操作：从队列取出一个元素，访问该元素所指结点的数据；若该元素所指结点的左、右孩子结点非空，则将其左孩子指针和右孩子指针依次入队。

在下面的层次遍历算法中，二叉树采用二叉链表存储结构，用一维数组 Queue[MaxSize] 实现简单的顺序队列，变量 front 和 rear 分别表示当前队首元素和队尾元素在数组中的位置（rear 实际指向队尾元素的下一个位置）。

4-8　二叉树层次遍历方法解析

算法 4.14　层次遍历二叉树

【算法描述】

```
void  LevelOrderTraverse(BiTree bt)
{
  BiTree  p,Queue[MaxSize];     //数组 Queue 表示顺序队列
  int  front,rear;
  if(bt==NULL)  return;
  front=rear=0;                 //初始时置队列为空
  Queue[rear++]=bt;             //树根结点指针入队列
  while(front!=rear)            //队列不为空时重复
  {
    p=Queue[front++];          //取队头元素
    Visit(p->data);            //访问队头元素所指结点的数据
    if(p->lchild!=NULL)        //当前结点有左孩子结点时将左孩子结点入队
        Queue[rear++]=p->lchild;
    if(p->rchild!=NULL)        //当前结点有右孩子结点时将右孩子结点入队
        Queue[rear++]=p->rchild;
  }
}
```

采用层次遍历得到的访问结点序列称为层次遍历序列。

【例 4.7】　设一棵完全二叉树的层次遍历序列为*ABCDEFGHIJ*，请给出先序、中序和后序遍历序列。

解：完全二叉树的特点是除了最后一层上的结点可能不满外，其余层次均充满了结点，而且最后一层上的叶子结点全部集中在左边。因此，根据题设，该棵完全二叉树如图 4.12 所示。

因此，其对应的先序序列为 $ABDHIEJCFG$，中序序列为 $HDIBJEAFCG$，后序序列为 $HIDJEBFGCA$。

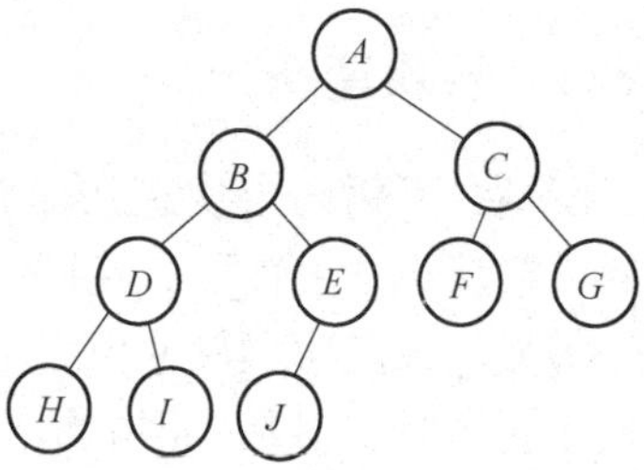

图 4.12　完全二叉树示意图

4.3.5　二叉树的还原

由前面讨论的二叉树的遍历可知，如果二叉树中各结点的值均不相同，则任意一棵二叉树结点的先序序列、中序序列和后序序列都是唯一的。反过来，如果仅仅知道一棵二叉树结点的先序序列、中序序列或后序序列，该二叉树的形态是难以确定的。现在的问题是：若已知二叉树遍历的任意两种序列，能否唯一确定这棵二叉树？

根据定义可以证明，在二叉树的三种遍历序列中：①由先序序列和中序序列能够唯一确定一棵二叉树；②由后序序列和中序序列能够唯一确定一棵二叉树；③由先序序列和后序序列不能唯一确定一棵二叉树。

事实上，二叉树的先序遍历是先访问根结点，其次再按先序遍历方式遍历根结点的左子树，最后按先序遍历方式遍历根结点的右子树。因而，先序遍历序列的第一个结点一定是二叉树的根结点。另外，中序遍历是先按中序遍历方式遍历根结点的左子树，然后再访问根结点，最后按中序遍历方式遍历根结点的右子树。因此，根结点必然会将二叉树的中序遍历序列分割成两个子序列，前一个子序列是根结点的左子树的中序序列，后一个子序列是根结点的右子树的中序序列。

根据先序序列和中序序列确定二叉树的基本思路是：根据先序序列确定根结点，再根据中序序列判断左、右子树。具体步骤是：①从先序序列的最左边确定根结点并画出根结点；②在中序序列中找到这个根结点，以此为界，左边是根结点的左子树的中序序列，右边是其右子树的中序序列，因而可以确定其左子树、右子树上的结点；③再从先序序列中找到对应的左子树的先序子序列（最左边结点就是左子树的根结点），同时找到对应的右子树的先序子序列（最左边结点就是右子树的根结点），至此已经可以确定三个结点；④根据第③步找到的左、右子树的根结点又可以分别将中序左子序列和右子序列划分成两个更小的子序列，利用第②步的方法来确定子树的左、右子树；⑤如此递归下去，当取完先序序列中的结点时，便可以得到一棵二叉树。

同理，根据二叉树的后序序列和中序序列也能够唯一确定一棵二叉树。这是因为后序序列中最后一个结点为根结点，同样可将中序序列分成两个子序列，分别为该结点左子树的中序序列和右子树的中序序列；再分别取出后序序列中对应子序列的最后一个结点，继续分割中序序列；如此递归下去，当倒着取完后序序列中的结点时便可以得到一棵二叉树。

【例 4.8】　已知一棵二叉树的先序序列是 $BEFCGDH$，中序序列是 $FEBGCHD$，请画出这棵二叉树。

解：①根据先序序列知道 B 为根结点；②由中序序列得知 F、E 是以 B 为根结点的左子树上的结点，B 右边的结点 G、C、H、D 为以 B 为根结点的右子树上的结点；③找到 F、E 和 G、C、H、D 在先序序列中的位置，两个子序列中最左边的即为左、右子树的根结点分

别为 E 和 C；④从中序序列找到 E 和 C 结点，F 在 E 的左边，可判断出 F 是 E 的左子树，G 是 C 的左子树上结点，H、D 是 C 的右子树上的结点；⑤未能确定的还有 D、H，从先序序列得知 D 在左边所以是根结点，再从中序序列找到 D，可以判断出 H 是 D 的左子树。这棵二叉树如图 4.13 所示。

需要说明的是，由二叉树的先序序列和后序序列往往不能唯一确定一棵二叉树，这是因为无法确定左、右子树两个部分。例如，已知先序序列 AB，后序序列 BA，由于无法确定 B 为左子树还是右子树的根，因此可能得到如图 4.14 所示的两棵不同的二叉树。

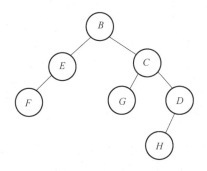

图 4.13　还原后的二叉树

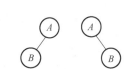

图 4.14　两棵不同的二叉树

4.4　哈夫曼树及其应用

树结构的应用非常广泛，利用树的一些特点可以帮助解决很多工程问题。其中，哈夫曼树就是一种应用很广的树。本节以哈夫曼树为例，讨论二叉树的一个具体应用问题。

4.4.1　哈夫曼树的基本概念

哈夫曼树（Huffman Tree）是一种特殊的二叉树，其所有叶子结点都带有权值，而且它是带权路径长度最短的一类二叉树。哈夫曼树又称为最优二叉树，在实际中有着广泛的用途。

哈夫曼树的定义涉及路径、路径长度、权等相关概念，下面先给出这些概念的解释，再讨论哈夫曼树的特点。

1）路径：从树中一个结点到另一个结点之间的分支构成两个结点之间的路径。

2）路径长度：路径上的分支数目称为路径长度。

3）树的路径长度：从树根结点到树中其余每个结点的路径长度之和。

4）权：是赋予某个实体的一个量，是对实体的某一个或某些属性的数值化描述。在数据结构中，实体有结点（元素）和边（关系）两大类，因此有结点权和边权之分。结点权和边权具体代表什么含义，需要具体情况具体分析。如果在一棵树的结点上带有权，则对应的树就称为带权树。

5）结点的带权路径长度：是从该结点到树根结点的路径长度与该结点的权的乘积。

6）树的带权路径长度：是指树中所有叶子结点的带权路径长度之和。

假设一棵树上有 n 个叶子结点，每个叶子结点所带的权值为 w_k（$k=1,2,\cdots,n$），每个

叶子结点到树根结点的路径长度为 l_k（$k=1,2,\cdots,n$），则该树的带权路径长度通常记为

$$WPL = \sum_{k=1}^{n} w_k l_k$$

【例 4.9】 假设图 4.15 所示的左、中、右三棵二叉树中的叶子结点 a、b、c、d 分别带有权值 7、5、2、4，求各自的带权路径长度 WPL。

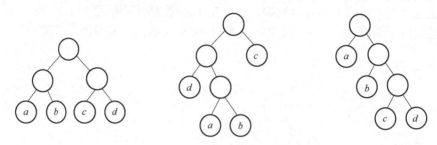

图 4.15　具有不同带权路径长度的二叉树

解： 根据定义可知，左边二叉树的 $WPL = 7×2+5×2+2×2+4×2 = 36$，中间二叉树的 $WPL = 7×3+5×3+2×1+4×2 = 46$，右边二叉树的 $WPL = 7×1+5×2+2×3+4×3 = 35$。其中，以最右边二叉树的带权路径长度最小。

事实上，可以验证，上例中右边的二叉树恰好是哈夫曼树，即在所有带权为 7、5、2、4 的四个叶子结点所构建的二叉树中它的带权路径长度最小。从上面这一例子中还可以直观地发现，在哈夫曼树中，权值越大的叶子结点离树根结点越近，权值越小的叶子结点离树根结点越远。

4.4.2　哈夫曼树的构造

由一组具有确定权值的叶子结点可以构造出许多不同形态的带权二叉树，它们的带权路径长度往往并不相同，那么如何找到带权路径长度最小的二叉树呢？根据定义，一棵二叉树要使其 WPL 值最小，必须使权值越大的叶子结点越靠近根结点，而权值越小的叶子结点越远离根结点。为此，哈夫曼（Huffman）提出了一种构造方法，其基本思路是：

1）根据给定的 n 个权值 $\{w_1,w_2,\cdots,w_n\}$ 构造 n 棵只有根结点的二叉树，从而得到一个森林 $F = \{T_1,T_2,\cdots,T_n\}$。

2）在森林 F 中选取根结点权值最小和次小的两棵二叉树作为左、右子树构造一棵新的二叉树，这棵新树的根结点的权值为其左、右子树根结点权值之和。

3）在森林 F 中删除作为左、右子树的两棵二叉树，并将新建的二叉树加入到 F 中。

4）重复 2）和 3）两个步骤 $n-1$ 次，最后直到 F 中只含有一棵二叉树为止，这棵二叉树便是所要建立的哈夫曼树。

显然，在构造哈夫曼树时，首先选择权值最小的结点，这样可以保证权值较大的叶子结点离根结点较近，从而使得带权路径长度最小。这种生成算法属于典型的贪婪法。

【例 4.10】 对于一组给定权值的叶子结点 $\{a,b,c,d\}$，它们的权值依次为 $\{7,5,2,4\}$，试给出构造哈夫曼树的过程。

解： 构造哈夫曼树的过程如图 4.16 所示。

最终结果与例 4.9 中的哈夫曼树完全一致。

下面来讨论哈夫曼树的构造算法。

哈夫曼树是一种二叉树，自然可以采用前面介绍过的通用存储方法。但由于哈夫曼树中没有度为 1 的结点，一棵有 n 个叶子结点的哈夫曼树共有 $2n-1$ 个结点，因而可以存储在一个大小为 $2n-1$ 的一维数组中。树中每个结点除了需要记录其权值信息外，还需要包含其双亲结点编号和左、右孩子结点编号信息。因此，为了实现构造哈夫曼树的算法，现将哈夫曼树中每个结点的数据类型定义如下：

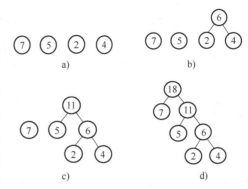

图 4.16　哈夫曼树的构造过程

```
//------哈夫曼树的存储结构定义------
typedef  struct{
    int  weight;                    //结点的权值
    int  parent,lchild,rchild;      //结点的双亲结点、左孩子结点、右孩
                                      子结点对应的下标
}HTNode,*HuffmanTree;              //利用动态分配的数组存放哈夫曼树
```

这样，哈夫曼树的各个结点存储在由 HuffmanTree 定义的动态分配的数组中，为了便于处理，数组的 0 号单元不使用，从 1 号单元开始使用，因而数组的大小为 $2n$。将叶子结点集中存储在数组前面的第 $1{\sim}n$ 个位置，后面的 $n-1$ 个位置存储其余的分支结点。

算法 4.15　**构造哈夫曼树**

【算法步骤】

构造哈夫曼树的算法主要分为两大部分：

S1：初始化。动态申请 $2n$ 个存储单元；循环 $2n-1$ 次，从 1 号单元开始，依次将所有单元的双亲结点、左孩子结点、右孩子结点对应的下标初始化为 0；再循环 n 次，输入并记录前 n 个单元中叶子结点的权值。

S2：创建哈夫曼树。循环 $n-1$ 次，通过 $n-1$ 次的选择、删除与合并创建哈夫曼树。选择是指从当前森林中选择双亲结点为 0 且权值最小的两个根结点 s1 和 s2；删除是指将结点 s1 和 s2 的双亲结点改为新生成的分支结点的编号；合并是指将结点 s1 和 s2 的权值之和作为新生成的分支结点的权值，同时记录新结点的左孩子结点的下标为 s1、右孩子结点的下标为 s2。

4-9　哈夫曼树的构造方法

【算法描述】

```
void  CreateHuffmanTree(HuffmanTree &HT,int n)
    {//构造哈夫曼树
    if(n<=1)  return;
    m=2*n-1;
    HT=new  HTNode[m+1];        //动态分配 m+1 个单元,HT[m]表示哈夫曼树根结点
```

```
    for(i=1;i<=m;i++)              //将所有结点的双亲结点、左、右孩子结点的下标全
                                     部初始化为0
      HT[i].parent=HT[i].lchild=HT[i].rchild=0;
    for(i=1;i<=n;i++)              //输入前n个单元中叶子结点的权值
    cin>>HT[i].weight;
/*------初始化工作结束,从此开始创建哈夫曼树------*/
    for(i=n+1;i<=m;i++)
    {    //通过n-1次的选择、删除与合并创建哈夫曼树
      Select(HT,i-1,s1,s2);
      //在HT[k](1≤k≤i-1)中选择双亲结点为0且权值最小的两个结点s1和s2
      HT[s1].parent=HT[s2].parent=i;
      //生成编号为i的新结点;将s1和s2的双亲结点由0改为i;从森林中删除s1和s2
      HT[i].lchild=s1;   HT[i].rchild=s2;      //s1和s2分别作为i
                                                 的左、右孩子结点

      HT[i].weight=HT[s1].weight+ HT[s2].weight;  //记录新生成的分支结
                                                     点的权值

    }//for
}
```

注：此算法创建的哈夫曼树，其形态可能不唯一，但均是最优二叉树。

【例 4.11】 已知 $w=\{7,8,25,22,13\}$，试利用算法 4.15 构造一棵哈夫曼树，并给出其构造过程中存储结构 HT 的初始状态和最终状态。

解： 根据算法 4.15，其中，$n=5$，$m=9$，构造的哈夫曼树如图 4.17 所示。

其构造过程中存储结构 HT 的初态和终态分别如表 4.2 和表 4.3 所示。

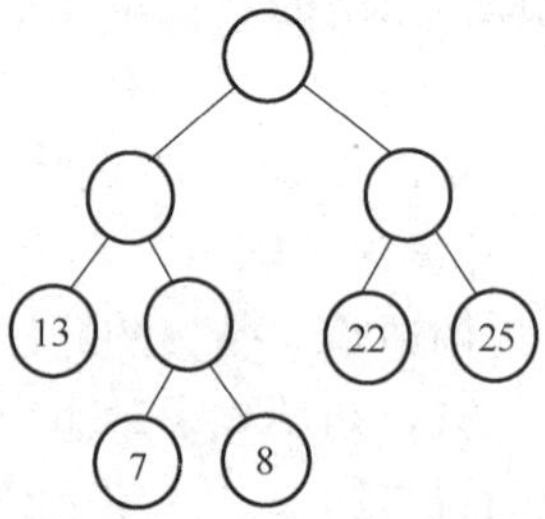

图 4.17 例 4.11 构造的哈夫曼树

表 4.2 HT 的初态

结点 i	weight	parent	lchild	rchild
1	7	0	0	0
2	8	0	0	0
3	25	0	0	0
4	22	0	0	0
5	13	0	0	0
6	—	0	0	0
7	—	0	0	0
8	—	0	0	0
9	—	0	0	0

表 4.3 HT 的终态

结点 i	weight	parent	lchild	rchild
1	7	6	0	0
2	8	6	0	0
3	25	8	0	0
4	22	8	0	0
5	13	7	0	0
6	15	7	1	2
7	28	9	5	6
8	47	9	4	3
9	75	0	7	8

4.4.3 哈夫曼编码

随着大数据时代的到来，如何采用有效的数据压缩技术节省数据文件的存储空间和网络传输时间越来越引起人们的重视。哈夫曼树在通信、编码和数据压缩等技术领域有着广泛的应用。本节主要讨论一个构造通信码的典型应用——哈夫曼编码。

1. 数据压缩与哈夫曼编码

在数据通信和数据压缩中，往往需要将传送的文字转换成由二进制字符 0、1 组成的二进制串，称之为编码。数据压缩编码技术通常采用两种方案：一是等长编码，即每个字符编码使用相同数量的二进制位；二是不等长编码。

由于数据文件中每个字符出现的频率不同，等长编码技术并非最优的编码方案。因此，如果在编码时充分考虑字符出现的频率，使频率高的字符采用尽可能短的编码，频率低的字符采用稍长的编码来构造一种不等长编码，将会获得更好的空间效率，这也是文件压缩技术的核心思想。

然而，对于不等长编码，如果设计得不合理，便会给解码带来困难。因此，为了设计有效的用于数据压缩的二进制编码，不等长编码必须满足一个条件：任何一个字符的编码都不是另一个字符的编码的前缀（最左子串）。满足此条件的编码称为前缀编码，它可以保证对压缩文件进行解码时不产生二义性，以确保正确解码。

为此，可以利用哈夫曼树来设计字符的二进制编码。具体做法是：对于一棵具有 n 个叶子结点的哈夫曼树，若对树中的每个左分支赋予边权 0，每个右分支赋予边权 1，则从树根到每个叶子结点的路径上，各分支的权值分别构成一个二进制串，该二进制串就称为哈夫曼编码。

在哈夫曼树中，每个字符结点都是叶子结点，它们不可能在树根结点到其他字符结点的路径上，所以每一个字符的哈夫曼编码不可能是另一个字符的哈夫曼编码的前缀，因此，哈夫曼编码是一种前缀编码。对于包括 n 个不同字符的数据文件，如果分别以它们的出现次数为权值构造一棵哈夫曼树，利用该树对应的哈夫曼编码对文件进行编码，便能使该文件压缩后对应的二进制编码文件的长度最短。

2. 哈夫曼编码算法实现

下面来讨论利用哈夫曼树构造哈夫曼编码的算法。

求哈夫曼编码，实质上就是在已建立的哈夫曼树中，从叶子结点开始，沿着结点的双亲链域回溯到根结点，每回退一步，就走过了哈夫曼树的一个分支，从而得到一位哈夫曼码值。但由于一个字符的哈夫曼编码是从根结点到相应叶子结点所经过的路径上各分支所组成的 0、1 序列，因此在回溯过程中，先得到的分支代码为所求编码的低位码，后得到的分支代码为所求编码的高位码。

由于每个字符的哈夫曼编码是不等长编码，因此可以使用一个指针数组来存放每个字符编码串的首地址。

```
//-----------哈夫曼编码表的存储表示---------
typedef char * * HuffmanCode;        //动态分配数组存储哈夫曼编码表
```

各个字符的哈夫曼编码存储在由 HuffmanCode 定义的动态分配的数组 HC 中，为了实现方便，数组的 0 号单元不使用，从 1 号单元开始使用，所以将数组 HC 的大小设为 $n+1$，即编码表 HC 包括 $n+1$ 行。但因为每个字符的编码长度事先不能确定，所以不能预先为每个字符分配大小合适的存储空间。为不浪费存储空间，这里考虑动态分配一个长度为 n（字符编码长度一定小于 n）的一维数组 cd，用来临时存放当前正在求解的第 i（$1 \le i \le n$）个字符的编码，当第 i 个字符的编码求解完毕后，再根据数组 cd 的字符串长度分配 $HC[i]$ 的空间，然后将数组 cd 中的编码复制到 $HC[i]$ 中。

由于求解编码时是从哈夫曼树的叶子结点出发向上回溯至树根结点，所以对于每个字符所得到的编码顺序是从右向左的，故编码向数组 cd 存放的顺序也从后向前，即每个字符的第 1 个编码存放在 $cd[n-2]$ 中（$cd[n-1]$ 存放字符串结束标志'\0'），第 2 个编码存放在 $cd[n-3]$ 中，依此类推，直到全部编码存放完毕。

算法 4.16　根据哈夫曼树求哈夫曼编码

【算法步骤】

S1：分配存储 n 个字符编码的编码表空间 HC，长度为 $n+1$；分配临时存储每个字符编码的动态数组空间 cd，将 $cd[n-1]$ 置为'\0'。

S2：逐一求解 n 个字符的编码，循环 n 次，执行以下操作：

S2.1：变量 start 用于记录编码在 cd 中存放的位置，start 的初值为编码结束位置 $n-1$；

S2.2：变量 c 用于记录从叶子结点向上回溯至根结点所经过的结点下标，c 的初值为当前待编码字符的下标 i，f 用于记录下标为 c 的结点的双亲结点的下标；

S2.3：从叶子结点向上回溯至根结点，求字符 i 的编码，当 f 没有到达根结点时，循环执行以下操作：

● 回溯一次，start 回指一个位置，即--start；

● 若 c 是 f 的左孩子结点，则生成代码 0，否则生成代码 1，生成的代码保存在 $cd[start]$ 中；

● 继续向上回溯，改变 c 和 f 的值。

S2.4：根据数组 cd 的字符串长度，为第 i 个字符编码分配空间 $HC[i]$，然后将数组 cd 中的编码复制到 $HC[i]$ 中。

S3：释放临时空间 cd。

【算法描述】

```
void  CreatHuffmanCode(HuffmanTree HT,HuffmanCode &HC,int n)
{  //从叶子结点到根结点逆向求每个字符的哈夫曼编码,存储在编码表HC中
    HC=new  char*[n+1];
    cd=new  char[n];  cd[n-1]='\0';
    for(i=1;i<=n;++i){                        //逐个字符求哈夫曼编码
      start=n-1;                              //start开始时指向最
                                              //后,即编码结束符位置
      c=i;f=HT[i].parent;                     //f指向结点c的双亲
                                              //结点
      while(f!=0)                             //从叶子结点开始向上
                                              //回溯,直到根结点
```

```
        {
            --start;                            //回溯一次,start 往后移动一个
                                                    位置
            if(HT[f].lchild==c)  cd[start]='0';  //c 是 f 的左孩子结
                                                    点,则生成代码 0
            else  cd[start]='1';                //c 是 f 的右孩子结点,则生成代码 1
            c=f;f=HT[f].parent;                 //继续向上回溯
        }
        HC[i]=new  char[n-start];                //为第 i 个字符编码分配空间
        strcpy(HC[i],&cd[start]);                //将编码内容 cd 复制到
                                                    HC 的当前行中
    }//for
  delete  cd;                                    //释放临时空间
}
```

3. 数据文件的编码和译码

（1）编码

根据算法 4.16 构建了字符集的哈夫曼编码表后，对数据文件的编码过程是：依次读入文件中的字符 c，在哈夫曼编码表 HC 中找到此字符，并将其转换为相应的编码串。

需要说明的是，利用算法 4.16，每个字符最终得到的哈夫曼编码仍然需要使用多个字节空间，每个字节存放其中的一个编码 0 或 1，这与数据压缩编码需求仍然有较大出入。读者可进一步思考如何改进此算法，将每次生成的编码仅用一个二进制位存储。

（2）译码

对编码后的数据文件进行译码必须借助于哈夫曼树和编码表。具体过程是：依次读入文件的每一个二进制码，从哈夫曼树的根结点（即 HT[2n-1]）出发，若当前读入 0，则走向左孩子结点，否则走向右孩子结点；一旦到达某一叶子结点 HT[i] 时，便可译出相应的字符编码 HC[i]；然后重新从根结点出发继续译码，直至文件结束。

在此过程中，为了能够及时将与字符编码 HC[i] 对应的字符翻译出来，还需要对哈夫曼树中结点的存储结构进行修改，比如增加用于存储叶子结点数据值的数据域。

对于数据文件的具体编码和译码算法，请读者进一步思考练习。

4.5 自测练习

1. 简答题

（1）一棵度为 2 的树与二叉树有什么区别？

（2）简述二叉树的各种存储结构的基本特点。

（3）简要说明先序序列和中序序列相同的非空二叉树的形态特点。

2. 选择题

（1）由 3 个结点可以构造出（   ）种不同形态的二叉树。

    A. 2   B. 3   C. 4   D. 5

（2）二叉树的第 i（$i \geqslant 1$）层最多有（　　）个结点。

    A. 2^i B. $2i$ C. 2^{i-1} D. 2^i-1

（3）如果一棵完全二叉树上有 1001 个结点，则其叶子结点的个数是（　　）。

    A. 250   B. 254   C. 500   D. 501

（4）一棵具有 1024 个结点的二叉树的高为（　　）。

    A. 10   B. 11   C. 10～1024   D. 11～1024

（5）对二叉树的结点从 1 开始进行连续编号，要求每个分支结点的编号大于其左、右孩子结点的编号，而左孩子结点的编号小于右孩子结点的编号，可采用（　　）遍历实现这种操作。

    A. 先序   B. 中序   C. 后序   D. 层次顺序

（6）如果一棵二叉树的先序序列为 *ABCDEFG*，则它的中序序列不可能是（　　）。

    A. *CABDEFG*   B. *ABCDEFG*

    C. *FEGDCBA*   D. *BADCFEG*

（7）如果一棵非空二叉树的先序遍历序列与后序遍历序列正好相反，则该二叉树一定满足（　　）。

    A. 所有结点均无左孩子结点   B. 所有结点均无右孩子结点

    C. 只有一个叶子结点   D. 是任意一棵二叉树

（8）中序遍历一棵二叉排序树所得到的结点访问序列是关键字的（　　）序列。

    A. 递增或递减   B. 递减

    C. 递增   D. 无序

（9）设一棵哈夫曼树中有 199 个结点，则该树中有（　　）个叶子结点。

    A. 99   B. 100   C. 146   D. 102

（10）如果由 n（$n \geqslant 2$）个权值为正数且均不相同的字符构成一棵哈夫曼树，则下列关于该树的叙述中，错误的是（　　）。

    A. 分支结点的权值一定不小于左、右孩子结点的权值

    B. 树中一定没有度为 1 的结点

    C. 树中两个权值最小的结点一定是兄弟结点

    D. 该树一定是一棵完全二叉树

4-10　第4章
选择题解析

3. 应用题

（1）设一棵二叉树的先序遍历序列为 *ABDFCEGH*，中序遍历序列为 *BFDAGEHC*。试画出这棵二叉树，并给出其后序遍历序列。

（2）已知字符 *A*、*B*、*C*、*D*、*E*、*F*、*G* 的权值分别为 3、12、7、4、2、8、11，试根据哈夫曼树构造算法，给出哈夫曼树 HT 存储结构的初态和终态。

（3）假设用于通信的电文仅由 8 个字母组成，它们在电文中出现的频率分别为 0.07、0.19、0.02、0.06、0.32、0.03、0.21、0.10。试为这 8 个字母设计哈夫曼编码。

4. 算法设计题

以下均假设以二叉链表作为二叉树的存储结构。

（1）设计一个算法，统计二叉树中叶子结点的个数。

（2）设计一个算法，交换二叉树中每个结点的左孩子结点和右孩子结点。

（3）设计一个算法，输出二叉树中从每个叶子结点到根结点的路径。

（4）设计一个递归算法，删除二叉树中的所有叶子结点。

（5）设计一个递归算法，输出二叉树中所有的叶子结点及其所在层数。

（6）试编写一个实现二叉树先序遍历的非递归算法。

第 5 章　查找和排序

导读

　　前几章介绍了各种典型的线性和非线性数据结构，并讨论了这些数据结构的相应运算。在实际应用中，查找和排序运算是计算机程序设计中两种常见的且重要的操作。排序的主要目的是便于查找，尤其面向一些数据量很大的实时系统，如订票系统、互联网上的信息检索系统等，查找效率更为重要。因此，本章将在介绍查找和排序相关概念的基础上，针对几种典型的、常用的查找和排序运算，讨论应采用何种数据结构，使用什么样的方法加以实现，并通过分析它们的时间和空间效率来比较各种算法在不同情况下的优劣。

本章要点

- 掌握与查找和排序相关的概念与术语
- 掌握常用的几种查找算法，并能分析其执行效率
- 了解二叉排序树的构造和查找方法
- 了解散列表查找的基本思路和方法
- 掌握常用的几种排序算法，并能分析其执行效率

5-1　关于查找与排序

5.1　查找和排序的基本问题

5.1.1　数据元素的存储方式

1. 关键字

　　无论是查找还是排序运算，其操作对象往往是由同一类型的数据元素（或记录）所构成的集合。关键字是数据元素（或记录）中某个数据项的值，可以用来标识一个数据元素（或记录）。如果存在某一个关键字，可以唯一地标识一个数据元素，则通常将这样的关键字称为主关键字，而将其他可以用来标识若干数据元素的关键字（如果存在的话）作为次

关键字。当数据元素只有一个数据项时，其关键字就是该数据元素的值。为了后续方便讨论，总是假设数据元素的关键字值均为整数。

在后续讨论的许多算法中，通常将数据元素的数据类型定义为：

```
typedef  int  KeyType;
typedef  struct{
    KeyType  key;           //关键字项
    InfoType  otherinfo;    //其他数据项
}ElemType;                  //数据元素类型
```

2. 数据元素的存储方式

在查找或排序的相关问题中，数据元素的存储方式不同，往往会产生不同的算法，并且算法的执行效率也会有所不同。正如第 1 章所述，与排序、查找相关，数据元素的存储方式通常有以下几种：

（1）顺序表

利用顺序表存储结构，数据元素之间的次序关系完全由其存储位置决定。这是查找和排序操作中最常用的存储方式，只是在实现排序时需要移动记录。

（2）链表

如果利用链表方式存储，则数据元素之间的次序关系由指针指示，排序时不需要移动数据元素，仅需修改指针即可。链表存储结构也可用于查找操作，如以二叉链表表示的二叉查找树、平衡二叉树、B 树、B+树等。

（3）索引存储

索引存储方式是指数据元素本身存储在一组地址连续的存储单元内，另设一组指针，用以指示各个数据元素的存储位置。比如在索引顺序查找方法中，除表本身外，还需要建立一个"索引表"，并为每一个子表建立一个索引项。

（4）散列存储

散列存储是利用散列表保存数据元素的一种存储方式，它通过某一种散列函数，根据数据元素的关键字值直接确定其存储地址。通过散列表，在数据元素的关键字和存储位置之间直接建立起一种对应关系，可以更方便地进行数据元素的查找。

在实际应用中，待排序的数据元素的存储方式多以顺序表为主；而基于查找运算，数据元素往往有多种不同的存储方式。

5.1.2　查找的相关概念和术语

1. 查找

查找（Finding）又称为检索，是指根据给定的某个值，在"查找表"中确定一个其关键字等于给定值的记录或数据元素。若表中存在这样的一个数据元素，则查找成功，此时查找的结果可给出整个数据元素的信息，或指示其在查找表中的位置；若表中不存在关键字等于给定值的数据元素，则查找不成功，此时查找的结果可给出一个"空"值或"空"指针，并可根据需要插入这个不存在的数据元素。

这里所述的"查找表"是指由具有相同数据类型的数据元素（或记录）构成的集合。

根据查找算法的需要，可以使用线性表、树表及散列表等。

2. 动态查找和静态查找

如果在查找的同时需要对查找表进行更新操作（如插入和删除），则相应的查找称为动态查找，否则称之为静态查找。换句话说，在动态查找过程中，查找表的表结构本身可以是在查找过程中动态生成的，对于给定值，若表中存在其关键字等于给定值的记录，则查找成功返回；否则，插入关键字等于给定值的新记录。

3. 平均查找长度

为确定记录在查找表中的位置，需要和给定值进行比较的关键字个数的期望值称为查找算法在查找成功时的平均查找长度（Average Search Length，ASL）。

对于含有 n 个记录的查找表，查找成功时的平均查找长度为

$$ASL = \sum_{i=1}^{n} P_i C_i \tag{5.1}$$

其中，P_i 为查找到表中第 i 个记录的概率，且 $\sum_{i=1}^{n} P_i = 1$；C_i 为找到表中第 i 个记录时，与给定值已经比较过的关键字个数，显然，C_i 的值随查找过程不同而不同。

由于查找算法的基本运算是关键字之间的比较操作，所以可用平均查找长度来衡量查找算法的性能。

5.1.3 排序的概念和方法概述

1. 排序

排序（Sorting）是指按某个关键字的非递减或非递增顺序对一组记录重新进行排列的操作。具体描述如下：

假设含有 n 个记录的序列为 $\{R_1, R_2, \cdots, R_n\}$，其相应的关键字序列为 $\{K_1, K_2, \cdots, K_n\}$，只要能确定 $1, 2, \cdots, n$ 的一种排列 $p_1, p_2, \cdots, p_n$，使与其对应的关键字满足非递减（或非递增）关系 $K_{p_1} \leqslant K_{p_2} \leqslant \cdots \leqslant K_{p_n}$（或 $K_{p_1} \geqslant K_{p_2} \geqslant \cdots \geqslant K_{p_n}$），从而使原记录序列成为一个按关键字有序的序列 $\{R_{p_1}, R_{p_2}, \cdots, R_{p_n}\}$，这样的一种操作称为排序。

待排序记录的物理存储方式多以顺序表为主。

2. 排序的稳定性

当待排序记录中的关键字 $K_i (i=1, 2, \cdots, n)$ 都不相同时，则任何一个记录的无序序列经排序后得到的结果必然唯一；反之，当待排序的序列中存在两个或两个以上关键字相等的记录时，则排序所得的结果不唯一。

假设有 $K_i = K_j (1 \leqslant i < j \leqslant n)$，即在排序之前的记录序列中 R_i 先于 R_j 出现。若在排序之后的序列中 R_i 仍然先于 R_j 出现，则称所用的排序方法是稳定的；反之，若有可能使排序之后的序列中 R_j 先于 R_i 出现，则称所用的排序方法是不稳定的。当然，排序算法的稳定性是针对所有记录而言的。也就是说，在所有的待排序记录中，只要有一组关键字相同的记录不满足稳定性要求，则该排序方法就是不稳定的。虽然使用稳定的排序方法和不稳定的排序方法得到的排序结果有所不同，但也不能说不稳定的排序方法就不好，两种方法有各自的适用场合。

3. 排序方法分类

由于待排序记录的数量不同，排序过程中记录所占用的存储设备也会有所不同。根据在排序过程中记录所占用的存储设备的不同，可将排序方法分为两大类：一类是内部排序，指的是待排序记录全部存放在计算机内存中进行排序的过程；另一类是外部排序，指的是待排序记录的数量很大，以致内存一次不能容纳全部记录，在排序过程中需要对外存进行访问的排序过程。这里仅重点介绍各种常用的内部排序方法，关于外部排序的基本思路、方法和过程，感兴趣的读者可参考其他相关资料。

就内部排序而言，人们已经设计了大量的算法以满足不同的需求，但就排序算法的性能而言，很难提出一种被认为是最好的方法，每一种方法都有各自的优缺点，适合在不同的条件（如记录的初始排列状态等）下使用。

内部排序的过程始终是一个逐步扩大记录的有序序列长度的过程。在排序的过程中，可以将待排序记录划分为两个区域：有序序列区和无序序列区。使有序序列区中记录的数量增加一个或几个的操作称为一趟排序。

根据逐步扩大记录的有序序列长度所采用的原则与方法不同，可以将内部排序算法分为以下几类。

1）插入类：每一次（趟）都是将无序子序列中的一个或几个记录"插入"到有序序列区中，从而增加记录的有序子序列的长度。其主要包括直接插入排序、折半插入排序和希尔排序。

2）交换类：每一次（趟）都是通过"交换"无序序列中的记录从而得到其中关键字最小或最大的记录，并将它加入到有序子序列中，以此增加记录的有序子序列的长度。其主要包括冒泡排序和快速排序。

3）选择类：每一次（趟）都要从记录的无序子序列中"选择"关键字最小或最大的记录，并将它加入到有序子序列中，以此增加记录的有序子序列的长度。其主要包括简单选择排序、树形选择排序和堆排序。

4）归并类：每一次（趟）通过"归并"两个或两个以上的有序子序列，逐步增加记录有序序列的长度。其中，2-路归并排序是最常见的归并类排序方法。

5）分配类：是唯一一类不需要进行关键字之间比较的排序方法，排序时主要利用分配和收集这两种基本操作来完成。基数排序是分配类排序的主要方法。

4. 评价排序算法效率的指标

就排序算法的性能而言，很难提出一种被认为是最好的方法。目前，评价排序算法好坏的标准主要有以下两点。

（1）执行时间

对于排序操作，时间主要消耗在关键字之间的比较和记录的移动上（这里只考虑以顺序表方式存储待排序记录），排序算法的时间复杂度主要由这两个指标决定。因此，可以认为，一个高效的排序算法，其关键字的比较次数和记录的移动次数都应该尽可能少。

（2）辅助空间

算法的空间复杂度由排序算法所需要的辅助空间决定。辅助空间是指除了存放待排序记录所占用的空间外，执行算法所需要的其他存储空间。理想的空间复杂度为 $O(1)$，即算法执行期间所需要的辅助空间与待排序记录的数据量无关。

在后面讨论各种排序算法时，将给出有关算法的关键字比较次数和记录的移动次数。有的排序算法的执行时间不仅依赖于待排序记录的个数，还取决于待排序记录的初始状态。因此，对于这样的算法，本书还将给出在最好、最坏和平均情况下的三种时间性能评价。

另外，在讨论排序算法的平均执行时间效率时，均是假设待排序记录的初始状态是随机分布的，即记录出现各种排列情况的概率均相等。同时，总是假定将记录按关键字的非递减顺序（从小到大）排序。

5.2 查找

查找是数据结构中很常用的基本运算。例如，在学生成绩表中查找某个学生的成绩，在图书馆的书目文件中查找某个编号的图书等。本节将介绍几种常用的查找算法。

5.2.1 线性表查找

在查找表的组织方式中，线性表是最简单的一种。这里主要介绍基于线性表的顺序查找、折半查找和分块查找方法。

1. 顺序查找

顺序查找（Sequential Search）也叫线性查找，它是一种最简单的查找方法。其基本思想是：将线性表作为一个查找表（可以是顺序表，也可以是链表），从表的一端开始，依次用查找条件中给定的数据值与查找表中数据元素的关键字进行比较。若某个数据元素的关键字与给定值相等，则查找成功，返回该数据元素的存储位置；反之，如果扫描完整个表后，仍未找到关键字与给定值相等的数据元素，则查找失败。

【例 5.1】 在关键字序列为 $\{3,9,10,5,8,7,24,11\}$ 的线性表中，从前往后查找关键字为 8 的数据元素。

解： 按照顺序查找方法，其查找过程如图 5.1 所示。

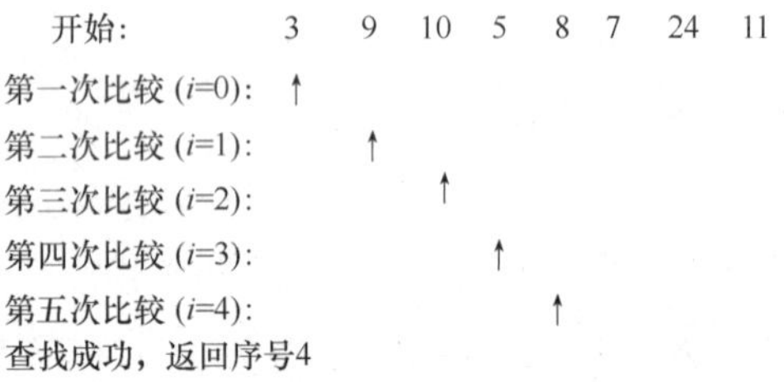

下面仅讨论以顺序表作为存储结构时实现的顺序查找算法。

开始:	3	9	10	5	8	7	24	11
第一次比较 ($i=0$):	↑							
第二次比较 ($i=1$):		↑						
第三次比较 ($i=2$):			↑					
第四次比较 ($i=3$):				↑				
第五次比较 ($i=4$):					↑			

查找成功，返回序号4

图 5.1 从前往后的顺序查找过程示意图

数据元素类型定义如下：

```
typedef  int  KeyType;
typedef  struct{
    KeyType  key;           //关键字项
    InfoType  otherinfo;    //其他数据项
}ElemType;                  //数据元素类型
```

顺序表的定义类似于第 1 章：

```
typedef  struct{
    ElemType  *R;           //顺序表存储空间的基址
```

```
    int  length;                    //顺序表的当前长度
  }STable;                          //顺序表结构类型名为STable
```

这里，KeyType 和 InfoType 分别为关键字的数据类型和其他数据的数据类型，均可以是任意的数据类型，KeyType 默认为 int 型。

基于此类型定义，从前往后顺序查找与第 2 章中算法 2.2 一样。在此，可以对算法 2.2 进行适当的改进。假设 ST.R [0] 暂时不用，数据元素从 ST.R [1] 开始顺序存放，查找时从表的最后一个数据元素开始从后往前顺序进行比较，如算法 5.1 所示。

算法5.1　**从后往前顺序查找**

【算法描述】

```
  int  Search_Seq(STable ST,KeyType key)
  {//在顺序表中查找关键字等于 key 的数据元素。若找到,返回该数据元素的位置;否
则,返回 0
  for(i=ST.length;i>=1;--i)
    if(ST.R[i].key==key)  return  i;          //从后往前顺序查找和比较
  return  0;
  }
```

该算法在查找过程中的每一步都要检测整个表是否查找完毕，即每一步都要对循环变量是否满足条件"$i \geqslant 1$"进行检测。还可以改进此算法，以免去这个检测过程。改进的方法是：在查找之前先对 ST.R [0] 的关键字赋值 key，使其起到监视哨的作用。具体如算法 5.2 所示。

5-2 顺序查找算法解析

算法5.2　**设置监视哨的顺序查找**

【算法描述】

```
  int  Search_Seq(STable ST,KeyType key)
  {//在顺序表中查找关键字等于 key 的数据元素。若找到,返回该数据元素的位置;否
则,返回 0
  ST.R[0].key=key;
  for(i=ST.length;ST.R[i].key!=key;--i);          //从后往前顺序查找和比较
  return  i;
  }
```

【算法分析】

算法 5.2 仅仅是一个程序设计技巧上的改进，即通过设置监视哨，免去查找过程中每一步都要检测整个表是否查找完毕。但实践证明，这个改进能使顺序查找在 ST.length $\geqslant$ 1000 时所需的平均时间几乎减少一半。当然，监视哨也可设在高下标处，并采用从前往后的顺序进行查找。

算法 5.2 和算法 5.1 的时间复杂度一样，在第 2 章已经做过分析，即对于含有 n 个数据

元素的线性表，数据元素查找在等概率的情况下，查找成功时的平均查找长度为

$$ASL = \frac{1}{n} \sum_{i=1}^{n} i = \frac{n+1}{2}$$

因此，算法 5.2 的时间复杂度仍然为 $O(n)$。

顺序查找的优点是：算法简单，对表结构无任何要求，既适用于顺序存储结构，也适用于链式存储结构；无论数据元素是否按关键字有序均可应用。其缺点是：平均查找长度较大，查找效率较低，所以当 n 很大时不宜采用顺序查找。当然，对于线性链表只能进行顺序查找。

2. 折半查找

折半查找（Binary Search）也称为二分查找、对半查找，是一种效率较高的查找方法。折半查找要求查找表用顺序存储结构，而且各数据元素按关键字有序（升序或降序）排列，也就是说，折半查找只适用于对有序顺序表进行查找。在后续的讨论中，均假设有序表是递增有序的。

折半查找的基本思想是：首先以整个查找表作为查找范围，取中间数据元素作为比较对象，若给定值与中间数据元素的关键字相等，则查找成功；若给定值小于中间数据元素的关键字，则在中间数据元素的左半区域继续查找；若给定值大于中间数据元素的关键字，则在中间数据元素的右半区域继续查找；不断重复上述查找过程，直到查找成功。如果在某一步中查找区间为空（查找的区域无数据元素），则表明查找失败。

在折半查找过程中，每一次查找比较都会使查找范围缩小一半，与顺序查找相比，显然会提高查找效率。为了标记查找过程中每一次的查找范围，分别用 low 和 $high$ 来表示当前查找区间的下界和上界，mid 为区间的中间位置，$mid = (low+high)/2$。

【例 5.2】 在关键字为有序序列 $\{3,5,7,10,18,24,31,40\}$ 的线性表中，采用折半查找方法查找关键字为 7 的数据元素。折半查找过程如图 5.2 所示。

```
开始：  3   5   7   10   18   24   31   40
        ↑                        ↑        (low=1, high=8, mid=4)
第一次：     ↑       ↑                     (low=1, high=3, mid=2)
第二次：             ↑                     (low=3, high=3, mid=3)
第三次：查找成功，返回序号3
```

图 5.2 折半查找过程

如果需要查找关键字为 12 的数据元素，第一次比较时，由于 12 大于中间数据元素的关键字 10，因此需要在其右半区域继续查找，可调整 low 为 $mid+1=5$，进一步修改 mid 的值为 6；第二次比较时，由于 12 小于中间数据元素 mid 的关键字 24，因此需要在其左半区域继续查找，可调整 $high$ 为 $mid-1=5$，进一步修改 mid 的值为 5；第三次比较时，由于 12 小于中间数据元素 mid 的关键字 18，因此需要继续在其左半区域继续查找，调整 $high$ 为 $mid-1=4$，但此时 $low>high$，查找区间为空，说明表中没有关键字为 12 的数据元素，查找失败，返回 0。

算法 5.3 折半查找

【算法步骤】

S1：置查找区间初值，low 为 1，$high$ 为表长。

S2：当 low 小于等于 $high$ 时，重复执行以下操作：

S2.1：*mid* 取值为 *low* 和 *high* 的中间值，即 *mid*＝（*low*+*high*）/2；

S2.2：将给定值 *key* 与中间数据元素的关键字进行比较，若相等则查找成功，返回中间位置 *mid*；若不相等，则利用中间数据元素将表对分为前、后两个子表。如果 *key* 比中间数据元素的关键字小，则调整 *high* 为 *mid*−1；否则调整 *low* 为 *mid*+1。

5-3 折半查找算法解析

S3：循环结束，说明查找区间为空，查找失败，返回 0。

【算法描述】

```
int  Search_Bin(STable ST,KeyType key)
{/*在有序表 ST 中折半查找关键字等于 key 的数据元素。若找到,则返回该元素在表中的位置;否则,返回 0 */
  low=1;high=ST.length;               //置查找区间初值
  while(low<=high)
   {
   mid=(low+high)/2;
   if(key==ST.R[mid].key)
       return  mid;                   //找到待查元素
   else  if(key<ST.R[mid].key)  high=mid-1;//继续在前半区间进行查找
       else  low=mid+1;               //继续在后半区间进行查找
   }
  return 0;                           //表中不存在待查元素
  }
```

本算法很容易理解，唯一需要注意的是，循环执行的条件是 *low*≤*high*，而不是 *low*<*high*，因为当 *low*=*high* 时，查找区间中还有最后一个结点，需要进一步比较。

算法 5.3 很容易改写成递归算法，递归函数的参数除了 *ST* 和 *key* 之外，还需要加上 *low* 和 *high*，读者可自行编写折半查找的递归算法。

【算法分析】

折半查找就是以表的中点为比较对象，并以中点将表分割为两个子表，对定位到的子表继续进行这种操作。所以，折半查找过程可用二叉树来描述，树中每一个结点对应表中一个记录，但结点值不是数据元素的关键字，而是数据元素在表中的位置序号。把当前查找区间的中间位置作为根，左、右两个子表分别作为根的左、右子树，由此得到的二叉树称为折半查找的判定树。

例如，例 5.2 中的有序表所对应的判定树如图 5.3 所示。

从此判定树可见，成功的折半查找恰好是走了一条从判定树的根到被查结点的路径，经历比较的关键字个数恰为该结点在树中的层次数。例如，查找关键字为 7 的过程经过一条从根到结点③的路径，需要比较 3 次。图 5.3 中比较 1 次的

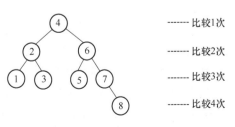

图 5.3　折半查找过程的判定树

只有 1 个根结点，比较 2 次的有 2 个结点，比较 3 次的有 4 个结点，比较 4 次的有 1 个结点。

由此可见，折半查找法在查找成功时进行比较的关键字个数最多不超过树的深度。判定树的形态只与表记录个数 n 相关，而与关键字的取值无关。

借助于判定树，很容易求得折半查找的平均查找长度。为了讨论方便，假定有序表的长度 $n=2^k-1$，则判定树是深度为 $k=\log_2(n+1)$ 的满二叉树。树中层次为 1 的结点有 1 个，层次为 2 的结点有 2 个，…，层次为 h 的结点有 2^{h-1} 个。假设表中每个记录的查找概率相等 $\left(\text{即 } P_i=\dfrac{1}{n}\right)$，则查找成功时折半查找的平均查找长度为

$$ASL=\sum_{i=1}^{n}P_iC_i=\frac{1}{n}\sum_{j=1}^{k}j2^{j-1}=\frac{n+1}{n}\log_2(n+1)-1 \tag{5.2}$$

当 n 较大时，可有下列近似结果

$$ASL=\log_2(n+1)-1 \tag{5.3}$$

因此，折半查找的平均时间复杂度为 $O(\log_2 n)$。可见，折半查找的时间效率比顺序查找的高，但折半查找只适用于有序表，且限于顺序存储结构。

折半查找的优点是：比较次数少，查找效率高。其缺点是：对表结构要求高，只适用于顺序存储的有序表。折半查找前需要排序，而排序本身是一种费时的运算。同时，为了保持表的有序性，对有序表进行插入和删除时，平均要比较和移动表中一半元素，这也是一种费时的运算。因此，折半查找不适用于数据元素经常变动的有序顺序表。

3. 分块查找

分块查找（Blocking Search）又称为索引顺序查找，它是对顺序查找的一种改进，是一种性能介于顺序查找和折半查找之间的一种查找方法。在此查找方法中，将线性表分成若干个连续的子块，每一个子块中元素的存储顺序可以是任意的（即不一定有序），但块与块之间必须按关键字大小有序排列，称为"分块有序"，即前一块中的最大（或最小）关键字要小于（或大于）后一块中的最小（或最大）关键字值。除表本身以外，还需建立一个"索引表"，索引表中的每一项对应线性表中的一块，索引项由关键字域和链域组成，关键字域存放相应块的最大（或最小）关键字值，链域存放指向本块第一个和最后一个元素的指针。索引表按关键字值的递增（或递减）顺序排列。

分块查找过程需要分为两步进行：首先，确定待查数据元素属于哪一块，即查找其所在的块；然后，在块内查找待查数据元素。由索引项构成的索引表按关键字是有序的，因此，确定块的查找可以用顺序查找，亦可用折半查找方法；而块中数据元素是任意排列的，因此在块内只能是顺序查找，但由于块内数据元素个数较少，采用顺序查找不会对执行速度造成太大的影响。由此可见，分块查找算法是顺序查找和折半查找两种算法的简单合成。

【**例 5.3**】 对于关键字序列为 $\{9,22,12,15,35,42,38,48,60,58,45,78\}$ 的线性表，采用分块查找方法查找关键字为 60 的元素。

解：假设表的分块和索引表如图 5.4 所示。

对于给定待查找值 $key=60$，先在索引表中采用折半查找法查找关键字 60 所在的块，因为 42<key<78，则关键字为 60 的记录若存在，必定在第三块中，该块共有 5 个元素，其关键字分别为 48，60，58，45，78。在其中按顺序查找法进行查找，找到第 2 个元素即总序号

序号	1	2	3	4	5	6	7	8	9	10	11	12
关键字	9	22	12	15	35	42	38	48	60	58	45	78

a) 表的分块

max_key	begin	end
22	1	4
42	5	7
78	8	12

b) 索引表

图 5.4　线性表的分块和索引表

为 9 的元素，其关键字的值刚好是 60，查找成功。

假如相应子块中没有关键字等于 key 的记录（如此例中 key = 50 时自第 8 个记录起至第 12 个记录的关键字和 key 值都不相等），则查找不成功。

在分块查找中，索引表的数据类型可设计如下：

```
typedef  struct{
    KeyType  max_key;          //本块中关键字的最大值
    int  begin,end;            //本块中第一个和最后一个元素的下标位置
}IDXType;                      //索引表记录类型
```

算法 5.4　分块查找

以下的分块查找算法在线性表 R 和含有 m 个索引项的索引表中分块查找关键字为 key 的元素。若查找成功，返回其序号 i；否则，返回 0。

【算法描述】

```
int  BlockSearch(STable ST,IDXType idx[],int m,KeyType key)
{
    int  low=0,high=m-1,mid,i,j,find=0;
    while(low<=high&&!find)                    //折半查找索引表
      {
      mid=(low+high)/2;
      if(key<idx[mid].max_key)
          high=mid-1;
      else  if(key>idx[mid].max_key)
              low=mid+1;
          else{low=mid;
              find=1;  }
      }
    if(low>=m)  return(0);                      //key 值超过索引表内关键字
                                                  的最大值
```

97

```
        else
          {  i=idx[low].low;
             j=idx[low].high;
             while(i<=j&&ST.R[i].key!=key)i++;//在特定的块内顺序查找
             if(i>j)                        //查找不成功
               return 0;
             else                           //查找成功
               return(i);
          }
      }
```

【算法分析】

分块查找实际上是进行两次查找，则整个算法的平均查找长度是两次查找的平均查找长度之和，即分块查找的平均查找长度为

$$ASL_{bs}=L_b+L_s \tag{5.4}$$

式中，L_b 为在索引表中确定所在块的平均查找长度；L_s 为在块中查找元素的平均查找长度。

一般情况下，为进行分块查找，可以将长度为 n 的表均匀地分成 b 块，每块含有 s 个数据元素，即 $b=\lceil n/s \rceil$；又假定表中每个数据元素的查找概率相等，则每块查找的概率为 $1/b$，块中每个数据元素的查找概率为 $1/s$。

若用顺序查找确定所在块，则分块查找的平均查找长度为

$$ASL_{bs}=L_b+L_s=\frac{1}{b}\sum_{j=1}^{b}j+\frac{1}{s}\sum_{i=1}^{s}i=\frac{b+1}{2}+\frac{s+1}{2}=\frac{1}{2}\left(\frac{n}{s}+s\right)+1 \tag{5.5}$$

可见，此时的平均查找长度不仅和表长 n 有关，而且和每一块中的数据元素个数 s 有关。在给定 n 的前提下，s 是可以选择的。容易证明，当 s 取 $\sqrt{n}$ 时，ASL_{bs} 取最小值 $\sqrt{n}+1$。这个值比顺序查找有了很大改进，但远不及折半查找。

若用折半查找确定所在块，则分块查找的平均查找长度为

$$ASL_{bs} \approx \log_2\left(\frac{n}{s}+1\right)+\frac{s}{2} \tag{5.6}$$

分块查找的优点是：在线性表中插入和删除数据元素时，只要找到该元素所对应的块，就可以在该块内进行插入和删除运算。由于块内数据元素个数相对较少，而且是无序的，故插入和删除比较容易，无须进行大量移动。如果线性表既要快速查找又经常动态变化，则可采用分块查找。其缺点是：要增加一个索引表的存储空间，并需对初始索引表进行排序运算。

5.2.2　二叉排序树查找

前面介绍的三种查找方法都是用线性表作为查找表的组织形式，其中折半查找效率较高。但是，由于折半查找要求表中记录按关键字有序排列，且不能用链表作为存储结构，当表的插入或删除操作较频繁时，为了维护表的有序性，需要移动表中很多记录。这种由移动记录引起的额外时间开销，就会抵消折半查找的优点，因此线性表的查找更适用于静态查

找。若要进行高效率的动态查找，可采用几种特殊的二叉树作为查找表的组织形式，如二叉排序树、平衡二叉树、B 树、B+树等，可将它们统一称为树表。这里主要介绍二叉排序树的相关概念，以及创建二叉排序树和在二叉排序树上进行查找、插入的方法。

1. 二叉排序树的基本概念

二叉排序树（Binary Sort Tree）又称为二叉查找树，它是对排序和查找都很有用的一种特殊的二叉树。在一般的二叉树中，虽然要区分左子树和右子树，但结点的值是无序的。在二叉排序树中，不仅要区分左、右子树，而且整棵树的结点关键字可以认为是有序的。

二叉排序树或者是一棵空树，或者是具有下列特性的一棵非空二叉树。对于二叉树中任意分支结点而言：

1）若它的左子树不空，则左子树中所有结点的关键字均小于该结点的关键字。

2）若它的右子树不空，则右子树中所有结点的关键字均大于（若允许具有相同关键字的结点存在，则大于等于）该结点的关键字。

3）它的左、右子树本身也是一棵二叉排序树。

以上是二叉排序树的递归定义。由此可以得出二叉排序树的一个重要性质：中序遍历一棵二叉排序树可以得到一个结点关键字递增的有序序列。

例如，图 5.5 所示为一棵二叉排序树。

若中序遍历图 5.5 所示的二叉树，则可得到一个按数值大小排序的递增序列：3,6,8,9,10,12,15,20,25。

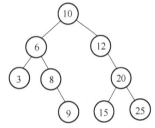

图 5.5　二叉排序树示例

如同二叉树一样，二叉排序树可以采用顺序存储结构和二叉链表存储结构，但通常采用后者。在下面讨论的二叉排序树的各种操作中，均使用二叉链表作为存储结构。由于二叉排序树的操作要根据结点的关键字进行，所以下面给出二叉排序树中每个结点的数据类型定义（包括关键字项和其他数据项）。

5-4　二叉排序树的运算特点

```
/*二叉排序树的二叉链表存储结构表示*/
typedef  struct
{
KeyType  key;                  //关键字项
InfoType  otherinfo;           //其他数据项
}ElemType;                     //每个结点的数据类型
typedef  struct  BSTNode
{
  ElemType  data;
  struct  BSTNode * lchild, * rchild;
}BSTNode, * BSTree;
```

对于二叉排序树，其基本的运算包括在树中查找、插入、删除结点以及二叉排序树的创建等操作。

2. 二叉排序树的查找

由于二叉排序树可以看成一个有序表，所以在二叉排序树上进行查找和折半查找十分相似，也是一个逐步缩小查找范围的过程。并且，二叉排序树查找的基本思想也是其他相关操作（如插入、删除、创建）的基础。

模仿折半查找算法5.3，读者很容易写出二叉排序树查找的非递归算法。下面以递归形式给出二叉排序树的查找算法。

算法5.5　二叉排序树查找的递归算法

【算法步骤】

S1：若二叉排序树 bt 为空树，则查找失败，返回空指针。

S2：若二叉排序树非空，将给定值 key 与根结点的关键字 bt->data. key 进行比较：

- 若 key 等于 bt->data. key，则查找成功，返回根结点地址；
- 若 key 小于 bt->data. key，则递归查找其左子树；
- 若 key 大于 bt->data. key，则递归查找其右子树。

【算法描述】

```
BSTree  BSTSearch(BSTree bt,KeyType key)
{/*在根指针bt所指向的二叉排序树中递归查找关键字等于key的数据元素。若查
找成功,则返回指向该数据元素的指针;否则,返回空指针*/
if((!bt)||key==bt->data. key)  return  bt;        //递归查找结束
else  if(key<bt->data. key)
        return  BSTSearch(bt->lchild,key);        //在左子树中继续查找
    else
        return  BSTSearch(bt->rchild,key);        //在右子树中继续查找
}
```

例如，在图5.5所示的二叉排序树中查找关键字等于20的结点（树中结点内的数值均为数据元素的关键字）。首先，以 key = 20 和根结点的关键字做比较，因为 key>10，所以查找以10为根的右子树，此时右子树不空，且 key>12，则继续查找以结点12为根的右子树，由于 key 和12的右子树根的关键字20相等，所以查找成功，返回指向结点20的指针值。又如，在图5.5中查找关键字等于7的记录，和上述过程类似，在给定值 key 与关键字10、6及8相继比较之后，继续查找以结点8为根的左子树，此时左子树为空，则说明该树中没有待查记录，故查找不成功，返回指针值为"NULL"。

【算法分析】

从上述的查找例子（key = 20 和 key = 7）可见，在二叉排序树上查找其关键字等于给定值的结点的过程，恰是走了一条从根结点到该结点的路径的过程，和给定值比较的关键字个数等于路径长度加1（或结点所在层次数）。因此，和折半查找类似，与给定值比较的关键字个数不超过树的深度。然而，折半查找长度为 n 的顺序表的判定树是唯一的，而含有 n 个结点的二叉排序树却不唯一。如图5.6所示的两棵二叉排序树中结点的值都相同，但创建这两棵树的序列不同，分别是 {15,12,23,7,9,30} 和 {7,9,12,15,23,30}。其中，图5.6a所示的树的深度为4，而图5.6b所示的树的深度为6。再从平均查找长度来看，假设6个记录

的查找概率相等，均为 1/6，则图 5.6a 所示
的树的平均查找长度为

$$ASL_a = \frac{1}{6}(1+2\times2+2\times3+1\times4) = \frac{15}{6}$$

而图 5.6b 所示的树的平均查找长度为

$$ASL_b = \frac{1}{6}(1+2+3+4+5+6) = \frac{21}{6}$$

由此可见，含有 n 个结点的二叉排序树
的平均查找长度和树的形态有关。当插入的
关键字有序时，构成的二叉排序树变为一棵
单支树，树的深度为 n，其平均查找长度为

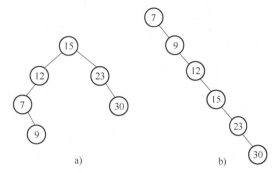

图 5.6　不同形态的二叉排序树

$(n+1)/2$（和顺序查找相同），这是最坏的情况。显然，最好的情况是，二叉排序树的形态
和折半查找的判定树相似，其平均查找长度和 $\log_2 n$ 成正比。若考虑把 n 个结点按各种可能
的次序插入到二叉排序树中，则有 $n!$ 棵二叉排序树（其中有的形态相同）。可以证明，就
一般情况而言，二叉排序树的平均查找长度仍然和 $\log_2 n$ 是同一数量级的。

虽然二叉排序树的查找效率和折半查找相差不大，但就维护表的有序性而言，二叉排序
树更加有效，因为无须移动记录，只需修改指针即可完成结点的插入和删除操作。因此，对
于需要经常进行插入、删除和查找运算的数据表，采用二叉排序树形式比较好。

3. 二叉排序树的插入

二叉排序树的插入操作是以查找为基础的。要将一个关键字值为 key 的结点 $*S$ 插入到
二叉排序树中，需要从根结点向下查找，当树中不存在关键字等于 key 的结点时才进行插
入。并且，新插入的结点一定是新添加的叶子结点，它是在查找不成功时查找路径上所访问
的最后一个结点的左孩子或右孩子结点。

算法 5.6　在二叉排序树中插入结点

【递归算法步骤】

S1：若二叉排序树为空（bt==NULL），则将结点 $*S$ 作为根结点插入。

S2：若二叉排序树非空，则将 key 与根结点的关键字 $bt\text{->}data.key$ 进行比较：

● 若 key 小于 $bt\text{->}data.key$，则将 $*S$ 插入其左子树中；

● 若 key 大于 $bt\text{->}data.key$，则将 $*S$ 插入其右子树中。

【递归算法描述】

```
void  BSTInsert(BSTree &bt,ElemType e)
{  //当二叉排序树 bt 中不存在关键字等于 e.key 的数据元素时,插入该元素
if(!bt)
   {                                  //找到插入位置,递归结束
   S=new  BSTNode;                    //生成新结点 *S
   S->data=e;                         //新结点 *S 的数据域置为 e
   S->lchild=S->rchild=NULL;          //新结点 *S 作为叶子结点
   bt=S;                              //把新结点 *S 链接到插入位置
   }
```

```
else  if(e.key<bt->data.key)
        BSTInsert(bt->lchild,e);          //将 * S 插入左子树
    else  if(e.key>bt->data.key)
        BSTInsert(bt->rchild,e);          //将 * S 插入右子树
}
```

以上是在二叉排序树中插入结点的递归算法。

事实上，二叉排序树的插入也可以用非递归算法实现。这时，首先需要在二叉排序树 bt 中查找关键字为 *key* 的结点 * p，并始终用指针 f 指向其双亲结点。若 p 为空，则创建关键字为 *key* 的结点，让 * p 指向它，并将其作为 * f 的左孩子（或右孩子）结点插入到二叉排序树中，成功插入返回 1；否则（若 p 非空，则原二叉树中已存在关键字等于 *key* 的结点），此时直接返回 0。

【非递归算法描述】

```
int  InsertBST(BSTree &bt,ElemType e)
{
  BSTNode * f, * p=bt;
  while(p!=NULL)
  { if(e.key==p->data.key)  return(0);   //树中已存在关键字等于 key
                                             的结点

      f=p;                                //指针 f 指向 * p 结点的双亲
                                             结点

      if(e.key<p->data.key)
          p=p->lchild;                    //在左子树中查找
      else
          p=p->rchild;                    //在右子树中查找
  }
  p=new BSTNode;                          //生成新结点 * p
  p->data=e;                              //新结点 * p 的数据域置为 e
  p->lchild=p->rchild=NULL;               //新结点 * p 作为叶子结点
  if(bt==NULL)                            //原树为空时, * p 作为根结点
                                             插入

    bt=p;
  else  if(e.key<f->data.key)
          f->lchild=p;                    //插入 * p 作为 * f 的左孩子
        else
          f->rchild=p;                    //插入 * p 作为 * f 的右孩子
  return(1);
}
```

例如，在图 5.6a 所示的二叉排序树中插入关键字为 18 的结点。由于插入前二叉排序树非空，故将 18 和根结点关键字 15 进行比较，因 18>15，则应将 18 插入到 15 的右子树上；将 18 和 15 的右子树根结点关键字 23 比较，因 18<23，则应将 18 插入到 23 的左子树上；由于 23 的左子树为空，则将 18 作为 23 的左孩子结点插入到二叉排序树中。结果如图 5.7 所示。

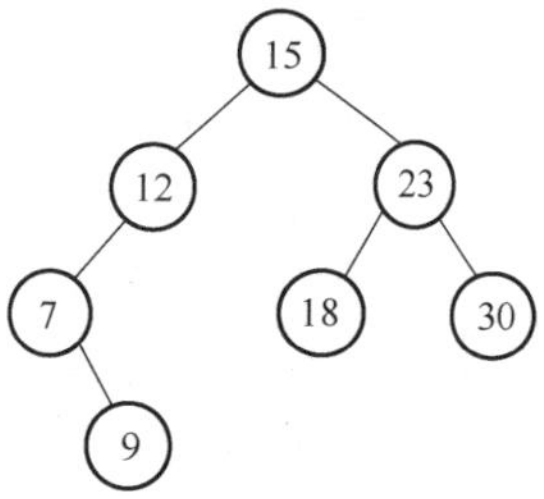

图 5.7 插入结点后的二叉排序树

【算法分析】

在二叉排序树中插入结点的基本过程是查找，时间复杂度也是 $O(\log_2 n)$。

4. 二叉排序树的创建

二叉排序树的创建是从空的二叉排序树开始的，每输入一个结点，经过查找操作，将新结点插入到当前二叉排序树的合适位置。

算法 5.7 二叉排序树的创建

【算法步骤】

S1：将二叉排序树 bt 初始化为空树。

S2：读入一个关键字为 *key* 的结点。

S3：如果读入的关键字 *key* 不是输入结束标志，则重复执行以下操作：

　　S3.1：将此结点插入二叉排序树 bt 中；

　　S3.2：读入下一个关键字为 *key* 的结点。

【算法描述】

```
define  ENDFLAG  '#'
void  CreateBST(BSTree &bt)
{//依次读入一个关键字为 key 的结点,将此结点插入二叉排序树 T 中
    bt=NULL;                //将二叉排序树 T 初始化为空树
    cin>>e;
    while(e.key!=ENDFLAG)   //ENDFLAG 为自定义常量,作为输入结束标志
    {
        BSTInsert(bt,e);    //将此结点插入二叉排序树 bt 中
        cin>>e;
    }
}
```

【算法分析】

假设有 n 个结点，则需要 n 次插入操作，而插入一个结点的算法，其时间复杂度为 $O(\log_2 n)$，所以创建二叉排序树算法的时间复杂度为 $O(n\log_2 n)$。例如，假设关键字的输入次序为 45，24，53，12，90，18，则按上述算法生成的二叉排序树如图 5.8 所示。

容易看出，一个无序序列可以通过构造一棵二叉排序树而变

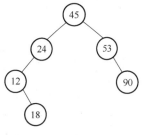

图 5.8 创建的二叉排序树

成一个有序序列。因此，构造二叉排序树的过程即为对无序序列进行排序的过程。

不仅如此，从上面的插入过程还可以看出，每次插入的新结点都是二叉排序树上新的叶子结点，因而在进行结点插入时，不必移动其他结点，仅需改动某个结点的左孩子或右孩子指针域，由空指针变为非空指针即可。这就相当于在一个有序序列中插入一个记录而不需要移动其他记录，因此算法效率相对较高。

5. 二叉排序树中结点的删除

在二叉排序树中，被删除的结点可能是任意结点。删除结点后，需要根据其位置不同修改其双亲结点及其他相关结点的指针，以保持二叉排序树的特性。因此，在二叉排序树中删除结点的操作较为复杂。

算法 5.8　删除二叉排序树中的结点

【算法步骤】

先从二叉排序树的根结点开始查找关键字为 key 的待删结点。如果树中不存在此结点，则不做任何操作；否则，假设待删结点为 $*p$（指向结点的指针为 p），其双亲结点为 $*f$（指向结点的指针为 f），P_L 和 P_R 分别表示其左子树和右子树。

不失一般性，可设 $*p$ 是 $*f$ 的左孩子结点（右孩子结点情况类似），如图 5.9 所示。

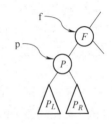

图 5.9　删除二叉排序树中结点示意图

下面分三种情况进行讨论。

1）若 $*p$ 结点为叶子结点，即 P_L 和 P_R 均为空树。此时，删去叶子结点不会破坏整棵树的结构，则只需修改其双亲结点的指针即可。可用

```
f->lchild=NULL;
```

2）若 $*p$ 结点只有左子树 P_L 或者只有右子树 P_R，此时只要令 P_L 或 P_R 直接成为其双亲结点 $*f$ 的左子树即可。可用

```
f->lchild=p->lchild;//或 f->lchild=p->rchild;
```

3）若 $*p$ 结点的左子树和右子树均不空。在删除 $*p$ 结点之后，为保持其他元素在中序遍历序列中的相对位置不变，通常采用的处理方法如下：

用 $*p$ 结点的直接前驱（其左子树的最右下结点）或直接后继（其右子树的最左下结点）替换 $*p$，然后再从二叉排序树中删除它的直接前驱（或直接后继）。这里采用前者，先查找 $*p$ 结点的左子树的最右下结点 $*s$（一定无右子树），用 $*q$ 指向 $*s$ 的双亲结点；当用结点 $*s$ 替代 $*p$ 时，由于 $*s$ 只有左子树 S_L，则在删除 $*s$ 之后，只要令 S_L 为 $*s$ 的双亲结点 $*q$ 的右子树即可。可用

```
p->data=s->data;q->rchild=s->lchild;
```

【算法描述】

```
int  BSTDelete(BSTree &bt,KeyType key)
{  //从二叉排序树 bt 中删除关键字等于 key 的结点
  BSTNode *p=bt,*f,*s,*q;
```

```
    f=NULL;                                      //初始化
    /*下面的 while 循环从树的根结点开始查找关键字等于 key 的结点*p*/
    while(p!=NULL &&p->data.key!=key)
      {  f=p;                                     //*f 为*p 的双亲结点
        if(key<p->data.key)
            p=p->lchild;                          //在*p 的左子树中继续查找
        else
            p=p->rchild;                          //在*p 的右子树中继续查找
      }
    if(p==NULL)  return(0);                       //找不到被删结点,返回 0
    /*考虑三种情况实现 p 所指结点的处理:*p 左右子树均不空、无右子树、无左子树*/
    q=p;
    if((p->lchild)&&(p->rchild))                  //被删结点*p 左右子树均不空
      {s=p->lchild;
        while(s->rchild!==NULL)                   //在*p 的左子树中查找其最右
                                                  //  下结点
          {  q=s;  s=s->rchild;  }
        p->data=s->data;                          //将*s 指向结点内容替换*p
                                                  //  指向的结点

        if(q!=p)  q->rchild=s->lchild;            //重接*q 的右子树
        else  q->lchild=s->lchild;                //重接*q 的左子树
        delete  s;
      }
    else  if(!p->rchild)                          //被删结点*p 无右子树,只需
                                                  //  重接其左子树

            p=p->lchild;
        else  if(!p->lchild)                      //被删结点*p 无左子树,只需
                                                  //  重接其右子树

            p=p->rchild;
    /*以下将 p 所指的子树挂接到其双亲结点*f 相应的位置*/
    if(f==NULL)  bt=p;                            //被删结点为根结点
    else  if(q==f->lchild)  f->lchild=p;          //挂接到*f 的左子树位置
        else  f->rchild=p;                        //挂接到*f 的右子树位置
    delete  q;
    return(1);
}
```

【算法分析】

同二叉排序树的插入操作一样，二叉排序树中删除结点的基本过程也是查找，所以其平

均时间复杂度仍然是 $O(\log_2 n)$。

本节讨论的二叉排序树查找属于动态查找方法，仅适用于存储在计算机内存中较小的数据文件。在此基础上，1970 年，R. Bayer 和 E. Mccreight 提出了一种适用于外部查找的平衡多叉树——B 树，如磁盘管理系统中的目录管理，以及数据库系统中的索引组织多数都采用 B 树这样的数据结构。另外，作为 B 树的一种变形树，B+树更适用于文件索引系统。这里不再进行深入介绍，有兴趣的读者可查阅相关资料进一步学习和了解。

5.2.3 散列表查找

在前面讨论的基于线性表、树表的各种查找方法中，查找过程都需要依据关键字进行若干次的比较，最后确定在数据表中是否存在关键字等于某个给定值的数据元素，以及该数据元素在数据表中的位置。在查找过程中，只考虑各元素的关键字之间的相对大小，数据元素在存储结构中的位置和其关键字并无直接关系。

本节将讨论散列表查找的基本概念、散列函数的构造方法和处理冲突的方法。

1. 散列表查找的基本概念

前面讨论的各种查找表的数据结构有一个共同点，即数据元素在表中的存储位置和它的关键字之间不存在确定的对应关系。因此，查找的过程是将给定值依次和关键字集合中各个关键字进行比较，查找的效率取决于和给定值进行比较的关键字的个数，各种查找方法的平均查找长度都不为零，不同查找方法的差别仅在于和给定值进行比较的关键字的顺序不同。

理想的情况是依据关键字能够直接得到对应数据元素的存储位置，这就要求在关键字与数据元素的存储位置之间建立起某种直接对应关系。那么，在进行查找时，就无须再做比较或只做很少次的比较，通过这个对应关系就能很快地由关键字得到对应的数据元素位置。这就是散列表查找的基本思想。

散列表查找法（Hash Search）又称为哈希表查找法或杂凑法，其基本方法是：选取某个函数，根据该函数计算与关键字对应的数据元素的存储位置并按此存放；查找时，由同一个函数对给定值 key 计算地址，将 key 与相应地址单元中数据元素的关键字进行比较，确定查找是否成功。散列表查找方法中使用的转换函数称为散列函数（或哈希函数、杂凑函数），按此方法构造的数据表称为散列表，也称为哈希表或杂凑表。

下面介绍散列表查找方法中常用的几个概念。

1）散列函数和散列地址：在数据元素的存储位置 p 和其关键字 key 之间建立的一个确定的对应关系 H，使 $p = H(key)$，称这个对应关系 H 为散列函数，p 为散列地址。

2）散列表：是指在一个有限连续的地址空间内，存储按散列函数计算得到的相应散列地址的数据元素。通常，散列表的存储空间是一个一维数组，散列地址是数组的下标。

例如，可以设置一个长度为 m 的线性表 A，用一个函数 H 将数据元素集合中 n 个关键字唯一地转换成 $0 \sim m-1$ 范围内的数值，即对于集合中任意数据元素的关键字 k_i，有

$$0 \leq H(k_i) \leq m-1 \qquad (0 \leq i \leq n-1)$$

这样，就可以将数据集合中的元素按存储位置 $H(k_i)$ 对应存入到散列表 A 当中。

3）冲突与同义词：如果对于某两个不同的关键字可能得到同一散列地址，即存在 $key_1 \neq key_2$，但有 $H(key_1) = H(key_2)$，这种现象称为冲突。具有相同函数值的关键字对于该散列函数而言称为同义词，如 key_1 与 key_2 互称为同义词。

一般而言，对于具有 n 个数据元素的集合，总能找到关键字与数据元素存储地址一一对应的函数。例如，若关键字的取值范围为 $1 \sim m$，可以分配 m 个存储单元存放数据元素，只要选取函数 $H(key) = key - 1$ 即可。然而，这样做往往会造成存储空间的极大浪费，甚至不可能分配这么大的存储空间。

通常，关键字的集合比散列地址集合要大得多，因而经过散列函数变换后，可能将不同的关键字映射到同一个散列地址上。因此，冲突现象是难以避免的，只能通过选择一个"好"的散列函数（尽可能均匀映射）在一定程度上减少冲突的发生。而一旦发生冲突，必须有相应的解决冲突的方法。

所以，散列表查找方法需要解决以下两个问题：

1）构造好的散列函数。

① 所选函数应尽可能简单，以便提高转换速度。

② 所选函数对关键字计算出的地址，应在散列地址集合中大致均匀分布，尽可能减少冲突，同时减少存储空间的浪费。

2）建立解决冲突的方法。

2. 散列函数的构造方法

构造散列函数的方法有很多，但如何构造一个"好"的散列函数是一个具有很强的技术性和实践性的问题。由于关键字可以唯一地对应一个记录，因此，在构造散列函数时应尽可能地使关键字的各个成分对散列地址产生影响。对于数值类型的关键字，有下列几种常用的构造散列函数的方法；若是非数值类型的关键字，则往往需要先对其进行数字化处理。

（1）直接定址法

直接定址法是直接利用关键字求得散列地址，如 $H(key) = key$ 或 $H(key) = akey + b$，其中，a、b 为常数。

直接取关键字的某个线性函数值作为散列地址，这类函数是一一对应的函数，不会产生冲突。此方法主要适合于散列地址集合的大小与关键字集合的大小大致相同的情况。

直接定址法的特点是散列函数简单，并且对于不同的关键字不会产生冲突。但利用该方法产生的散列表容易造成空间的浪费，因此，在实际问题中使用比较少。

（2）数字分析法

假设关键字集合中的每一个关键字都是由 n 位数字组成，如 $k_1 k_2 \cdots k_n$。该方法是分析关键字集合中的全体，并从中提取分布均匀的若干位或它们的组合作为散列地址。

例如，对于一组关键字 $k_1 k_2 \cdots k_8$ 的序列 ｛10011211，10011413，10011556，10011613，10011756，10011822，10011911，10011322｝，可以取其第 5 位和第 6 位作为散列地址，即 $H(k_1) =$ 12，$H(k_2) = 14$，$H(k_3) = 15$，$H(k_4) = 16$，$H(k_5) = 17$，$H(k_6) = 18$，$H(k_7) = 19$，$H(k_8) = 13$。

该方法主要适用于这样的情况：事先必须知道所有的关键字及其每一位上各种数字出现的频度。例如，假设数据表中只含有同一出版社出版的图书，则在构造散列函数时可以排除 ISBN 号中相同的前几位数字。

（3）除留余数法

除留余数法是用关键字除以一个合适的、不大于散列表长度 m 的正整数 p 所得余数作为散列地址的方法，即 $H(key) = key \% p$。

使用除留余数法，选取合适的 p 很重要。若散列表表长为 m，则要求 $p \leqslant m$，且接近 m

或等于 m。p 一般可选取不大于表长的质数。

除留余数法计算简单，适用范围非常广泛，是最常用的构造散列函数的方法。通过对关键字直接取模运算，能够保证散列地址落在散列表的地址空间中。

（4）平方取中法

由于一个数的平方的中间几位数和该数的每一位都相关，因此，平方取中法就是取关键字的平方的中间几位作为散列地址：

$$H(key) = key \text{ 的平方的中间几位}$$

具体取多少位数视实际情况而定。利用平方取中法，随机分布的关键字得到的散列地址也是随机的，而且能使散列地址的分布更均匀。因此，平方取中法也是一种较为常用的构造散列函数的方法。

平方取中法适用于不能事先了解关键字的所有情况，或难于直接从关键字中找到取值较为分散的几位的情况。

（5）折叠法

如果关键字的位数较多，则可将其分割成位数相同的几个部分（最后一个部分的位数可以不同），然后取它们的叠加和（舍去进位）作为散列地址，这种方法称为折叠法。

根据数位叠加的方式不同，通常有移位叠加和边界叠加两种处理方法。其中，移位叠加是将关键字各部分的最后一位对齐后相加；边界叠加法是从一端向另一端沿关键字各部分分界折叠后，最后一位对齐相加。

折叠法适用于散列地址的位数较少，而关键字的数字位数又较多，且难于直接从关键字中找到取值较为分散的几位的情况。

（6）随机数法

$H(key) = Random(key)$，其中，$Random()$ 为伪随机函数。

通常，此方法适用于对长度不等的关键字构造散列函数。

实际构建散列表时，采用何种构造散列函数的方法取决于建表的关键字集合的情况（包括关键字的范围和形态），总的原则是使产生冲突的可能性尽可能小。

3. 处理冲突的方法

选择一个"好"的散列函数可以在一定程度上减少冲突，但在实际应用中，很难完全避免发生冲突，所以选择一个有效的处理冲突的方法是散列表查找的另一个关键问题。创建散列表和查找散列表都会遇到冲突，两种情况下处理冲突的方法应该完全一致。下面以创建散列表为例来说明处理冲突的方法。

处理冲突的实际含义是：由关键字得到的散列地址一旦产生了冲突（即该地址已经存放了数据元素），就去寻找下一个空的散列地址。只要散列表足够大，总能找到空的散列地址，并将数据元素存入其中。处理冲突的方法与散列表本身的组织形式有关。按组织形式的不同，处理冲突的方法通常分两大类：开放地址法和链地址法。

（1）开放地址法

开放地址法亦称开放定址法。其基本思想是：把数据元素都存储在散列表数组中，当某一数据元素的关键字 key 的初始散列地址 $H_0 = H(key)$ 发生冲突时，以 H_0 为基础，采取合适的方法计算得到另一个地址 H_1；如果 H_1 仍然发生冲突，则以 H_1 为基础再求下一个地址 H_2；若 H_2 仍然冲突，再求得 H_3。依此类推，直至 H_k 不发生冲突为止，则 H_k 为该数据元素在表中的散列地址。

这种方法在寻找"下一个"空的散列地址时，原来的数组空间对所有的元素都是开放的，所以称为开放地址法。通常把寻找"下一个"空位的过程称为探测。开放地址法可用如下公式表示为

$$H_i = (H(key) + d_i)\% m \qquad i = 1, 2, \cdots, k(k \leqslant m-1)$$

式中，$H(key)$ 为散列函数；m 为散列表长度；d_i 为增量序列。根据 d_i 取值的不同，可以分为以下三种探测方法。

1）线性探测法。增量序列为 $d_i = 1$，2，$\cdots$，$m-1$ $(d_i = i)$。

这种探测方法可以将散列表假想成一个循环表，当发生冲突时，从冲突地址的下一单元顺序寻找空单元，如果到最后一个位置也没找到空单元，则回到表头开始继续查找，直到找到一个空位，就把此元素放入此空位中。如果始终找不到空位，则说明散列表已满，需要进行溢出处理。

当然，线性探测法可能会使第 i 个散列地址的同义词存入第 $i+1$ 个散列地址，这样本应存入第 $i+1$ 个散列地址的元素变成了第 $i+2$ 个散列地址的同义词，$\cdots$，因此，可能会出现很多元素在相邻的散列地址上"堆积"起来的情况，大大降低了查找效率。为此，可采用二次探测法以改善"堆积"问题。

2）二次探测法。增量序列为 $d_i = 1^2$，-1^2，2^2，-2^2，$\cdots$，k^2，$-k^2 (k \leqslant m/2)$。

这种方法的特点是：冲突发生时，在散列表的左、右进行跳跃式探测，比较灵活。

3）伪随机探测法。增量序列 d_i 是一组伪随机数，具体实现时应建立一个伪随机数发生器，如 $d_i = (d_i + p) \% m$，并给定一个随机数作为起点。

例如，假设散列表的长度为 11，散列函数 $H(key) = key \% 11$，表中已填有关键字分别为 17、60、29 的记录，如图 5.10a 所示。现有第四个记录，其关键字为 38，由散列函数得到散列地址为 5，产生冲突。

若用线性探测法处理，得到下一个地址 6，仍冲突；再求下一个地址 7，仍冲突；直到散列地址为 8 的位置为"空"时为止，处理冲突的过程结束，把 38 填入散列表中序号为 8 的位置，如图 5.10b 所示。

若用二次探测法，散列地址 5 冲突后，得到下一个地址 6，仍冲突；再求得下一个地址 4，无冲突，把 38 填入序号为 4 的位置，如图 5.10c 所示。

若用伪随机探测法，假设产生的伪随机数为 9，则计算下一个散列地址为

图 5.10 开放地址法处理冲突示例

$(5+9) \% 11 = 3$，所以 38 填入序号为 3 的位置，如图 5.10d 所示。

可以看出，上述三种处理方法各有优缺点。线性探测法的优点是只要散列表未填满，总能找到一个不发生冲突的地址；缺点是会产生"二次聚集"现象。而二次探测法和伪随机探测法的优点是可以避免"堆积"现象；缺点是不能保证一定能够找到不发生冲突的地址。

【例 5.4】 设有一组关键字 $\{19,12,23,14,55,20,84,27,68,10\}$，采用散列函数 $H(key)=key\%11$，并用开放地址法中的线性探测方法解决冲突。试在 $0\sim12$ 的散列地址空间中对该关键字序列构造散列表，并求等概率情况下查找成功时的平均查找长度。

解：$m=13$，采用线性探测方法计算下一个散列地址的公式为

$$H_i=(H(key)+d_i)\%m \qquad d_i=1,2,\cdots,m-1$$

散列表的构造过程如下：

$H(19)=19\%11=8$ 检测 1 次

$H(12)=12\%11=1$ 检测 1 次

$H(23)=23\%11=1$ 冲突

$H(23)=(1+1)\%13=2$ 检测 2 次

$H(14)=14\%11=3$ 检测 1 次

$H(55)=55\%11=0$ 检测 1 次

$H(20)=20\%11=9$ 检测 1 次

$H(84)=84\%11=7$ 检测 1 次

$H(27)=27\%11=5$ 检测 1 次

$H(68)=68\%11=2$ 冲突

$H(68)=(2+1)\%13=3$ 仍冲突

$H(68)=(2+2)\%13=4$ 检测 3 次

$H(10)=10\%11=10$ 检测 1 次

对应的散列表如图 5.11 所示。

散列地址	0	1	2	3	4	5	6	7	8	9	10	11	12
关键字	55	12	23	14	68	27		84	19	20	10		
检测次数	1	1	2	1	3	1		1	1	1	1		

图 5.11 例 5.4 构造的散列表

散列表查找的过程与表的构造过程相似。在查找散列表时，表中与每一个关键字对应的检测次数就是成功找到该数据所需的比较次数。因此，在等概率情况下，查找成功时的平均查找长度为

$$ASL=\frac{1\times8+2\times1+3\times1}{10}=1.3$$

基于本例的假设，算法 5.9 描述了用开放地址法中的线性探测法处理冲突的散列表构造过程。

假设散列表的存储结构如下：

```
define  m 13
typedef  struct{
KeyType  key;        //关键字
int  si;             //检测次数
}HashTable[m];
```

算法5.9　**构造散列表**

【算法描述】

```
void  CreateHT(HashTable HT,KeyType a[],int n,int p)
{
  int  i,d,cnt;
  for(i=0;i<m;i++)
     HT[i].key=HT[i].si=0;            //置初值
  for(i=0;i<n;i++)
   {
     cnt=1;                           //累计检测次数
     d=a[i]%p;                        //初始散列地址
     while(HT[d].key!=0)              //处理冲突
         {d=(d+1)%m;
           cnt++;  }
     HT[d].key=a[i];
     HT[d].si=cnt;
   }
}
```

（2）链地址法

链地址法又称拉链法。链地址法的基本思想是将所有散列地址相同的元素存放在同一个单链表中，该单链表称为同义词链表。有 m 个散列地址就有 m 个单链表，并将单链表的头指针存放在散列表数组 HT[0..m-1] 的相应单元中，凡是散列地址为 i 的记录都以结点方式插入到以 HT[i] 为头结点的单链表中。

由于查找、插入和删除主要在同义词链表中进行，因此链地址法适用于经常进行插入和删除的情况。

【例5.5】　已知一组关键字为 {19,14,23,15,68,20,84,27,55,24,10,79}，设散列函数为 $H(key) = key\%13$，用链地址法处理冲突，试构造这组关键字的散列表。

解： 由散列函数 $H(key) = key\%13$ 得知散列地址的值域为 0~12，故整个散列表由 13 个单链表组成，用数组 HT[0..12] 存放各个链表的头指针。比如散列地址均为 1 的同义词 14、27、79 构成一个单链表，链表的头指针保存在 HT[1] 中；同理，可以构造其他几个单链表，整个散列表的结构如图 5.12 所示。

这种构造方法在具体实现时，依次计算各个关键字的散列地址，然后根据散列地址将关键字插入到相应的单链表中。在查找时，只需要根据散列地址到相应的单链表中顺着链路查找即可。

4. 散列表的查找

散列表的查找过程和构造表的过程一致。现假设采用开放地址法处理冲突，算法 5.10 描述了用线性探测法处理冲突的散列表的查找过程。

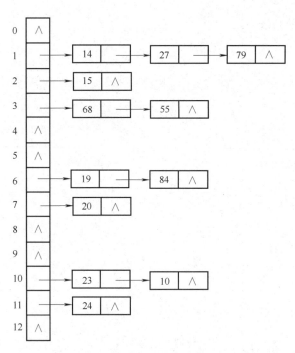

图 5.12 用链地址法处理冲突的散列表示意图

算法 5.10 散列表的查找

【算法步骤】

S1：对于给定的关键字 key，计算散列地址 $H_0 = H(key)$。

S2：若单元 H_0 的内容为空，则所查元素不存在。

S3：若单元 H_0 中元素的关键字为 key，则查找成功；否则，重复下述解决冲突的过程：

  S3.1：按照处理冲突的方法，计算下一个散列地址 H_i；

  S3.2：若单元 H_i 的内容为空，则所查元素不存在；

  S3.3：若单元 H_i 中元素的关键字为 key，则查找成功。

【算法描述】

```
#define  NULLKEY  0                          //单元为空的标记
int  HashSearch(HashTable HT,KeyType key)
{/*在散列表 HT 中查找关键字为 key 的元素,若查找成功,返回散列表的单元标号;
否则,返回-1*/
  H0=H(key);                                 //根据散列函数计算散列地址
  if(HT[H0].key==NULLKEY)  return(-1);        //若单元 H₀ 为空,则所查元素
                                                 不存在
  else  if(HT[H0].key==key)  return(H0);     //若单元 H₀ 中关键字为 key,
                                                 则查找成功

      else
      {
```

```
    for(i=1;i<m;++i)
    {
        Hi =(H0+i)%m;                    //按照线性探测法计算下一个
                                           散列地址 Hi
        if(HT[Hi].key==NULLKEY)  return(-1);  //所查元素不
                                                存在
        else  if(HT[Hi].key==key)  return(Hi);  //查找成功
    }
    return(-1);
    } //else
}
```

【算法分析】

散列表的查找过程基本上和构造表的过程相同。一些数据元素可以通过散列函数转换的地址直接找到，另一些数据元素在散列函数得到的地址上可能产生了冲突，需要按处理冲突的方法进行查找。在产生冲突后的查找仍然是给定值与数据元素关键字进行比较的过程。所以，关于散列表的查找效率，依然可以用平均查找长度来衡量。

在查找过程中，关键字的比较次数取决于产生冲突的多少。如果产生的冲突少，查找效率就高；如果产生的冲突多，查找效率就低。因此，产生冲突多少的影响因素，也就是影响查找效率的因素。产生冲突的多少有以下三个影响因素：散列函数是否均匀；处理冲突的方法；散列表的装填因子。分析这三个因素，尽管散列函数的"好坏"直接影响冲突产生的频度，但一般情况下，会认为所选的散列函数是"均匀的"，因此，可不考虑散列函数对平均查找长度的影响。对于线性探测法和二次探测法处理冲突的情况，相同的关键字集合、相同的散列函数，在数据元素查找等概率情况下，它们的平均查找长度却不同。

令 $\alpha = \dfrac{n}{m}$，称为散列表的装填因子，其中，n 表示散列表中填入的元素个数，m 表示散列表的长度。α 是散列表装满程度的标志因子。由于表长是定值，α 与填入表中的元素个数成正比。也就是说，α 越大，填入表中的元素较多，产生冲突的可能性就越大；α 越小，填入表中的元素较少，产生冲突的可能性就越小。

实际上，散列表的平均查找长度是装填因子 α 的函数，不同处理冲突的方法有不同的函数关系。因此，从理论上讲，散列表查找的平均查找长度与数据元素总数无关。

与其他查找方法相比，散列表查找方法存取速度快，也比较节省空间，但由于存取是随机的，因此不便于顺序查找。

5.3　排序

排序的方法有很多，本节重点介绍插入类、交换类和选择类排序的基本思路和方法。

在下面讨论的各种排序算法中，假定待排序数据元素的数据类型定义为：

```
#define  MAXSIZE  30           //顺序表的最大长度
typedef  int  KeyType;          //定义关键字类型为整型
typedef  struct{
    KeyType  key;               //关键字项
    InfoType  otherinfo;        //其他数据项(可选,需要事先定义 InfoType)
}ElemType;                      //数据元素类型
typedef  struct{
    ElemType  r[MAXSIZE+1];     //元素 r[0]闲置或作为哨兵结点
    int  length;                //顺序表的当前长度
}SqList;                        //顺序表结构类型名为 SqList
```

5.3.1　插入类排序

插入类排序的基本思想是：每一趟将一个待排序的数据元素按其关键字的大小插入到已经排好序的一组数据元素的适当位置上，直到所有待排序数据元素全部插入为止。

例如，打扑克牌在抓牌时要保证抓过的牌有序排列，则每抓一张牌，就插入到合适的位置，直到抓完牌为止，即可得到一个有序序列。

由于仅有一个数据元素的数据表总是有序的，因而对于具有 n 个数据元素的数据表，可以从第二个数据元素开始直到第 n 个数据元素，逐个向有序表中进行插入，从而得到 n 个数据元素按关键字有序的表。

由此可见，对于具有 n 个数据元素的表，在插入排序过程中，数据元素的序列 $r[1..n]$ 的状态变化如图 5.13 所示。

图 5.13　直接插入排序的状态变化

排序共需要进行 $n-1$ 趟（$i=2,3,\cdots,n$），每一趟排序总是将右端无序序列区中的 $r[i]$ 插入到左端的有序序列区中，使左端的有序序列区不断扩大，直至整个数据表有序。

现在的问题是，在每一趟中，对于待排序的数据元素 $r[i]$，如何在左端的有序序列区中寻找到合适的插入位置？

根据查找方法的不同，插入排序方法也不同，这里介绍三种方法：直接插入排序、折半插入排序和希尔排序。

1. 直接插入排序

直接插入排序（Straight Insertion Sort）是最简单的插入排序方法，它是基于顺序查找方法实现"在 $r[1..i-1]$ 中查找 $r[i]$ 的插入位置"的一种插入排序。

【例 5.6】 已知有 10 个待排序的数据元素，其关键字序列为 $\{19,14,23,15,68,20,84,27,55,\underline{19}\}$，给出用直接插入排序方法进行排序的过程。

解： 直接插入排序过程如图 5.14 所示，方括号"[]"中为已排好序的数据元素的关键字，带下画线的关键字是与左边重复的关键字。

和顺序查找类似，在查找 $r[i]$ 的插入位置的过程中，为了避免数组下标越界，可以在 $r[0]$ 处设置监视哨。同时，在自 $r[i-1]$ 起往前查找的过程中，关键字大于 $r[i].key$ 的数

初始关键字	[19]	14	23	15	68	20	84	27	55	19
$i=2$	[14	19]	23	15	68	20	84	27	55	19
$i=3$	[14	19	23]	15	68	20	84	27	55	19
$i=4$	[14	15	19	23]	68	20	84	27	55	19
$i=5$	[14	15	19	23	68]	20	84	27	55	19
$i=6$	[14	15	19	20	23	68]	84	27	55	19
$i=7$	[14	15	19	20	23	68	84]	27	55	19
$i=8$	[14	15	19	20	23	27	68	84]	55	19
$i=9$	[14	15	19	20	23	27	55	68	84]	19
$i=10$	[14	15	19	19	20	23	27	55	68	84]

图 5.14　直接插入排序过程

据元素可以同时后移（边比较边移动）。

算法 5.11　直接插入排序

【算法步骤】

S1：设待排序数据元素保存在数组 r[1..n] 中，初始时 r[1] 是一个有序序列。

S2：重复 $n-1$ 次，每次利用顺序查找法，查找 r[i]$(i=2,3,\cdots,n)$ 在已排好序的序列 r[1..i-1] 中的插入位置，然后将 r[i] 插入到长度为 $i-1$ 的有序序列 r[1..i-1]；直到将 r[n] 插入到长度为 $n-1$ 的有序序列 r[1..n-1]，最后得到一个长度为 n 的有序序列为止。

【算法描述】

```
void  InsertSort(SqList &L)
{
    for(i=2;i<=L.length;++i)
    {
        L.r[0]=L.r[i];                //复制待排序记录到监视哨中
        for(j=i-1;L.r[0].key<L.r[j].key;--j)
            L.r[j+1]=L.r[j];          //相关记录后移
        L.r[j+1]=L.r[0];              //插入到正确位置
    }
}
```

5-5 直接插入排序算法解析

直接插入排序算法的三个要点：

1）将 r[0] 设置为监视哨，从 r[i-1] 起依次从后往前顺序查找插入位置。

2）对于在查找过程中遇到的那些关键字大于 r[i].*key* 的数据元素，同时向后移动，即边比较边移动。

3）依次取 $i=2,3,\cdots,n$，可实现全部数据元素的排序。

【算法分析】

（1）空间复杂度

仅用了一个辅助存储单元 r[0]，空间复杂度为 $O(1)$。

（2）时间复杂度

从算法的时间复杂度来看，排序的基本操作为比较两个关键字的大小和移动数据元素，而比较次数和移动数据元素的次数取决于待排序数据元素按关键字的初始排列状态。

整个排序过程需执行 $n-1$ 趟。对于其中的某一趟插入排序，算法 5.11 中内层的 for 循环次数取决于待排序数据元素的关键字与前 $i-1$ 个数据元素的关键字之间的关系。其中，在最好情况（正序：待排序序列中数据元素按关键字非递减有序排列）下，比较 1 次，移动 2 次（开始时将待排序数据元素复制到监视哨中，最后又从监视哨中复制过去）；在最坏情况（逆序：待排序序列中数据元素按关键字非递增有序排列）下，比较 i 次（依次同前面的 $i-1$ 个数据元素进行比较，并和监视哨比较 1 次），移动 $i+1$ 次（前面的 $i-1$ 个数据元素依次向后移动，加上开始时将待排序数据元素复制到监视哨中，以及最后又从监视哨中复制过去）。

因此，最好情况下，总的比较次数达最小值 $n-1$，记录移动 $2(n-1)$ 次；最坏情况下，总的关键字比较次数 KCN 和记录移动次数 RMN 均达到最大值，分别为

$$KCN = \sum_{i=2}^{n} i = (n+2)(n-1) \approx n^2/2$$

$$RMN = \sum_{i=2}^{n} (i+1) = (n+4)(n-1) \approx n^2/2$$

若待排序序列中出现各种可能排列的概率相同，则可取上述最好情况和最坏情况的平均情况。在平均情况下，直接插入排序关键字的比较次数和记录移动次数均约为 $n^2/4$。

因此，直接插入排序最好情况下的时间复杂度为 $O(n)$，平均时间复杂度为 $O(n^2)$。

（3）稳定性

由例 5.6 可见，直接插入排序是一个稳定的排序方法。该算法简便、容易实现。另外，直接插入排序也适用于链式存储结构，并且在单链表上无须移动记录，只需修改相应的指针。

总之，直接插入排序更适合于初始数据元素基本有序（正序）的情况。当初始数据元素无序，且长度 n 比较大时，此算法的时间复杂度较高，不宜采用。

2. 折半插入排序

在直接插入排序中，插入位置是通过将待排序数据元素与有序区中数据元素的关键字顺序比较得到的。既然是在有序区中确定插入位置，那么这个"查找插入位置"的操作也可以利用"折半查找"方法来实现，由此进行的插入排序称为折半插入排序（Binary Insertion Sort）。

简言之，折半插入排序是基于折半查找方法实现"在 r[1..i-1] 中查找 r[i] 的插入位置"的一种插入排序。它是对直接插入排序方法的一种改进。

算法 5.12　折半插入排序

【算法步骤】

S1：设待排序的记录存放在数组 r[1..n] 中，r[1] 是一个有序序列。

S2：循环 $n-1$ 次，每次使用折半查找法，查找 $r[i](i=2,\cdots,n)$ 在已排好序的序列 r[1..i-1] 中的插入位置，然后将 r[i] 插入

5-6 折半插入排序算法解析

长度为 $i-1$ 的有序序列 $r[1..i-1]$，直到将 $r[n]$ 插入长度为 $n-1$ 的有序序列 $r[1..n-1]$，最后得到一个长度为 n 的有序序列为止。

【算法描述】

```
void  BiInsertSort(SqList &L)
{//对顺序表 L 进行折半插入排序
  for(i=2;i<=L.length;++i)
    {L.r[0]=L.r[i];                        //将待插入的记录暂存
                                              到哨兵结点
     low=1;high=i-1;                       //初始化折半查找区间
     while(low<=high)                      //在 r[low..high]中
                                              折半查找插入位置

       {mid=(low+high)/2;
        if(L.r[0].key<L.r[mid].key)  high=mid-1;
        else  low=mid+1;
         }//while 循环结束,插入位置在 high+1
     for(j=i-1;j>=high+1;--j)  L.r[j+1]=L.r[j];//相关记录顺序后移
     L.r[high+1]=L.r[0];                   //将 r[0]即原 r[i]
                                              插入到正确位置

    }//for(i)
}
```

【算法分析】

（1）时间复杂度

从时间效率上看，折半查找比顺序查找快，所以就平均性能来说，折半插入排序优于直接插入排序。折半插入排序所需要的关键字比较次数与待排序序列的初始排列无关，仅依赖于数据元素的个数。不论初始序列情况如何，在插入第 i 个数据元素时，需要经过 $\lfloor \log_2 i \rfloor + 1$ 次比较，才能确定它的插入位置。所以，当数据元素的初始排列为正序或接近正序时，直接插入排序比折半插入排序执行的关键字比较次数要少。折半插入排序的数据元素移动次数与直接插入排序相同，依赖于对象的初始排列。在平均情况下，折半插入排序仅减少了关键字间的比较次数，而数据元素的移动次数与直接插入排序相同。因此，折半插入排序的时间复杂度仍为 $O(n^2)$。

（2）空间复杂度

折半插入排序所需辅助存储空间和直接插入排序相同，只需要一个记录的辅助空间 $r[0]$，因此空间复杂度为 $O(1)$。

【算法特点】

1）折半插入排序属于稳定的排序方法。

2）因为要进行折半查找，所以只能用于顺序存储结构，不能用于链式存储结构。

3）其适用于初始记录无序且长度 n 较大的情况。

3. 希尔排序

希尔排序（Shell's Sort）又称缩小增量排序（Diminishing Increment Sort），是对直接插入排序的一种改进。

对于直接插入排序，当待排序的数据元素个数较少或待排序序列的关键字基本有序时，效率较高。希尔排序正是基于以上两点，从"减少数据元素个数"和"序列基本有序"两个方面对直接插入排序进行了改进。

算法 5.13　**希尔排序**

【算法步骤】

希尔排序实质上是采用分组插入排序的方法。先将整个待排序数据元素按下标的一定增量分割成几组，从而减少参与直接插入排序的数据量，对每一组分别进行直接插入排序；然后缩小增量对数据元素重新分组，增加每一组的数据量，继续对每一组分别进行直接插入排序。经过几次分组插入排序后，整个序列中的数据元素"基本有序"，最后当采用下标的增量为 1 时，对全体数据元素进行一次直接插入排序。

希尔排序方法对数据元素的分组，不是简单地"逐段分割"，而是把数据元素按下标的一定"增量"将下标相隔某个值的数据元素分成一组。因此，希尔排序算法的步骤如下。

S1：第一趟按增量 $d_1(d_1<n)$ 把全部数据元素分成 d_1 个组，所有间隔为 d_1 的数据元素分在同一组，在各个组中进行直接插入排序。

S2：第二趟按增量 $d_2(d_2<d_1)$，重复上述的分组和排序。

S3：依此类推，直到所选取的增量 $d_t=1(d_t<d_{t-1}<\cdots<d_2<d_1)$，所有数据元素在同一组中进行直接插入排序为止。

很显然，按照这样的处理方法，当增量越大时，组数就越多，每一组内的数据元素反而越少；当增量越小时，组数就越少，每一组内的数据元素反而越多。随着增量逐渐减小，所分成的组内包含的数据元素越来越多，当增量的值最终减小到 1 时，整个数据合并成一个组，排序后将构成一组有序数据元素，从而完成排序工作。

【例 5.7】　已知待排序数据元素的关键字序列为 $\{49,38,65,97,76,13,27,\underline{49},55,04\}$，请给出用希尔排序方法进行排序的过程。

解： 希尔排序过程如图 5.15 所示。

说明：

1）第一趟取增量 $d_1=5$，所有间隔为 5 的记录分在同一组，全部记录分成 5 组，在各个组中分别进行直接插入排序。

2）第二趟取增量 $d_2=3$，所有间隔为 3 的记录分在同一组，全部记录分成 3 组，在各个组中分别进行直接插入排序。

3）第三趟取增量 $d_3=2$，所有间隔为 2 的记录分在同一组，全部记录分成 2 组，在各个组中分别进行直接插入排序。

4）第四趟取增量 $d_4=1$，对整个序列进行一趟直接插入排序，排序完成。

【问题分析】

为了完成希尔插入排序，可预设一个增量序列保存在数组 dt[0..t−1] 中，整个希尔排序算法需执行 t 趟。从例 5.7 的排序过程可见，算法 5.11 中的直接插入排序可以看成一趟增量是 1 的希尔排序，所以可以通过改写算法 5.11 得到一趟希尔排序算法。具体改写主要

初始关键字：	49	38	65	97	76	13	27	49	55	04
(d_1=5)	49					13				
		38					27			
			65					49		
				97					55	
					76					04
第一趟排序：	13	27	49	55	04	49	38	65	97	76
(d_2=3)	13			55			38			76
		27			04			65		
			49			49			97	
第二趟排序：	13	04	49	38	27	49	55	65	97	76
(d_3=2)	13		49		27		55		97	
		04		38		49		65		76
第三趟排序：	13	04	27	38	49	49	55	65	97	76
(d_4=1)	13	04	27	38	49	49	55	65	97	76
第四趟排序：	04	13	27	38	49	49	55	65	76	97

图 5.15　希尔排序过程

有两处：

1）前后记录位置的增量是 d_k，而不是 1。

2）r[0] 只是暂存单元，不是哨兵；当 $j \leqslant 0$ 时，插入位置已经找到。

【算法描述】

```
void  ShellInsertSort(SqList &L,int dk)
{//对顺序表 L 做一趟增量为 dk 的希尔插入排序
  for(i=dk+1;i<=L.length;++i)
    if(L.r[i].key<L.r[i-dk].key)  //需将 L.r[i]插入有序增量子表
    {
        L.r[0]=L.r[i];                //将 L.r[i]暂存入 L.r[0]
        for(j=i-dk;j>0&&L.r[0].key<L.r[j].key;j-=dk)
            L.r[j+dk]=L.r[j];          //记录后移,直到找到插入位置
        L.r[j+dk]=L.r[0];             //将 r[0]即原 r[i]插入到正确位置
    }
}
void  ShellSort(SqList &L,int dt[],int t)
{//按增量序列 dt[0..t-1]对顺序表 L 做 t 趟希尔插入排序
```

```
for(k=0;k<t;++k)
    ShellInsertSort(L,dt[k]);    //一趟增量为 dt[k]的希尔插入排序
}
```

【算法分析】

（1）时间复杂度

当增量大于 1 时，关键字较小的数据元素不是一步一步地移动，而是跳跃式地移动，从而使得在最后一趟增量为 1 的插入排序中，序列已基本有序，只要做少量的比较和移动即可完成排序，因此希尔排序的时间复杂度比直接插入排序低。

（2）空间复杂度

从空间来看，希尔排序和前面两种排序方法一样，也只需要一个辅助空间 r[0]，空间复杂度为 $O(1)$。

【算法特点】

1）数据元素跳跃式地移动导致排序方法是不稳定的，例 5.7 的结果已经说明这一点。

2）希尔排序只能用于顺序存储结构，不能用于链式存储结构。

3）增量序列可以有多种取法，但增量必须逐渐减小，并且最后一个增量必须为 1。

4）希尔排序的时间复杂度比直接插入排序要低，n 越大时效果越明显，因此适合初始数据元素无序且 n 较大时的情况。

5.3.2　交换类排序

交换类排序的基本思想：两两比较待排序数据元素的关键字，一旦发现两个数据元素不满足要求则进行交换，直到整个序列全部满足排序要求为止。本节首先介绍基于简单交换思想实现的冒泡排序法，然后再介绍另一种在此基础上进行改进的排序方法——快速排序。

1. 冒泡排序

冒泡排序（Bubble Sort）又称为起泡排序，是一种最简单的交换排序方法，它通过两两比较相邻数据元素的关键字，如果发生逆序则进行交换，从而使关键字小的数据元素如气泡一般逐渐往上"漂浮"（左移），而关键字大的数据元素如石块一样逐渐向下"坠落"（右移）。

对于具有 n 个记录的序列 r[1..n]，冒泡排序过程中记录的状态变化如图 5.16 所示（初始时右端有序区为空）。

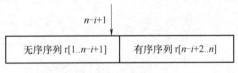

图 5.16　冒泡排序的状态变化

冒泡排序最多进行 $n-1$ 趟，第 $i(i=1,2,\cdots,n-1)$ 趟排序在左端无序区中从第一个数据元素开始，依次对两个相邻数据元素的关键字进行比较和交换，最终将无序区中关键字最大的数据元素"交换"到右端位置，从而使有序区不断扩大。

算法 5.14　冒泡排序

【算法步骤】

S1：设待排序数据元素存放在数组 r[1..n] 中。首先，将第一个和第二个数据元素的关键字进行比较，若为逆序（即 r[1].key>r[2].key），则交换两个数据元素；然后，比较第二个数据元素和第三个数据元素的关键字。依此类推，直至第 $n-1$ 个数据元素和第 n 个

数据元素的关键字进行过比较为止。上述过程称为第一趟起泡排序，其结果使得关键字最大的数据元素被放置到最后一个数据元素 r[n] 的位置上。

S2：进行第二趟起泡排序，对前 n-1 个数据元素 r[1..n-1] 进行同样操作，其结果是使关键字次大的数据元素被放置到第 n-1 个数据元素位置上。

S3：重复上述比较和交换过程，第 i 趟是从 r[1] 到 r[n-i+1] 中第一个数据元素开始依次比较两个相邻数据元素的关键字，并在"逆序"时交换，其结果是使 n-i+1 个数据元素中关键字最大的数据元素被交换到第 n-i+1 的位置上。如果在某一趟排序过程中没有进行过数据元素交换的操作，说明序列已全部达到排序要求，完成排序。

【例 5.8】 已知待排序数据元素的关键字序列为 {49,36,62,97,76,13,27,49}，请给出冒泡排序的过程。

解：冒泡排序过程如图 5.17 所示，其中方括号"[ ]"中为当前已排序数据元素的关键字。

初始关键字	49	36	62	97	76	13	27	49
第1趟 (i=1)	36	49	62	76	13	27	49	[97]
第2趟 (i=2)	36	49	62	13	27	49	[76	97]
第3趟 (i=3)	36	49	13	27	49	[62	76	97]
第4趟 (i=4)	36	13	27	49	[49	62	76	97]
第5趟 (i=5)	13	27	36	[49	49	62	76	97]
第6趟 (i=6)	[13	27	36	49	49	62	76	97]
排序结果	13	27	36	49	49	62	76	97

图 5.17 冒泡排序过程

待排序数据元素总共有 8 个，最多需要进行 7 趟冒泡排序。但该算法在第 6 趟排序过程中没有进行过交换记录的操作，提前完成排序。

【算法描述】

```
void BubbleSort(SqList &L)
{//对顺序表L做冒泡排序
  n=L.length;
  exchange=1;
  /*exchange用来标识某一趟排序是否发生交换*/
  for(i=1;(i<n)&&(exchange);i++)  //最多进行n-1趟冒泡排序
    {
    exchange=0;                    //exchange置为0,如果本趟没有交
                                   换,则不执行下一趟排序
    for(j=1;j<=n-i;j++)
      if(L.r[j].key>L.r[j+1].key)
        {
```

121

```
        exchange=1;                    //exchange 置为 1,表示本趟排序发生
                                       了交换

        L. r[0]=L. r[j];
        L. r[j]=L. r[j+1];
        L. r[j+1]=L. r[0];             //借助闲置结点交换前后两个数据元素
        }//if
    }//for(i)
}
```

【算法分析】

（1）时间复杂度

最好情况（初始序列为正序）：只需进行一趟排序，在排序过程中进行 $n-1$ 次关键字间的比较，且不移动数据元素。

最坏情况（初始序列为逆序）：需进行 $n-1$ 趟排序，总的关键字比较次数 KCN 和记录移动次数 RMN（每次交换都要移动 3 次记录）分别为

$$KCN=\sum_{i=1}^{n-1}(n-i)=n(n-1)/2\approx n^2/2$$

$$RMN=3\sum_{i=1}^{n-1}(n-i)=3n(n-1)2/\approx 3n^2/2$$

所以，在平均情况下，冒泡排序过程中关键字的比较次数和数据元素的移动次数分别约为 $n^2/4$ 和 $3n^2/4$，算法的时间复杂度为 $O(n^2)$。

（2）空间复杂度

冒泡排序只有在两个记录交换位置时需要一个辅助空间用于暂存记录，所以空间复杂度为 $O(1)$。

【算法特点】

1）由于只有在 L. r[j]. key>L. r[j+1]. key 时才需要交换，所以冒泡排序属于稳定的排序算法，从例 5.8 的结果可以说明这一点。

2）冒泡排序经常用于顺序存储结构，也可用于链式存储结构。

3）移动数据元素次数较多，算法平均时间性能比直接插入排序差。当初始数据元素无序且 n 较大时，不宜采用此算法。

2. 快速排序

快速排序（Quick Sort）是由冒泡排序方法改进得到的。在冒泡排序过程中，只是依次对相邻的两个数据元素进行比较，因此每次交换两个相邻数据元素时只能消除一个逆序。如果能通过两个（不相邻）数据元素的一次交换而消除多个逆序，则会大大加快排序的速度。快速排序方法中的一次交换可能会消除多个逆序。

算法 5.15　快速排序

【算法步骤】

S1：在待排序的 n 个数据元素中任取一个数据元素（通常取第一个数据元素）作为枢轴（或支点），设其关键字为 pivotkey。

S2：在一趟排序过程中，把所有关键字小于 pivotkey 的数据元素交换到前面，把所有关键字大于 pivotkey 的数据元素交换到后面，并找到枢轴数据元素的最终位置；以该位置为分界点，将待排序数据元素分成左、右两个子表。

S3：分别对左、右两个子表重复上述过程，直至每一子表只有一个数据元素时，排序完成。

其中，一趟快速排序的具体步骤如下：

S2.1：将枢轴数据元素暂时存入 r[0]，另设两个指针 low 和 high，初始时分别指向表的下界和上界（第一趟时 low = 1，high = L. length）。

S2.2：从表的最右侧位置依次向左搜索，找到第一个关键字小于 pivotkey 的记录，将其与枢轴数据元素交换。具体做法：当 low<high 时，若 high 所指数据元素的关键字大于等于 pivotkey，则向左移动指针 high（执行操作--high）；否则，将指针 high 所指数据元素移到 low 所指位置。

S2.3：从表的最左侧位置依次向右搜索，找到第一个关键字大于 pivotkey 的数据元素，将其与枢轴数据元素交换。具体做法：当 low<high 时，若 low 所指记录的关键字小于等于 pivotkey，则向右移动指针 low（执行操作++low）；否则，将指针 low 所指数据元素移到 high 所指位置。

S2.4：重复步骤 S2.2 和 S2.3，直至 low 与 high 相等为止。此时，low 或 high 的位置即为枢轴数据元素的最终位置，原表被分成左、右两个子表。

说明：在上述过程中，数据元素的交换都是与枢轴数据元素之间发生的，每次交换都需要移动 3 次数据元素。因此，实际做法是先将枢轴数据元素暂时存入 r[0]，在排序过程中只需移动与枢轴交换的数据元素，即只做 r[low] 或 r[high] 的单向移动，直至一趟排序结束后再将枢轴数据元素移至正确的位置上。

【例 5.9】　已知待排序数据元素的关键字序列为 {75,86,68,97,88,61,77,72}，请给出用快速排序方法进行排序的过程。

解：快速排序过程如图 5.18 所示。其中，方括号"[ ]"中的数据为下一趟排序过程中枢轴数据元素的关键字，花括号"{ }"中的数据元素为分成的子区间，带阴影的部分为下一趟排序的区间。

初始关键字序列	[75]	86	68	97	88	61	77	72
第1趟排序结果	{[72]	61	68}	75	{88	97	77	86}
第2趟排序结果	{[68]	61}	72	75	{88	97	77	86}
第3趟排序结果	61	68	72	75	{[88]	97	77	86}
第4趟排序结果	61	68	72	75	{[86]	77}	88	97
第5趟排序结果	61	68	72	75	77	86	88	97
最终结果	61	68	72	75	77	86	88	97

图 5.18　快速排序过程

【算法描述】

由例 5.9 可知，快速排序的过程可递归进行。在快速排序的算法实现中，函数 Partition( ) 完成一趟快速排序，返回枢轴的位置。若待排序序列长度大于 1(low<high)，函数 QSort( ) 调用 Partition( ) 获取枢轴位置，然后递归调用自己，分别对分割所得的左、右两个子表进

行快速排序；若待排序序列中只有一个记录，则递归结束，本趟排序任务完成。

```
int  Partition(SqList &L,int low,int high)
{ //对顺序表 L 中的子表 r[low..high]进行一趟排序,返回枢轴位置
  L.r[0]=L.r[low];                //将子表的第一个数据元素作为枢轴数据元
                                    素暂存入 r[0]
  pivotkey=L.r[low].key;          //保存枢轴数据元素的关键字
  while(low<high)                 //从表的两端交替地向中间扫描
  {
    while(low<high &&L.r[high].key>=pivotkey)  --high;
    L.r[low]=L.r[high];           //将右端第一个比枢轴数据元素小的数据元
                                    素移到低端
    while(low<high &&L.r[low].key<=pivotkey)  ++low;
      L.r[high)=L.r[low];         //将左边第一个比枢轴数据元素大的数据元
                                    素移到高端
  }//while
  L.r[low]=L.r[0];                //将枢轴数据元素移至正确位置
  return  low;                    //返回枢轴位置
}


void QSort(SqList  &L,int  low,int  high)
{ //对顺序表 L 中的子序列 L.r[low..high]做快速排序
  if(low<high)                    //子序列长度大于1
  {
    pivotloc=Partition(L,low,high);  //将 r[low..high]一分为二,piv-
                                        otloc 是枢轴位置
    QSort(L,low,pivotloc-1);      //对左子表递归排序
    QSort(L,pivotloc+1,high);     //对右子表递归排序
    }
}


void  QuickSort(SqList &L)
{ //对顺序表 L 做快速排序
    QSort(L,1,L.length);
}
```

【算法分析】

（1）时间复杂度

从快速排序算法的递归过程可知，在最好情况下：每一趟排序后都能将数据元素序列均匀地分割成两个长度大致相等的子表，类似于折半查找。在 n 个元素的序列中，设 $T(n)$ 是

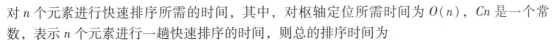

对 n 个元素进行快速排序所需的时间，其中，对枢轴定位所需时间为 $O(n)$，Cn 是一个常数，表示 n 个元素进行一趟快速排序的时间，则总的排序时间为

$$T(n)=Cn+2T(n/2)$$
$$\leqslant n+2T(n/2)$$
$$\leqslant n+2(n/2+2T(n/4))=2n+4T(n/4)$$
$$\leqslant 2n+4(n/4+2T(n/8))=3n+8T(n/8)$$
$$\cdots$$
$$\leqslant kn+2^{k}T(n/2^{k})$$

由于 $k=\log_2 n$，所以，$T(n)\leqslant n\log_2 n+nT(1)\approx O(n\log_2 n)$。

最坏情况：在待排序序列已经排好序的情况下，每次划分只得到一个比上一次少一个数据元素的子序列。这样，必须经过 $n-1$ 趟才能将所有数据元素排序完成，而且第 i 趟需要经过 $n-i$ 次比较。这样，总的关键字比较次数 KCN 为

$$KCN=\sum_{i=1}^{n-1}(n-i)=n(n-1)/2\approx n^2/2$$

在这种情况下，快速排序的速度已经退化到简单排序的水平。然而，枢轴数据元素的合理选择可避免这种最坏情况的出现，如利用"三者取中"的规则，即比较当前表中第一个数据元素、最后一个数据元素和中间一个数据元素的关键字，取关键字大小居中的数据元素作为枢轴数据元素，事先调换到第一个数据元素的位置。

理论上可以证明，平均情况下，快速排序的时间复杂度为 $O(n\log_2 n)$。

（2）空间复杂度

快速排序是递归的，执行时需要有一个栈用来存放相应的数据。所以，最好情况下的空间复杂度为 $O(\log_2 n)$，最坏情况下为 $O(n)$。

【算法特点】

1）数据元素左右非顺序的移动导致该排序方法是不稳定的。

2）排序过程中需要定位表的下界和上界，所以适用于顺序结构，很难用于链式结构。

3）当 n 较大时，在平均情况下，快速排序是所有内部排序方法中速度最快的一种，所以其适合初始数据元素无序且 n 较大的情况。

5.3.3 选择类排序

选择类排序的基本思想：每一趟从待排序的数据元素序列中选出关键字最小（或最大）的数据元素，按顺序放入已排序的数据元素序列之后（或之前）；重复进行若干趟操作，直到全部数据元素的关键字按从小到大有序排列为止。本节首先介绍一种简单选择排序方法，然后给出另一种改进的选择排序方法——堆排序。

1. 简单选择排序

简单选择排序（Simple Selection Sort）也称为直接选择排序。

对于具有 n 个记录的序列 $r[1..n]$，在简单选择

	$\downarrow i$
有序序列 r[1..i-1]	无序序列 r[i..n]

图 5.19 简单选择排序的状态变化

排序过程中，数据元素的状态变化如图 5.19 所示（开始时左端有序区为空）。

简单选择排序共需要进行 $n-1$ 趟，第 $i(i=1,2,\cdots,n-1)$ 趟排序是在右端无序区

r[$i..n$] 中选出关键字最小的数据元素，将其与 r[i] 交换后加入有序序列，从而使左端的有序区域扩大到 r[$1..i$]；这样经过 $n-1$ 趟选择，最终使整个数据表有序。

【例 5.10】 已知待排序数据元素的关键字序列为 {49,36,62,97,49,13,27,76}，请给出用直接选择排序法进行排序的过程。

解： 直接选择排序过程如图 5.20 所示，方括号"[ ]"中为当前已排序的数据元素的关键字。

初始关键字	49	36	62	97	49	13	27	76
$i=1$	[13	36	62	97	49	49	27	76
$i=2$	[13	27]	62	97	49	49	36	76
$i=3$	[13	27	36]	97	49	49	62	76
$i=4$	[13	27	36	49]	97	49	62	76
$i=5$	[13	27	36	49	49]	97	62	76
$i=6$	[13	27	36	49	49	62]	97	76
$i=7$	[13	27	36	49	49	62	76]	97
最终结果	13	27	36	49	49	62	76	97

图 5.20　直接选择排序过程

待排序数据元素总共有 8 个，需要进行 7 次直接选择排序。

算法 5.16　简单选择排序

【算法步骤】

S1：设待排序的数据元素存放在数组 r[$1..n$] 中。第一趟从 r[1] 开始，通过 $n-1$ 次比较，从 n 个数据元素中选出关键字最小的数据元素，记为 r[k]，交换 r[1] 和 r[k]。

S2：第二趟从 r[2] 开始，通过 $n-2$ 次比较，从 $n-1$ 个数据元素中选出关键字最小的数据元素，记为 r[k]，交换 r[2] 和 r[k]。

S3：依此类推，第 i 趟从 r[i] 开始，通过 $n-i$ 次比较，从 $n-i+1$ 个数据元素中选出关键字最小的数据元素，记为 r[k]，交换 r[i] 和 r[k]。如此经过 $n-1$ 趟，排序完成。

5-8 简单选择排序算法解析

【算法描述】

```
void  SelectSort(SqList &L)
{  //对顺序表 L 做简单选择排序
   for(i=1;i<L.length;++i)  //在 r[i..n]中选择关键字最小的记录
   {
     k=i;
     for(j=i+1;j<=L.length;++j)
        if(L.r[j].key<L.r[k].key)  k=j;       //k 指向此趟排序中关
                                              键字最小的记录
     if(k!=i)
        {t=L.r[i];L.r[i]=L.r[k];L.r[k]=t;}   //交换 r[i]与 r[k]
   }  //for(i)
}
```

【算法分析】

（1）时间复杂度

在简单选择排序过程中，需要移动数据元素的次数较少。最好情况（正序）是不移动，最坏情况（逆序）需要移动 $3(n-1)$ 次。然而，无论数据元素的初始排列情况如何，所需进行的关键字间的比较次数相同，均为

$$KCN = \sum_{i=1}^{n-1} (n-i) = n(n-1)/2 \approx n^2/2$$

因此，简单选择排序的时间复杂度也是 $O(n^2)$。

（2）空间复杂度

简单选择排序同冒泡排序一样，只有在两个数据元素交换时需要一个辅助空间，所以空间复杂度为 $O(1)$。

【算法特点】

1）稳定性。不同研究者对简单选择排序的稳定性有争议。一般认为，若是从前往后比较来选择第 i 小的数据元素，则该算法是稳定的；若是从后往前比较来选择第 i 小的数据元素，则该算法是不稳定的。

说明：从图 5.20 所表现出来的现象来看该算法是不稳定的，这是由实现简单选择排序的算法采用"交换记录"的策略所造成的。如果改变这个策略，可以得到稳定的选择排序算法。例如，在第 i 趟中从左至右找到最小关键字的数据元素 r[k] 后，可借助 r[0]，先将 r[i] 到 r[k-1] 顺序往后移动，最后将 r[k] 放置到 r[i] 的位置。

2）简单选择排序方法可以用丁链式存储结构。

3）移动数据元素的次数较少。当数据元素占用的空间较多时，此方法比直接插入排序快。

2. 堆排序

堆排序（Heap Sort）是对简单选择排序方法的一种改进，它是利用堆的特性对数据元素进行排序的方法。在排序过程中，将待排序数据元素 r[1..n] 看成是一棵完全二叉树的顺序存储结构，利用完全二叉树中双亲结点和孩子结点之间的逻辑关系，在当前无序的序列中选择关键字最大（或最小）的数据元素。

（1）堆的定义

n 个元素的序列 $\{k_1, k_2, \cdots, k_n\}$ 称之为堆，当且仅当满足以下条件：

$$k_i \geq k_{2i} \text{且} k_i \geq k_{2i+1}$$

或

$$k_i \leq k_{2i} \text{且} k_i \leq k_{2i+1} \quad (1 \leq i \leq \lfloor n/2 \rfloor)$$

若将与此序列对应的一维数组看成是一棵完全二叉树的顺序存储结构，则堆可以被认为是满足以下性质的完全二叉树：树中所有分支结点的值均不小于（或不大于）其左、右孩子结点的值。

例如，关键字序列 $\{90, 80, 30, 28, 15, 20\}$ 和 $\{12, 36, 24, 80, 43, 30, 50\}$ 均可被视为堆，对应的完全二叉树分别如图 5.21a 和 b 所示。显然，在这两种堆中，堆顶元素 r[1]（完全二叉树的根）必为序列中 n 个元素的最大值（或最小值），因此分别称之为大根堆（或小根堆），也称为大顶堆（或小顶堆）。

由此可见，"堆"本质上是一个顺序存储的数据元素序列，但可以将其形象地看成一棵

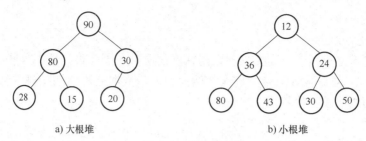

a) 大根堆   b) 小根堆

图 5.21　堆的示例

满足相关条件的完全二叉树。

（2）堆排序及其相关算法

堆排序利用大根堆（或小根堆）堆顶数据元素的关键字最大（或最小）的特征，使得在当前无序的序列中选择关键字最大（或最小）的数据元素变得比较简单。下面仅讨论用大根堆进行排序的相关问题。

堆排序的步骤：

S1：按堆的定义将待排序序列 r[1..n] 调整为大根堆（此过程称为建初堆），交换 r[1] 和 r[n]，则 r[n] 为关键字最大的数据元素。

S2：将 r[1..n-1] 重新调整为堆，交换 r[1] 和 r[n-1]，则 r[n-1] 为关键字次大的数据元素。

S3：如此重复 n-1 次，直到交换了 r[1] 和 r[2] 为止，最终得到一个数据元素关键字非递减的有序序列 r[1..n]。

由此可见，实现堆排序需要解决两个主要问题：一是建初始堆，如何将一个无序序列建成一个初始始堆；二是如何调整堆，即在原来的堆顶元素发生改变之后，除了当前的最大值外，如何将剩余的元素 r[1..n-i] 调整成为一个新堆。

由于建初始堆要用到调整堆的操作，因此先讨论如何调整堆。

先看一个例子。如图 5.22 所示为一次调整过程。图 5.22a 中除了根结点外均满足大根堆的定义。因此，只需从根结点开始，自上而下进行一条路径上的结点调整即可。

首先，将树根结点的值 60 与其左、右子树根结点的值进行比较。由于左、右子树根结点的最大值为 90，而 60<90，因此需要将 60 与 90 交换，交换后的结果如图 5.22b 所示。然而，交换之后破坏了右子树的"堆"特性，此时，结点 60 的左、右子树根结点的最大值为 70，而 60<70，因此需要进行上述类似的调整，继续将 60 与 70 交换，结果如图 5.22c 所示，至此，被重新调整为一个新堆。这样的过程最多调整到某个叶子结点即可。

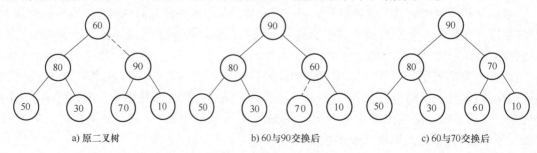

a) 原二叉树   b) 60与90交换后   c) 60与70交换后

图 5.22　调整堆的示例

上述调整过程就像筛子一样，把较小的关键字逐层筛下去，而将较大的关键字逐层选上来。因此，该方法被称为"筛选法"。

　　一般地，可以总结归纳出在假定 $r[s+1..m]$ 已经是堆的情况下，按"筛选法"将 $r[s..m]$ 调整为以 $r[s]$ 为根的大根堆的操作方法。

算法 5.17　筛选法调整堆

【算法步骤】

S1：从 $r[2s]$ 和 $r[2s+1]$ 中选出关键字较大者，不妨假定 $r[2s]$ 的关键字较大。

S2：比较 $r[s]$ 和 $r[2s]$ 的关键字。如果 "$r[s].key>=r[2s].key$"，说明以 $r[s]$ 为根的子树已经是堆，不必做任何调整；否则，交换 $r[s]$ 和 $r[2s]$。

S3：交换 $r[s]$ 和 $r[2s]$ 后，虽然以 $r[2s+1]$ 为根的子树仍然是堆，但如果以 $r[2s]$ 为根的子树不是堆，仍需要重复上述过程，将以 $r[2s]$ 为根的子树调整为堆。如此逐层筛选下去，最多调整到某个叶子结点为止。

【算法描述】

```
void  AdjustHeap(SqList &L,int s,int m)
{  //假定 r[s+1..m]已经是堆,将 r[s..m]调整为以 r[s]为根的大根堆
   tmp=L.r[s];
   for(j=2s;j<=m;j*=2)                        //沿关键字较大的孩子结点
                                                向下筛选

       {
       if(j<m&&L.r[j].key<L.r[j+1].key)  ++j; //j 为左、右孩子中关键字较
                                                大数据元素的下标

       if(tmp.key>=L.r[j].key)  break;        //不再调整,记录 tmp 应插
                                                入在 r[s]位置

       L.r[s]=L.r[j];                         //关键字较大的数据元素上
                                                移一层

       s=j;                                   //修改 s 的值,以便继续向
                                                下筛选

       }//for
   L.r[s]=tmp;                                //被筛选结点的值放置到最
                                                终位置

}
```

　　有了调整堆的筛选方法之后，建初始堆的工作可以通过反复筛选来完成。

　　要将顺序存储的一个无序序列调整为堆，就必须将其所对应的完全二叉树中以每一结点为根的子树都调整为堆。很显然，只有一个结点的子树必然是堆，而在具有 n 个结点的完全二叉树中，所有序号大于 $\lfloor n/2 \rfloor$ 的结点均为叶子结点，以这些结点为根的子树均已是堆。因此，只需从最后一个分支结点 $\lfloor n/2 \rfloor$ 开始，依次将序号为 $\lfloor n/2 \rfloor$，$\lfloor n/2 \rfloor - 1$，…，2，1 的结点作为根的子树利用筛选法调整为堆即可。

算法5.18　**建初始堆**

【算法步骤】

对于无序序列 r[1..n]，从 i=n/2 开始，反复调用筛选法 AdjustHeap（L，i，n），依次将以 r[i]，r[i−1]，…，r[2]，r[1] 为根的子树调整为堆。

【算法描述】

```
void CreateHeap(SqList &L)
{  //将无序序列 L.r[1..n]建成大根堆
  n=L.length;
  for(i=n/2;i>=1;--i)  //反复调用 AdjustHeap()进行筛选
    AdjustHeap(L,i,n);
}
```

【**例 5.11**】　设有一个无序序列 {48,35,65,97,76,12,28}，试用筛选法将其调整为一个大根堆，并给出建堆的过程。

解： 针对该无序序列建初始堆的过程如图 5.23 所示。

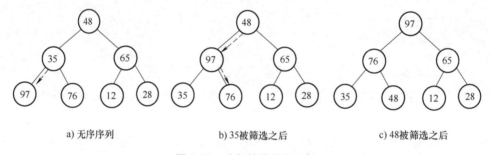

图 5.23　建初始堆过程示例

在图 5.23a 所示的无序序列中，从最后一个分支结点开始筛选，对于第 3 个元素 65，以该结点为根的子树已经是堆，无须调整；对于第 2 个元素 35，由于 35<97，被筛选后的状态如图 5.23b 所示；对于第 1 个元素 48，由于 48<97，且 48<76，因此逐层向下筛选，结果如图 5.23c 所示。

根据堆排序的基本思想可知，堆排序就是在将无序序列建成一个初始堆之后，反复进行交换和堆调整。因此，在建初始堆和调整堆算法实现的基础上，可以得到如下堆排序算法。

5-9 堆排序方法解析

算法5.19　**堆排序**

【算法描述】

```
void  HeapSort(SqList &L)
{  //对顺序表 L 进行堆排序
  CreateHeap(L);              //将无序序列 L.r[1..n]建成大根堆
  for(i=L.lenght;i>1;--i) //反复交换和调整堆
    {
```

```
    tmp=L.r[1];              //将堆顶数据元素 r[1]与当前无序区最后一个数
                               据元素交换
    L.r[1]=L.r[i];
    L.r[i]=tmp;
    AdjustHeap(L,1,i-1);     //将 L.r[1..i-1]重新调整为大根堆
  }  //for
}
```

【例 5.12】 设有 10 个待排序的数据元素，其关键字序列为 |75,87,68,92,88,61,77, 96,80,72|，请给出用堆排序方法进行排序的过程。

解：堆排序过程如图 5.24 所示，方括号"[]"内为当前已排序数据元素的关键字。

初始序列	75	87	68	92	88	61	77	96	80	72
初始堆	96	92	77	87	88	61	68	75	80	72
i=10	92	88	77	87	72	61	68	75	80	[96]
i=9	88	87	77	80	72	61	68	75	[92	96]
i=8	87	80	77	75	72	61	68	[88	92	96]
i=7	80	75	77	68	72	61	[87	88	92	96]
i=6	77	75	61	68	72	[80	87	88	92	96]
i=5	75	72	61	68	[77	80	87	88	92	96]
i=4	72	68	61	[75	77	80	87	88	92	96]
i=3	68	61	[72	75	77	80	87	88	92	96]
i=2	61	[68	72	75	77	80	87	88	92	96]
最终结果	61	68	72	75	77	80	87	88	92	96

图 5.24 堆排序过程示例

【算法分析】

（1）时间复杂度

堆排序的执行时间主要耗费在建初始堆和调整堆时进行的反复"筛选"上，关键字的比较次数等于建初始堆时所需比较次数与每次调整堆时所需比较次数之和。

设有 n 个数据元素的初始序列所对应的完全二叉树的深度为 h，建初始堆时，每个分支结点都要自上而下进行"筛选"调整。由于第 i 层上的结点数小于等于 2^{i-1}，且第 i 层上的结点最大下移深度为 $h-i$，每下移一层需要进行 2 次比较，因此建初始堆时总的比较次数为

$$\sum_{i=h-1}^{1} 2^{i-1} 2(h-i) = \sum_{i=h-1}^{1} 2^{i}(h-i) = \sum_{j=1}^{h-1} 2^{h-j} j \leqslant 2n \sum_{j=1}^{h-1} j/2^{j} \leqslant 4n$$

调整堆时要进行 $n-1$ 次"筛选"，每次"筛选"都需要将根结点下移到合适的位置。由于具有 n 个结点的完全二叉树的深度为 $\lfloor \log_2 n \rfloor +1$，因而重建堆时关键字的比较次数不超过

$$2(\lfloor \log_2(n-1) \rfloor + \lfloor \log_2(n-2) \rfloor + \cdots \log_2 2) < 2n(\lfloor \log_2 n \rfloor)$$

由此可见，堆排序在最坏情况下的时间复杂度为 $O(n\log_2 n)$。

（2）空间复杂度

在堆排序过程中，仅需要一个数据元素大小的辅助存储空间用以进行数据元素的交换，因此空间复杂度为 $O(1)$。

【算法特点】

1）堆排序是不稳定的排序方法。

2）堆排序只能用于顺序存储结构，而不能用于链式存储结构。

3）堆排序在最坏情况下的时间复杂度为 $O(n\log_2 n)$，相对于快速排序在最坏情况下的 $O(n^2)$ 而言有一定的优势，当数据元素数量较多时较为高效。

5.4 自测练习

1. 选择题

（1）对有 n 个元素的数据表进行顺序查找时，如果查找每个元素的概率相同，则查找成功时的平均查找长度为（　　）。

    A. $(n-1)/2$ B. $(n+1)/2$ C. $n/2$ D. n

（2）适用于折半查找的数据表，其存储方式以及元素排列要求是（　　）。

    A. 链式存储，元素无序   B. 链式存储，元素有序

    C. 顺序存储，元素无序   D. 顺序存储，元素有序

（3）折半查找有序表 $\{14,16,20,25,30,41,50,70,88,95\}$，如果要查找值为 56 的元素，则它将依次与表中（　　）比较，最终结果是查找失败。

    A. 30，70，41，50   B. 41，88，70，50

    C. 30，50   D. 41，88，50

（4）对于二叉排序树的相关操作，以下描述中错误的是（　　）。

    A. 创建的二叉排序树的形态与输入数据元素的顺序无关

    B. 二叉排序树的创建过程就是对无序序列进行排序的过程

    C. 二叉排序树的平均查找长度与折半查找属于同一数量级

    D. 在二叉排序树中插入的结点一定是新的叶子结点

（5）下列关于散列表查找的说法中，正确的是（　　）。

    A. 散列函数构造得越复杂越好，因为随机性好、冲突小

    B. 除留余数法构造的散列函数是最好的

    C. 不存在特别好与坏的散列函数，要视情况而定

    D. 散列表的平均查找长度有时也和数据元素总数有关

5-10　第5章选择题解析

（6）从待排序序列中依次取出一个元素与已排序序列（初始时为空）的元素进行比较，将其放入已排序序列中正确位置的方法称为（　　）。

    A. 简单选择排序   B. 冒泡排序

    C. 直接插入排序   D. 堆排序

（7）对 n 个不同的关键字按从小到大进行冒泡排序，则在下列（　　）情况下关键字比较次数最多。

    A. 从小到大有序   B. 从大到小有序

C. 元素基本无序　　　　　　　　　　D. 元素基本有序

（8）堆的形状是一棵（　　　）。

　　A. 普通二叉树　　　　　　　　　　B. 二叉排序树

　　C. 满二叉树　　　　　　　　　　　D. 完全二叉树

（9）下列关键字序列中，（　　　）是堆。

　　A. 16,72,31,23,94,53　　　　　　　B. 94,23,31,72,16,53

　　C. 16,23,53,31,94,72　　　　　　　D. 16,53,23,94,31,72

（10）在下列排序方法中，不能保证每一趟排序至少能将一个元素放到其最终位置上的是（　　　）。

　　A. 希尔排序　　　B. 快速排序　　　C. 冒泡排序　　　D. 堆排序

2. 应用题

（1）假定对有序顺序表 $\{3,4,5,7,24,30,42,54,63,72,87,95\}$ 进行折半查找，试回答下列问题：

① 画出描述折半查找过程的判定树。

② 若查找元素 54，需要依次与哪些元素比较？

③ 假定每个元素的查找概率相等，求查找成功时的平均查找长度。

（2）依次输入关键字序列 $\{12,17,11,16,28,13,9,21\}$，请画出所创建的二叉排序树。

（3）设散列表地址范围为 0~17，散列函数 $H(key)=key\%16$，用线性探测法处理冲突，输入关键字序列 $\{10,24,32,17,31,30,46,47,40,63,49\}$，构造散列表。试回答下列问题：

① 画出散列表存储结构示意图。

② 若查找关键字 63，需要依次与哪些关键字进行比较？

③ 假定每个关键字查找概率相等，求查找成功时的平均查找长度。

（4）待排序关键字序列为 $\{12,2,16,30,28,10,\underline{16},20,6,18\}$，试分别写出使用直接插入排序、冒泡排序、快速排序、简单选择排序和堆排序方法每趟排序结束后关键字序列的状态。

3. 算法设计题

（1）试写出折半查找的递归算法。

（2）试写出二叉排序树查找的非递归算法。

（3）试写出判别给定二叉树是否为二叉排序树的算法。

（4）试以单链表为存储结构，实现简单选择排序算法。

（5）借助于快速排序算法思想，在一组无序记录中查找关键字等于 key 的记录。设此记录序列存放于数组 $r[1..n]$ 中，若查找成功，则输出该记录在数组中的位置及其值；否则显示"not find"的信息。请简要说明算法思路并编写算法实现代码。

第 2 部分

数据库技术

第 **6** 章 数据库技术基础

 导读

数据库技术是现代信息科学与技术的重要组成部分，是计算机数据处理与信息管理系统的核心。数据库技术研究和解决在计算机信息处理过程中，如何有效地组织、存储和管理大量数据的问题，在数据库系统中减少数据冗余、实现数据共享、保障数据安全，以及高效地检索和处理数据。数据库技术应用的主要目标是解决数据共享问题。

本章要点

- 了解数据库技术的发展情况
- 掌握与数据库系统相关的概念
- 理解数据库概念模型和几种数据模型
- 掌握数据库系统的组成与体系结构

6-1 关于数据库与数据库技术

6.1 数据库技术的发展

从 20 世纪 60 年代末开始到现在，数据库技术已经发展了 50 多年。在这 50 多年的发展历程中，人们在数据库技术的理论研究和系统开发上取得了辉煌的成就，数据库系统已经成为现代计算机系统的重要组成部分。

6.1.1 数据与数据处理

1. 信息

信息（Information），指音讯、消息、通信系统传输和处理的对象等，泛指人类社会传播的一切内容。人们通过获得、识别自然界和人类社会的不同信息来区别不同事物，得以认识和改造世界。在一切通信和控制系统中，信息是一种普遍联系的形式。

20 世纪 40 年代，信息论的奠基人香农（C. E. Shannon）给出了信息的明确定义，他认为"信息是用来消除随机不确定性的东西"。此后，许多学者从各自的研究领域出发，给出了不同的定义。比较有代表性的表述有：

控制论创始人维纳（Norbert Wiener）认为"信息是人们在适应外部世界，并使这种适应反作用于外部世界的过程中同外部世界进行互相交换的内容和名称"；经济管理学家普遍认为"信息是提供决策的有效数据"；电子学家、计算机科学家认为"信息是电子线路中传输的以信号作为载体的内容"；我国著名的信息学专家钟义信教授认为"信息是事物存在方式或运动状态，以这种方式或状态直接或间接的表述"；美国信息管理专家霍顿（F. W. Horton）认为"信息是为了满足用户决策的需要而经过加工处理的数据。"简单地说，信息是经过加工的数据，或者说，信息是数据处理的结果。

根据对信息的研究成果，信息的概念可以概括为：信息是对客观世界中各种事物的运动状态和变化的反映，是客观事物之间相互联系和相互作用的表征，表现的是客观事物运动状态和变化的实质内容。

从物理学上来讲，信息与物质是两个不同的概念。信息不是物质，虽然信息的传递需要能量，但是信息本身并不具有能量。信息最显著的特点是不能独立存在，信息的存在必须依托载体。

信息虽然具有不确定性，但总是有办法将它们进行量化。信息主要用来反映事物内部属性、状态、结构、相互联系以及与外部环境的互动关系，以减少事物的不确定性。

2. 数据

数据（Data）是用于描述现实世界中各种具体事物或抽象概念的、可存储并具有明确意义的符号，包括数字、文字、图形和声音等，是对客观事物的性质、状态以及相互关系等进行记载的物理符号或这些物理符号的组合，它是可识别的、抽象的符号。因此，数据是描述事物的符号记录，是信息的载体，也是信息的具体表现形式。

数据不仅指狭义上的数字，还可以是具有一定意义的文字、字母、数字符号的组合、图形、图像、音频、视频等，也是客观事物的属性、数量、位置及其相互关系的抽象表示。例如，"0，1，2，…""阴、雨、气温""学生学籍档案记录、货物的运输情况"等都是数据。

然而，数据的表现形式还不能完全表达其内容，需要经过解释才能表达数据的含义。数据和关于数据的解释是不可分的。例如，93 是一个数据，可以是一个同学某门课的成绩，也可以是某个人的体重，还可以是计算机系 2020 级的学生人数。数据的解释是指对数据含义（称为数据的语义）的说明，数据与其语义是不可分的。

在计算机科学中，数据是所有能输入计算机并被计算机程序处理的符号的总称，是用于输入计算机进行处理，并具有一定意义的数字、字母、符号和模拟量等的统称。当前，计算机存储和处理的对象越来越广泛，表示这些对象的数据也随之变得越来越复杂。

数据与信息既有联系又有区别。数据是信息的表现形式和载体；而信息则是数据的内涵，对数据做出具有某种含义的解释。数据和信息又是不可分离的，信息依赖数据来表达，通过数据能够生动、具体地表达相关信息。数据是对信息的符号化表达，是物理性的；而信息是对数据进行加工处理后得到的、对决策产生影响的数据，是逻辑性和观念性的。总之，数据与信息是形与质的关系，数据本身没有意义，只有对实体行为产生影响时才会成为信息。

3. 数据处理

数据处理（Data Process）是指对各种形式的数据进行收集、存储、加工和传播等一系列活动的总和。数据处理的目的：一是从大量的、原始的数据中抽取、推导出对人们有价值的信息，以作为行动和决策的依据；二是为了借助信息技术科学地保存和管理复杂的、大量的数据，以便人们能够充分地利用这些宝贵的信息资源。

数据处理贯穿于人类社会生产和生活的各个领域。在计算机科学领域，数据处理离不开软件的支持。数据处理的软件包括用于书写处理程序的各种程序设计语言及其编译程序、用于管理数据的文件系统和数据库系统，以及各种数据处理方法的应用软件包。

根据处理设备的结构方式、工作方式，以及数据的时间、空间分布方式的不同，数据处理有不同的方式。例如，有联机处理方式和脱机处理方式，有批处理方式、分时处理方式和实时处理方式，有集中处理方式和分布处理方式，也有单道作业处理方式、多道作业处理方式和交互式处理方式等。

在数据处理中，数据统计计算通常比较简单，而数据管理往往比较复杂。数据管理是指数据的收集、整理、组织、存储和数据查询、更新等操作，这部分操作是数据处理业务的基本环节，是任何数据处理中都必不可少的部分。

在现实应用中，由于可利用的数据量大，且数据种类繁杂，因此，就需要一些使用方便、高效的管理软件，把相关数据有效地管理起来。数据库技术正是针对该需求而发展和完善起来的计算机科学技术的一个重要分支。

6.1.2 数据管理技术的发展阶段

随着计算机硬件及软件技术的发展，数据管理技术也在不断发展。数据管理技术是对数据进行分类、组织、编码、输入、存储、检索、维护和输出等处理的技术。从数据管理的角度看，迄今为止，数据管理技术的发展大致经历了人工管理、文件系统、数据库系统和高级数据库几个阶段。

1. 人工管理阶段

20 世纪 50 年代中期以前，计算机主要用于科学计算。从当时的硬件来看，外存只有磁带、卡片、纸带，没有磁盘等直接存取的存储设备；从软件来看（实际上，当时还未形成软件的整体概念），没有操作系统，没有管理数据的软件，数据处理的方式是批处理；从数据来看，数据量小，数据无结构，由用户直接管理，且数据之间缺乏逻辑组织，数据依赖于特定的应用程序，缺乏独立性。

这个时期数据管理的特点是：数据由计算或处理它的程序自行携带，数据和应用程序一一对应，应用程序依赖于数据的物理组织，因此数据的独立性差、不能被长期保存、数据的冗余度大等缺点给数据的维护带来许多问题。

在人工管理阶段，应用程序与数据之间的关系如图 6.1 所示。

2. 文件系统阶段

20 世纪 50 年代后期至 60 年代中后期，计算机

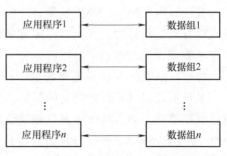

图 6.1　人工管理阶段应用程序
与数据的对应关系

的应用范围逐渐扩大，它不仅被用于科学计算，还被用于管理。在硬件方面，磁盘成为计算机的主要外部存储器；在软件方面，出现了高级语言和操作系统，新的数据处理系统迅速发展起来。这种数据处理系统（称为文件系统）能够把计算机中的数据组织成相互独立的数据文件，系统可以按照文件的名称对其进行访问，对文件中的记录进行存取，并可以实现对文件的修改、插入和删除。文件系统实现了记录内的结构化，即给出了记录内各种数据间的关系。在处理方式方面，该阶段不仅有了文件批处理，而且能够联机实时处理。

在此阶段，数据以文件的形式进行组织，并能长期保留在外存储器上，用户能对数据文件进行查询、修改、插入和删除等操作，程序与数据有了一定的独立性，程序和数据分开存储。但是，文件从整体来看却是无结构的，其数据面向特定的应用程序，因此数据共享性、独立性差，依旧存在数据冗余度大、不一致等缺点，管理和维护的代价也很大。

在文件系统阶段，应用程序与数据之间的关系如图 6.2 所示。

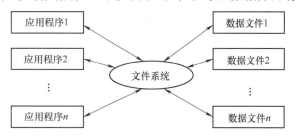

图 6.2　文件系统阶段应用程序与数据的对应关系

3. 数据库系统阶段

20 世纪 60 年代末至 70 年代初以来，计算机应用越来越广泛，数据量急剧增加，而且对数据的共享要求越来越高，计算机硬件和软件技术都有了进一步的发展。在硬件方面，有了大容量的磁盘；在软件方面，传统的文件系统已经不能满足人们的需求，出现了数据库这样的数据管理技术，能够统一管理和共享数据的数据库管理系统（DBMS）应运而生。

在数据库系统阶段，应用程序与数据之间的关系如图 6.3 所示。

数据库系统是指在计算机系统中引入数据库以后的系统。数据库中的数据具有较小的冗余度、较高的独立性和易扩展性，并可为各种用户共享；数据库中的数据由数据库管理系统进行统一管理和控制，用户对数据库进行的各种操作都是通过数据库管理系统实现的。

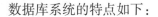

图 6.3　数据库系统阶段应用程序与数据的对应关系

数据库系统的特点如下：

（1）数据结构化

数据结构化是数据库系统与文件系统的根本区别。有了数据库管理系统后，数据库中的数据不再针对某一具体应用，而是面向整个应用系统，它是对整个组织的各种应用（包括将来可能的应用）进行通盘考虑后建立起来的总的数据结构，因而具有整体的结构性。

（2）较高的数据共享性

数据共享是指允许多个用户同时存取数据而互不影响，这一点正是数据库技术先进性的体现。数据库系统从整体角度描述数据，数据不再面向某个具体的应用，而是面向整个应用系统，因此数据可以被多个用户、多个应用程序共享使用。通过数据共享及相关机制，可以大大减少数据冗余，节约存储空间。

（3）较高的数据独立性

所谓数据独立是指数据与应用程序之间彼此独立，它们之间不存在相互依赖的关系。应用程序不会随着数据存储结构的变化而变化，能够简化应用程序的开发，减轻程序员的工作负担。

（4）数据由 DBMS 统一管理和控制

在数据库系统中，往往将数据集中存储在一台计算机上（或同一个数据库中），由 DBMS 对数据进行统一组织、管理和控制。由于 DBMS 提供的数据控制功能包括并发控制、安全性检查、完整性约束以及数据库的维护（如数据恢复）等，因而其并发操作的数据共享允许多个用户（应用）同时存取数据库中的数据，甚至可以同时存取数据库中的同一数据。同时，DBMS 的安全保密机制可以防止对数据的非法存取；数据的完整性保护机制可以保障数据的正确性、有效性和相容性，将数据控制在有效的范围内或保证数据之间满足一定的关系。另外，数据库系统还提供了一系列措施，当数据库遭到破坏后能够尽可能地加以恢复。

4. 高级数据库阶段

数据模型是数据库技术的核心和基础。因此，按照数据模型的发展演变过程，数据库技术从 20 世纪 70 年代开始到现在短短的几十年中，主要经历了三个发展阶段：第一代称为层次和网状数据库；第二代称为关系数据库；第三代是以面向对象数据模型为主要特征的数据库系统。数据库技术与网络通信技术、人工智能技术、面向对象程序设计技术、并行计算技术等相互渗透、有机结合，已成为当代数据库技术发展的重要特征。

20 世纪 80 年代以来，数据库技术在商业领域的巨大成功刺激了其他领域对数据库技术需求的迅速增长，这些新的领域为数据库应用开辟了新的天地，并在应用中提出了一些新的数据管理的需求，推动了数据库技术的研究与发展，尤其是面向对象数据库系统的诞生。

1990 年，高级 DBMS 功能委员会发表了《第三代数据库系统宣言》，提出了第三代数据库管理系统应具有的三个基本特征：应支持数据管理、对象管理和知识管理，必须保持或继承第二代数据库系统的技术，必须对其他系统开放。

现如今，数据库技术正在不断与其他学科分支结合，向更高级的数据库技术发展。例如，与分布处理技术相结合，出现了分布式数据库系统；与并行处理技术相结合，出现了并行数据库系统。另外，从市场发展和企业需求的角度看，许多企业更需要的是电子商务、数据分析和决策支持等，因而，数据库技术正在被用来同 Internet/Intranet 技术相结合，以便在机构内联网、部门局域网（LAN），甚至万维网上发布数据库数据。

（1）面向对象数据库技术

在数据处理领域，关系数据库的使用已相当普遍，几乎是当前数据库系统的标准。然而，现实世界存在着许多具有更复杂数据结构的实体，而层次、网状和关系数据模型对这些复杂的对象却力不从心。例如，多媒体数据、多维表格数据等，都需要采用更高级的数据库技术来表示。面向对象数据库技术正是适应这种形势而发展起来的，它是面向对象程序设计技术与数据库技术相结合的产物。

面向对象数据库的优点是能够表示更为复杂的对象数据模型，并具有面向对象技术的封装性（把数据与操作统一在类中定义）和继承性（继承数据结构和操作），因而在面向对象数据库系统中，能够提高软件的重用性。

由于面向对象方法更符合人类认识世界的一般方法，更适合描述现实世界。因此，如何进一步将面向对象的建模能力和关系数据库的运算能力有机结合是数据库技术的一个发展方向。有人预言，数据库的未来将是面向对象的时代，面向对象数据库技术将成为数据库技术发展的主流。

（2）分布式数据库技术

随着地理上分散的用户对数据共享的需求日益增强，以及计算机网络技术的发展，在传统的集中式数据库系统的基础上产生了分布式数据库系统。

在分布式数据库系统中，各地的计算机由数据通信网络相联系，共享本地和全局的数据和服务。分布式数据库主要有以下特点：数据的物理分布性和逻辑整体性；数据的分布透明性；处理的局部性和全局性有机结合；系统的高效性和可靠性。

分布式数据库系统兼顾了集中和分布处理两个方面，因而具有良好的性能。其系统结构如图 6.4 所示。

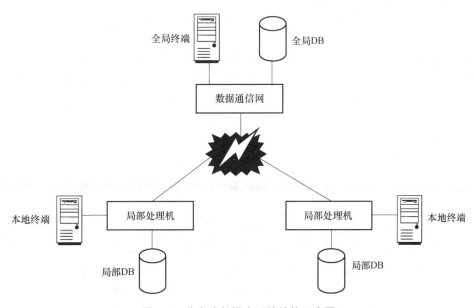

图 6.4　分布式数据库系统结构示意图

（3）面向专门应用领域的数据库技术

为了适应数据库应用多元化的要求，在传统数据库技术的基础上，人们已开始从实践的角度，结合各个应用领域的特点，对数据库技术进行研究，提出了适合专门应用领域的数据库技术，如数据仓库、工程数据库、统计数据库、科学数据库、空间数据库、地理数据库等。这类数据库在原理上没有多大的变化，但是它们却与一定的应用相结合，从而加强了系统对有关应用的支撑能力。也有人认为，随着研究工作的继续深入和数据库技术在实践中的应用，数据库技术将会更多地朝着专门应用领域发展。

6.2　数据模型

在利用数据库技术进行数据处理的过程中，由于计算机不能直接处理现实世界中具体的事物及事物之间的联系，因此人们必须事先将具体事物及事物之间的联系转换成计算机能够处理的数据形式，这就是数据库的数据模型（Data Model）。

6.2.1　信息的三种世界

计算机信息处理的对象是现实生活中的客观事物，在对客观事物进行处理的过程中，首先要经历了解、熟悉的过程，从观测中抽象出描述客观事物的大量信息，再对这些信息进行整理、分类和规范，进而将规范化的信息数据化，最终由数据库系统存储和处理。在这一过程中，涉及三个层次，即现实世界、信息世界和数据世界，经历了两次抽象和转换。

1. 现实世界

现实世界（Real World）就是人们所能看到的、接触到的世界，是存在于人脑之外的客观世界。现实世界中的事物是客观存在的，事物与事物之间的联系也是客观存在的。客观事物及其相互联系就处于现实世界中，客观事物可以用对象和性质来描述。

2. 信息世界

信息世界就是现实世界在人们头脑中的反映，又称为概念世界。在信息世界中，现实世界的客观事物被抽象为实体，对象的性质称为实体的属性。现实世界的客观事物及其相互之间的联系，在信息世界中以概念模型来描述。现实世界是物质的，相对而言，信息世界是抽象的。

3. 数据世界

数据世界又称为机器世界，它是对信息世界中的信息经过数据化处理后的产物。现实世界的客观事物及其相互之间的联系，在数据世界中以数据模型来描述。相对于信息世界，数据世界是量化的、物化的。

以上三个层次之间经历的两次抽象和转换如图 6.5 所示。

由此可见，在数据库系统中，使用数据模型来抽象表示现实世界中的事物以及事物之间的联系。数据模型是提供给人们模型化的数据和信息的工具。根据应用目的的不同，可以将数据模型分为两种类型：概念数据模型和逻辑数据模型。其中，概念数据模型（简称概念模型）是按用户的观点对数据和信息进行建模，而逻辑数据模型则是按计算机系统的观点对数据和信息进行建模。

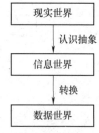

图 6.5　抽象的层次

6.2.2　概念模型

概念模型是对现实世界中客观事物的抽象反映，是现实世界到信息世界的第一层抽象。概念模型是独立于计算机系统的，主要用于表示实体类型及实体之间的联系。概念模型是数据库设计人员对信息世界建模的工具，也是数据库设计人员和用户之间进行交流的语言。

1. 几个重要的概念

（1）实体（Entity）

现实世界中客观存在并且可以相互区分的事物称为实体。现实世界中从具体的人、物、事件到抽象的状态与概念都可以用实体抽象地表示。例如，在学校中，一名学生、一名教师、一门课程、一间教室、一次会议等都称为实体。

（2）属性（Attribute）

属性是实体具有的某些特性。实体是由属性组成的，一般需要通过多个属性对实体进行描述。一个实体往往有多个属性，这些属性之间是有关系的，它们构成该实体的属性集合。例如，学生实体可由学号、姓名、性别、年龄、所在系、专业等属性描述。

（3）码（Key）

实体的码又称为键、关键字。在实体具有的多个属性当中，如果有一个属性（属性组）能够唯一地标识一个实体，则称该属性（属性组）为该实体的码。例如，在学生实体的属性集中，"学号"属性是码。

需要注意的是，一个实体可能有多个码，此时每一个码都称为候选码。如果实体有多个候选码，可以指定其中一个作为实体的唯一标识，称其为该实体的主码（Primary Key）。

（4）实体型（Entity Type）

具有相同属性的实体必然具有共同的特征和性质。用实体名及其属性名集合来抽象和刻画同类的实体，称为实体型。例如，学生（学号，姓名，性别，年龄，所在系，专业）就是一个实体型。

（5）实体集（Entity Set）

属于同一实体型的多个实体的集合称为实体集。例如，全体学生就是一个实体集。

（6）联系（Relationship）

两个事物之间的联系反映到概念模型中就称为两个实体之间的联系。例如，在学校当中，"教师"实体和"学生"实体之间就存在教和学的联系，"学生"实体和"课程"实体之间存在选课联系，等等。

2. 实体之间联系的类型

在现实世界中，许多事物之间都是有联系的。正是由于事物之间各种联系的存在，才使得现实世界中处于一定范围内的若干事物构成一个有机的整体。事物之间的联系在信息世界里反映为实体之间的联系，通常指的是两个不同的实体集之间的联系，但即使是属于同一个实体集的各个实体之间也可能有联系。因此，实体之间的联系是较为复杂的。

下面以两个实体集之间的联系为例，说明实体之间联系的类型。

假定有两个实体集 A 和 B，则它们之间可能存在的联系主要有以下三种情形：

（1）一对一联系（1∶1）

如果对于实体集 A 中的每一个实体，在实体集 B 中至多有一个实体与之有联系；反之，对于实体集 B 中的每一个实体，在实体集 A 中也至多有一个实体与之有联系，则称实体集 A 和 B 之间的联系类型为一对一联系，记为 1∶1，如图 6.6 所示。

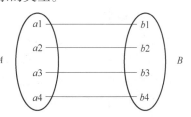

图 6.6　实体集之间的一对一联系示意图

例如，部门与部门经理之间的联系，学校与校长之间的联系就是一对一的联系。又如，假设一个班配备一个班主任，而且规定一个班主任只能管理一个班级，则班级和班主任这两个实体之间就是一对一的联系。

（2）一对多联系（1：M）

如果对于实体集 A 中的每一个实体，在实体集 B 中可能有多个实体与之有联系；但是反过来，对于实体集 B 中的每一个实体，在实体集 A 中至多有一个实体与之有联系，则称实体集 A 与实体集 B 具有一对多的联系，记为 1：M，如图 6.7 所示。

例如，一个班级可以有多个学生，但一个学生只能属于一个班级，因此班级与学生的联系就是一对多的联系。

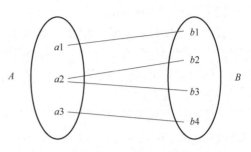

图 6.7　实体集 A 与 B 的一对多联系示意图

> 说明：当实体集 A 与实体集 B 具有一对多的联系时，通常称实体集 A 为一方，实体集 B 为多方。也称实体集 B 与实体集 A 具有多对一的联系。因此，要注意区分一方与多方。

（3）多对多联系（M：N）

如果对于实体集 A 中的每一个实体，在实体集 B 中可能有多个实体与之有联系；反之，对于实体集 B 中的每一个实体，在实体集 A 中也可能有多个实体与之有联系，则称实体集 A 与实体集 B 之间具有多对多联系，记为 M：N，如图 6.8 所示。

例如，学生在选课时，一个学生可以选多门课程，一门课程也可以被多个学生选，则学生实体（集）和课程实体（集）之间具有多对多的联系。

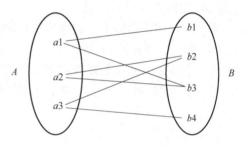

图 6.8　实体集之间的多对多联系示意图

上面讨论了两个不同的实体集之间联系的类型。事实上，同一实体集内部的两个实体之间也可能存在一对一、一对多或多对多的联系。

3. E-R 模型

概念模型的表示方法有很多，其中最为著名、使用最为广泛的是由美籍华裔计算机科学家陈品山（Peter Pin-Shan Chen）于 1976 年提出的 E-R（Entity-Relationship）模型。E-R 模型直接从现实世界中抽象出实体类型及实体间的联系，是对现实世界的一种抽象。E-R 模型的图形表示称为 E-R 图（Entity-Relationship Diagram）。

构成 E-R 图的三个基本要素是实体、属性和联系，其通用的表示方法为：

1）用矩形框表示实体，在矩形框中写入实体名。

2）用椭圆形框表示实体或联系的属性，将属性名写入椭圆形框中，并用无向边把实体和属性连接起来；对于主属性名，则在其名称下加一下画线。

3）用菱形框表示实体之间的联系，在菱形框内写上联系名，并用无向边分别把菱形框与有关实体连接起来，在无向边旁注明联系的类型；如果实体之间的联系也有属性，则将表示属性的椭圆形框与菱形框之间用无向边连接起来。

例如，一个简单的学生信息数据库系统的 E-R 图如图 6.9 所示。

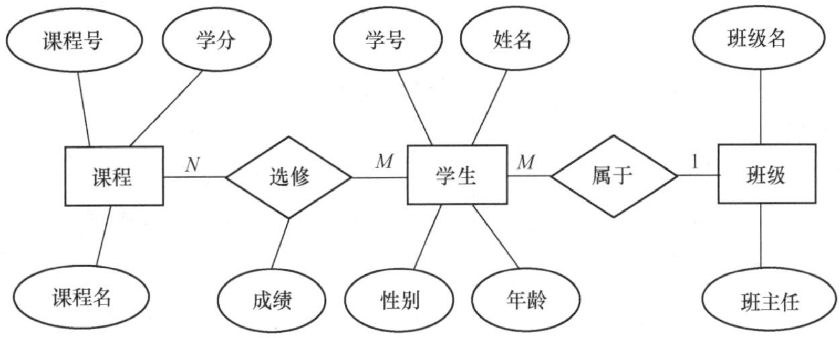

图 6.9 学生信息数据库系统的 E-R 图

关于数据库概念结构设计的方法将在第 9 章中做进一步的介绍。

6.2.3 数据模型的三个要素

数据模型是对客观事物及联系的数据描述，是概念模型的数据化，它提供了表示和组织数据的方法，与特定的数据库管理系统相关。一般来讲，数据模型是严格定义的一组概念的集合，这些概念精确地描述了系统的静态特性、动态特性和完整性约束条件。因此，数据模型通常由数据结构、数据操作和完整性约束三个要素组成。

（1）数据结构

在数据库系统的数据模型中，数据结构是对数据库中数据的组织方式和数据之间的联系进行框架性描述的集合，是对数据库静态特征的描述。数据库系统是按照数据结构的类型来组织数据的，因此，通常按照数据结构的类型来确定其数据模型。例如，对于采用层次结构、网状结构和关系结构组织数据的数据库系统，分别将其数据模型命名为层次模型、网状模型和关系模型。其中，层次模型和网状模型统称为非关系模型。

（2）数据操作

数据操作是指数据库中各记录允许执行的操作的集合，包括操作方法及相关的操作规则等，是对数据库动态特征的描述。例如，对于查询（检索）、插入、删除、修改等操作，需要在数据模型中定义这些操作的确切含义、操作符号、操作规则以及实现操作的语言等。

（3）完整性约束

完整性约束是关于数据状态和状态变化的一组完整性规则的集合，用以保证数据库中数据的正确性、有效性和一致性。在数据模型中，完整性约束条件对数据库中各种数据及数据之间的联系从语义上做出明确规定（描述）。例如，数据库表的主属性不能取空值，性别的取值范围只能是"男"和"女"等。同时，针对某一具体应用所涉及的数据库，在其数据模型中往往还需要规定相关数据必须遵守的、特定的语义约束条件。

6.2.4 常用数据模型

现有的数据库系统都是基于某种数据模型的。在数据库领域，数据库管理系统实际支持的、曾经或正在广泛使用的数据模型主要有三种，即层次模型、网状模型和关系模型。基于层次模型和网状模型的数据库系统在 20 世纪 70 年代初非常流行，现在已基本上被关系模型的数据库系统所取代。下面将详细介绍这三种数据模型的结构特点、数据操作和完整性约束条件，并初步分析它们的性能和各自的优缺点。同时，将重点介绍关系数据模型所涉及的相关概念和术语、关系模型的数据操作以及数据的完整性约束。

1. 层次模型

用树状结构表示实体及实体之间联系的数据模型称为层次模型（Hierarchical Model）。树中每个结点表示一个记录类型，记录是描述某个事物或事物间联系的数据单位，包含若干数据项，但只能是简单的数据类型，如整数、实数、字符串等；结点之间的连线表示记录类型之间的联系，这种联系只能是父子联系。

例如，某大学教学机构的层次模型如图 6.10 所示。

层次模型的结构特点如下：

1）有且只有一个结点没有双亲结点，称为根结点。

2）根结点以外的其他结点有且只有一个双亲结点。

在这种模型中，上下级结点之间为一对一或一对多的联系，但不能直接表示多对多联系（需要设法转换成一对多联系来表示），实际存储的数据由链接指针来体现结点间的联系。

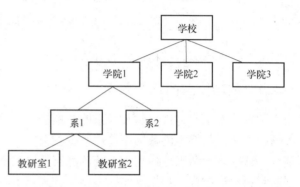

图 6.10　某大学教学机构的层次模型示意图

层次模型的数据操作主要有查询、插入、删除和修改。进行插入、删除、修改操作时要满足的完整性约束条件如下：

1）进行插入操作时，如果没有相应的双亲结点，就不能插入子女结点。

2）进行删除操作时，如果删除双亲结点，则相应的子女结点也被同时删除。

3）进行修改操作时，应修改所有相应记录，以保证数据的一致性。

层次模型的优点是模型本身比较简单，只需很少几条命令就能对数据库进行操作。其缺点也很多，如对插入和删除操作的限制比较多，查询子女结点必须通过双亲结点，无法直接表示多对多联系等。

2. 网状模型

用网状结构来表示实体及实体之间联系的数据模型称为网状模型（Network Model）。在网状模型中，仍然以记录为数据的存储单位，但数据项可以是多值的或复合类型的数据，结点之间的联系用指针来实现。

网状模型是一种比层次模型更具普遍性的结构，它去掉了层次模型的两个限制，允许多个结点没有双亲结点，也允许一个结点有多个双亲结点。因此，网状模型可以方便地表示各种类型的联系。从图论的角度看，网状模型是一种较为通用的模型，是一个不加任何条件的无向图。一般来说，层次模型是网状模型的特殊形式，网状模型是层次模型的一般形式。

例如，学生选课系统的网状模型如图 6.11 所示。

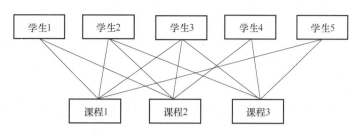

图 6.11 学生选课系统的网状模型示意图

网状模型的数据操作主要包括插入、删除、修改和查询。进行插入、删除、修改操作时要满足的完整性约束条件如下：

1）插入操作：允许插入尚未确定双亲结点的子女结点。

2）删除操作：允许只删除双亲结点。

3）更新操作：只需要更新指定记录。

网状模型的查询操作：可以有多种方法，可根据具体情况选用。

由此可见，与层次模型相比，网状模型更灵活，能更直接地描述现实世界，性能和效率也相对较好。网状模型的缺点是结构复杂，用户不易掌握，数据库的扩充与维护都比较困难。

3. 关系模型

关系数据库理论出现于 20 世纪 60 年代末、70 年代初。1970 年，IBM 的研究员 E. F. Codd 博士首次提出了关系模型的概念，奠定了关系数据库的基础。从此，关系数据库的理论研究与实践应用发展迅猛，使关系数据库系统成为现代数据库技术和产品的主流。

关系模型（Relational Model）是一种理论成熟、应用广泛的数据模型。关系数据结构非常简单，用称为关系的单一数据结构来表示。关系数据库中，数据存放在一个被称为二维表的逻辑单元中，每一个二维表称为一个关系，整个数据库由若干个相互关联的二维表（关系）组成。

关系模型是以集合论中的关系概念为基础发展起来的。关系模型的概念简单，容易被初学者接受。支持关系模型的数据库系统称为关系型数据库系统（简称关系数据库），关系数据库的操作对象和操作结果都是二维表。

【例 6.1】 学生选课系统中有三个关系（表），分别为学生表、课程表和选课表，如图 6.12 所示。

关系S(学生表)

学号	姓名	性别	班级
040101	张丽	女	通信1
040102	王勇	男	通信1
040202	李涛	男	旅游2
…	…	…	…

关系C(课程表)

课程号	课程名	学时	学分
1012	管理学	48	3
1013	数学	54	3
1014	数据库	72	4
…	…	…	…

关系SC(选课表)

学号	课程号	成绩
040101	1013	85
040101	1014	90
040202	1012	80
…	…	…

图 6.12 学生选课系统的三个表

这三个表（关系）的定义构成了学生选课系统的关系数据结构，三个关系的集合构成了一个关系数据库。

关系模型的数据操作分为数据查询和数据更新两大类。其中，数据查询操作的表达能力最为突出，用于实现各种检索操作；数据更新操作主要用于插入、删除和修改数据。数据更新操作必须满足关系完整性约束条件，以便能够使得关系数据库从一种一致性状态转变到另一种一致性状态。关系模型中的数据操作均属于集合操作，其操作对象和运算结果都是关系（元组的集合）。

对于关系模型中的数据查询操作，早期的关系数据库系统通常采用代数方法或逻辑方法来表示，分别称为关系代数运算或关系演算。关系代数用对关系的代数运算来表达查询要求，而关系演算则是用谓词来表达查询要求的。随着数据库技术的发展，还有一种介于关系代数和关系演算的语言称为结构化查询语言（简称 SQL），因其便于学习和使用而受到广大用户的欢迎。

在关系模型中，数据完整性规则主要包括实体完整性、参照完整性和用户定义的完整性三种类型。使用数据完整性规则是为了确保数据的正确性和一致性。

（1）实体完整性规则

实体完整性（Entity Integrity）规则：在一个关系中，主键值唯一，且主属性不能取空值。例如，在课程表（课程号,课程名,学时,学分）中，"课程号"属性为主键，因此，不同记录中"课程号"不能取相同的值；并且，该属性也不能取空值。

关系模型必须遵守实体完整性规则的原因：一方面，现实世界中的实体之间都是可以区分的，关系模型中以主键作为唯一性标识；另一方面，空值就是"不知道""不确定"或"无意义"的值，主键的属性一旦取空值，就说明存在某个不可标识的实体。

6-2 数据的
完整性约束

（2）参照完整性规则

在关系模型中，参照完整性规则定义了一个关系的外键与另一个关系的主键之间的引用规则。设属性（或属性组）F 是基本关系 R 的外键，它与基本关系 S 的主键 K_s 相对应（关系 R 和 S 不一定是不同的关系），则称基本关系 R 为参照关系（Referencing Relation），基本关系 S 称为被参照关系（Referenced Relation）或目标关系（Target Relation）。如果 R 和 S 为同一个关系，即为自身参照。

参照完整性（Reference Integrity）规则：若属性（或属性组）F 是关系 R 的外键，它与关系 S 的主键 K_s 相对应，则参照关系 R 中每个元组在 F 上的值或取空值（F 中的每个属性值均为空），或等于被参照关系 S 中某个元组的主键值。

【例 6.2】 假设"职工"实体和"部门"实体分别用下面的关系表示，关系模式中主键属性用直线下画线表示，外键属性用波浪下画线表示。

职工（职工号,姓名,性别,部门号,基本工资,薪金）

部门（部门号,名称,地点）

在"职工"关系中，部门号是外键；在"部门"关系中，部门号是主键。一旦两者之间建立了参照完整性约束，则"职工"关系中每个元组的部门号属性只能取下面两类值：

第 1 类：空值，表示尚未给该职工分配属于哪个部门。

第 2 类：非空值，但必须是"部门"关系中某个元组的部门号值，表示该职工必须被分配到一个存在的部门中。也就是说，在被参照关系"部门"中一定存在一个元组，它的

主键值刚好等于参照关系"职工"中该外键的值。

实体完整性和参照完整性规则是关系模型必须满足的完整性约束条件，只要是关系数据库系统就必须支持实体完整性和参照完整性。除此之外，不同的关系数据库系统根据其应用环境的不同，往往还需要一些特殊的约束条件。

（3）用户定义的完整性规则

用户定义的完整性（User Defined Integrity）规则就是由用户根据实际情况对数据库中数据的内容做出的语义要求。例如，对于关系模式：选课表（课程号,学号,成绩），在定义该关系时，可以对成绩属性规定必须大于等于 0 而且不超过 100 的约束条件。又如，在学生表（学号,姓名,性别,民族,出生日期,家庭住址）中，可以规定性别属性的取值只能是"男"或"女"。

通过在关系模型中定义实体完整性、参照完整性和用户定义完整性规则，可以限制数据库系统只接收符合完整性约束条件的数据，不接收违反约束条件的数据，从而检查和维护数据库中数据的完整性。

由此可见，关系模型的优点主要是数据结构单一，概念简单，操作方便，用户容易理解和掌握，只需用简单的结构化查询语言（SQL）就能对数据库进行各种操作。

以上介绍了三种传统的数据模型。自 20 世纪 90 年代以来，在传统数据模型的基础上，结合面向对象方法和数据库技术，逐渐形成了一种新型的面向对象数据模型，且其也将成为数据库系统研究的一个主要方向。

面向对象方法十分接近人类分析和处理问题的自然思维方式，将客观世界的一切实体模型转化为对象，具有类和继承等特点，可以有效地组织和管理不同类型的数据。这种将数据与操作统一的建模方法有利于程序的模块化，增强了系统的可维护性和易修改性。

面向对象模型是一种新兴的数据模型，它把实体表示为类，一个类描述了对象属性和实体行为，通过逻辑包含（Logical Containment）来维护实体之间的联系。面向对象模型适合处理各种类型的数据。将面向对象方法与数据库技术相结合，能有效地提高数据库应用程序开发人员的开发效率，同时提高数据的访问性能。然而，面向对象模型没有准确的定义，系统维护较为困难；同时，面向对象模型主要适合数据对象之间关系复杂的一些特定的应用，如工程、电子商务、医疗等，但并不适合所有的应用。

对象关系数据模型（Object Relational Data Model）是将关系模型与面向对象模型相结合而构成的一种逻辑数据模型。该模型拥有关系模型的全部功能，继承了关系模型使用简便的优点，具备能表示复杂数据结构与抽象数据类型的能力，且相对于面向对象模型，实现更为方便，能在事务处理及大量非事务处理领域中应用。

6.3　数据库系统的组成与体系结构

6.3.1　数据库系统的组成

数据库系统（DataBase System，DBS）是与数据库有关的整个计算机系统，包括硬件、软件和相关人员。因此，数据库系统一般由数据库、数据库管理系统、数据库应用开发工具、数据库应用系统和数据库用户等构成。

数据库系统的层次结构如图 6.13 所示。

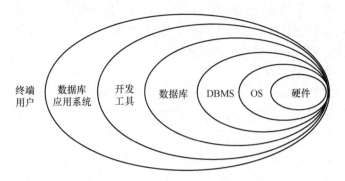

图 6.13　数据库系统的层次结构

1. 数据库

数据库（DataBase，DB）是指长期存储在计算机内部，有组织、可共享的相关数据集合，即在计算机系统中按一定的数据模型组织、存储和使用的相关联的数据集合。

简言之，数据库就是存放数据的仓库，它不仅包括描述事物的数据本身，还包括相关事物之间的联系。数据库中的数据以文件的形式存储在计算机辅助存储器中，它是数据库系统操作的对象和结果。

数据库具有如下特性：

1）数据库是具有逻辑关系和确定意义的数据集合。

2）数据库是针对明确的应用目标而设计、建立的，每个数据库都有一组用户，并为这些用户的应用需求服务。

3）一个数据库反映了客观事物的某些属性，并且需要与客观事物的现实状态始终保持一致。

2. 数据库管理系统

数据库管理系统（DataBase Management System，DBMS）是对数据库进行管理的系统软件，它的功能是有效地组织和存储数据、获取和管理数据、接受并完成用户提出的各种数据访问请求。

数据库管理系统是数据库系统的核心，是为数据库的建立、使用和维护而配置的软件。它是建立在操作系统的基础上，位于用户与操作系统之间的一层数据管理软件。它为用户或应用程序提供访问数据库的方法，包括数据库的创建、查询、更新及各种数据控制、数据库维护等，能够按照数据库管理员所规定的要求，保证数据库的安全性和完整性。

支持关系数据模型的数据库管理系统，称为关系型数据库管理系统（Relational DataBase Management System，RDBMS）。目前流行的 RDBMS 种类繁多，各自有不同的适用范围。例如，微软公司的 Access 是运行在 Windows 操作系统上的桌面型 DBMS，便于初学者学习和数据采集，适合小型企事业单位及家庭、个人使用；以 IBM 公司的 DB2 和甲骨文公司的 Oracle 为代表的大型 DBMS 更适用于大型集中式或分布式数据管理的场合；以微软公司的 SQL Server 为代表的客户机/服务器结构的 DBMS 为中小型企事业单位构建自己的信息管理系统提供了方便。另外，随着计算机应用的发展，开放源代码的 MySQL 数据库、跨平台的

Java 数据库等为不同种类的用户提供了各种不同的选择。

一般而言，以 RDBMS 为例，数据库管理系统的主要功能包括以下几个方面：

1）数据定义功能：RDBMS 提供了数据定义语言（Data Definition Language，DDL），利用 DDL 可以方便地对相关的数据库对象进行定义。例如，对数据库、表、字段、索引、视图等进行定义、创建和修改。

2）数据操纵功能：RDBMS 提供了数据操纵语言（Data Manipulation Language，DML），利用 DML 可以实现在数据库中插入、修改和删除数据等操作。

3）数据查询功能：RDBMS 提供了数据查询语言（Data Query Language，DQL），利用 DQL 可以实现对数据库中的数据进行查询（检索）操作。

6-3 DBMS 的功能

4）数据控制功能：RDBMS 提供了数据控制语言（Data Control Language，DCL），利用 DCL 可以完成数据库运行控制功能，包括并发控制（即处理多个用户同时使用某些数据时可能产生的问题）、安全性检查、完整性约束条件检查和执行、数据库内部维护（如索引的建立和维护）等。

RDBMS 的上述许多功能都可以通过结构化查询语言（Structured Query Language，SQL）来实现。SQL 是关系型数据库的一种标准语言，在不同的 RDBMS 产品中，SQL 中的基本语法是相同的。而且，DDL、DML、DQL 和 DCL 也都属于 SQL。

同时，数据库管理系统能够分门别类地对数据库中的各种相关数据（如数据字典、用户数据、存取路径等）进行组织、存储和管理，也能够对数据库进行建立（包括原始数据的输入与转换）和维护（包括数据库的转储与恢复、重组与重构、性能监控与分析等）。

另外，数据库管理系统还为用户提供了良好的数据通信接口。例如，通过 DBMS，用户可以使用交互式命令语言对数据库进行操作，也能够把普通的高级语言（如 C++语言等）和 SQL 结合起来，把对数据库的访问及对数据的处理有机地结合在一起。

3. 数据库应用系统

凡是使用数据库技术管理相关数据的软件系统都称为数据库应用系统。数据库应用系统的应用非常广泛，它可以用于事务管理、办公自动化、情报检索、数据分析与辅助决策、计算机辅助设计、电子商务以及人工智能、专家系统等领域。

4. 数据库用户

数据库用户主要参与数据库应用系统的需求分析、设计、开发、使用、管理和维护，他们在数据库应用系统的开发、运行及维护等阶段扮演着不同的角色，并起着不同的作用。数据库用户主要包括以下几种：

（1）终端用户

终端用户是数据库应用系统的使用者，通过应用程序与数据库进行交互。通常，终端用户不需要具备数据库的专业知识，只是通过应用程序的用户接口存取数据库中的数据，使用数据库应用系统来完成其业务活动，观察和使用相关数据。

（2）应用程序员

应用程序员主要负责分析、设计、开发、维护数据库系统中的各类应用程序。一般需要一个以上的应用程序员在一定的开发周期内完成数据库结构设计、应用程序编制等数据库应用系统的开发任务。

（3）数据库管理员

数据库管理员（DataBase Administrator，DBA）是数据库系统的高级用户，其职能是管理、监督、维护数据库系统的正常运行，负责数据库系统的全面管理和控制。

数据库管理员的主要职责包括设计与定义数据库，帮助终端用户使用数据库系统，监督与控制数据库系统的使用与运行，改进和重组数据库系统，优化数据库系统的性能，定义数据库的安全性和完整性约束条件，备份与恢复数据库等。

6.3.2 数据库系统的内部体系结构

对数据库系统的结构可以从不同的层次或角度来考察。从 DBMS 的角度看，数据库系统通常采用三级模式结构，从外到内依次为外模式、模式和内模式，属于数据库系统内部的体系结构。

在数据库系统内部采用三级模式结构，能够保证数据与程序之间的独立性，使用户能以简单的逻辑结构操作数据而无须考虑数据的物理结构，从而简化应用程序的编制和程序员的工作负担，增强系统的可靠性。

数据库系统的三级模式结构是数据的三个抽象级别：面向用户或应用程序员的用户级、面向数据库建立和维护人员的概念级和面向系统程序员的物理级。为了实现三个抽象级别之间的联系与转换，数据库管理系统在数据库的三级模式之间提供了两层映像功能：外模式/模式映像和模式/内模式映像。

下面分别介绍数据库系统的三级模式结构和两层映像功能。

1. 数据库系统的三级模式结构

数据库系统的三级模式结构如图 6.14 所示。

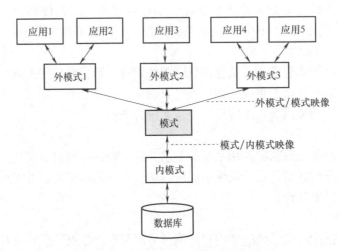

图 6.14　数据库的三级模式结构示意图

（1）外模式

外模式（External Schema）又称为子模式或用户模式，是数据库用户与数据库系统之间的接口，是数据库用户的数据视图（View），是对数据库用户能够看见和使用的局部数据的逻辑结构和特征的描述，是与某一应用有关的数据的逻辑表示。可以通过 DDL 来描述、定

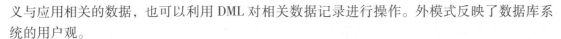

义与应用相关的数据，也可以利用 DML 对相关数据记录进行操作。外模式反映了数据库系统的用户观。

外模式是从模式导出的一个子集，包含模式中允许特定用户使用的那部分数据。一个数据库可以有多个外模式，但一个应用程序只能使用同一个外模式，而同一个外模式可以被多个应用程序所使用。

当不同用户在应用需求、保密级别等方面存在差异时，其外模式描述往往就会有所不同。由于每个用户（应用）只能看见和访问外模式中的数据，而数据库中的其余数据是不可见的，因此，外模式是保证数据库安全性的一个重要措施。

（2）模式

模式（Schema）又称为逻辑模式（Logical Schema），它是由数据库设计者综合所有用户的数据，按照 DBMS 统一的观点构造的全局逻辑结构，是对数据库中全部数据的逻辑结构和特征的总体描述，是所有用户的公共数据视图（全局视图）。模式反映了数据库系统的整体观。

一个数据库只有一个模式，通常以某种数据模型（如关系模型）为基础，综合地考虑所有用户的需求，并将这些需求有机地形成一个全局的逻辑结构。

数据库模式是由数据库管理系统提供的数据定义语言（DDL）来描述、定义的。定义模式时不仅要定义数据的逻辑结构（如记录由哪些数据项构成，数据项的名称、类型、取值范围等），还要定义数据项之间的联系、不同记录之间的联系，以及与数据有关的完整性和安全性等要求。

（3）内模式

内模式（Internal Schema）又称为存储模式（Storage Schema）或物理模式（Physical Schema），是数据库中全体数据的内部表示或底层描述，是最低一级的逻辑描述。它描述了数据的存储方式和物理结构，对应着实际存储在外部存储介质上的数据库。内模式反映了数据库系统的存储观。

一个数据库只有一个内模式。内模式依赖于全局逻辑结构，但可以独立于具体的存储设备。也就是说，内模式并不涉及物理记录，也不涉及硬件设备，比如对硬盘的读/写操作是由操作系统中的文件系统来完成的。

内模式同样可以由数据定义语言（DDL）来描述和定义。例如，记录的存储方式是按照顺序存储还是按照 B+树结构存储，或是按散列表存储；索引按照什么方式组织；数据是否压缩存储，是否加密等。

数据库系统的三级模式使用户能够逻辑地、抽象地处理数据而不必关心数据的物理表示和存储。实际上，对于一个数据库系统而言，物理级数据库是客观存在的，它是进行数据库操作的基础；概念级数据库不过是物理级数据库的一种逻辑的、抽象的描述（即模式）；用户级数据库则是用户与数据库的接口，它是概念级数据库的一个子集（外模式）。在三级模式结构中，数据库模式是数据的核心与关键，它介于外、内模式之间，既不涉及外部的访问，也不涉及内部的存储，从而起到隔离的作用，有利于保持数据的独立性。

2. 数据库系统的两层映像功能

为了实现三个抽象级别之间的联系与转换，数据库管理系统提供了两层映像功能。所谓映像（Mapping），就是一种对应规则，说明双方如何转换。

（1）外模式/模式映像

用户应用程序根据外模式进行数据操作，通过外模式/模式映像，定义和建立某个外模式与模式之间的对应关系（包含在每一个外模式的描述中），将外模式与模式联系起来。当模式发生改变时（比如增加新的关系或新的属性、改变属性的数据类型等），只要数据库管理员对各个外模式/模式映像做出相应改变，就可以使外模式保持不变，对应的应用程序也不必修改，从而保证数据与程序之间的逻辑独立性，简称为数据库的逻辑独立性。

（2）模式/内模式映像

数据库只有一个模式，也只有一个内模式，因此模式/内模式映像是唯一的，它定义了数据库全局逻辑结构与物理存储结构之间的对应关系。例如，说明逻辑记录和字段在内部是如何表示的。当数据库的存储结构发生变化时（如选用了另一个存储结构），只要数据库管理员对模式/内模式映像做出相应的改变，就可以使得模式保持不变，从而应用程序也不必改变，这就保证了数据与程序之间的物理独立性，简称为数据库的物理独立性。

总之，从 DBMS 的角度来看，数据库系统采用三级模式结构来有效地组织、管理数据，提高了数据库的逻辑独立性和物理独立性，使不同级别的用户对数据库形成不同的视图。很显然，不同层次（级别）用户所"看到"的数据库是不相同的。

6.3.3 数据库系统的外部体系结构

从数据库用户的角度来看，数据库系统的结构可分为主从式结构、单用户应用结构、客户机/服务器结构（C/S 结构）、浏览器/服务器结构（B/S 结构）和分布式数据库系统等，属于数据库系统外部的体系结构。

下面结合计算机体系结构的发展过程，介绍数据库系统常见的外部体系结构。

1. 主从式结构

早期的数据库系统属于分时系统环境下的集中式数据库系统结构模式，也称为主机/终端结构，它是以大中型计算机或高档小型机为中心的分时共享（Time-Sharing）结构模式，是面向终端的多用户数据库系统。由于数据库技术诞生之际正是分时计算机系统流行之时，因此早期的数据库系统是以分时系统为基础的。

从早期数据库的应用来看，数据是一个单位的共享资源，数据库系统要面向全单位提供服务；从技术条件来看，数据库系统对主机 CPU 的运算速度以及存储设备的容量都有较高的要求。因此，该结构以一台主机为核心，将操作系统、应用程序、DBMS、数据库等数据和资源均放在该主机上，所有的应用处理均由主机承担，每个与主机相连接的终端都是作为人机交互的设备，不分担数据库系统的处理功能。由于是集中式管理，主机的任何错误都有可能导致整个系统的瘫痪。这种结构对系统主机的性能要求比较高，维护费用也较高。主从式结构如图 6.15 所示。

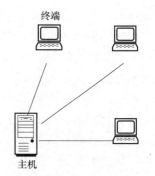

图 6.15 分时系统环境下
集中式数据库系统结构示意图

2. 单用户应用结构

20 世纪 70 年代后，随着微型计算机的出现和普及，数据库也被移植到了微机上。1979年，Ashton-Tate 公司开发出的数据库管理系统 dBASE，开创了微机数据库技术应用的先河。

此后，其他厂商也纷纷将自己的产品移植到微机上，如 Oracle、Ingres 等。同时，一些厂商也专门为微机开发数据库产品，如 Paradox 等。

在这种基于个人计算机（Personal Computer，PC）的数据库系统中，各个组成部分（数据库、DBMS 和应用程序等）都装配在一台微型计算机上，由一个用户独立使用，不同计算机之间难以实现共享。因此，单用户应用结构是数据库系统运行在个人计算机上的结构模式，常称为桌面（Desktop）型数据库管理系统（DBMS）。

属于单用户 DBMS 的主要产品有 Microsoft Access、Paradox、Fox 系列。单用户 DBMS 的功能在数据的一致性维护、完整性检查及安全性管理方面是不完善的。桌面数据库管理系统中比较好的有 Access、Paradox 等，它们基本实现了 DBMS 应该具有的功能。

3. 客户机/服务器结构

20 世纪 80 年代中后期开始，随着数据库技术的发展和计算机网络的普及，尤其是局域网（Local Area Network，LAN）的广泛使用，数据库系统体系结构发生了较大的变化，逐步采用了客户机/服务器（Client/Server，C/S）结构。

客户机/服务器系统是在微机—局域网环境下，合理划分任务、进行分布式处理的一种应用系统结构。该结构将一个数据库系统分解为客户机（称为前端，Front-End）、应用程序和服务器（称为后台，Back-End）两个部分，客户机通过网络连接应用程序和数据库服务器。客户机/服务器结构如图 6.16 所示。

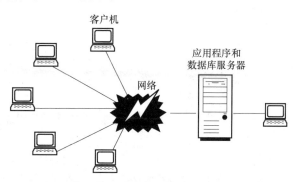

图 6.16　网络环境下的客户机/服务器系统结构示意图

在这样的数据库系统结构中，客户机是完整的、可以独立运行的计算机（而不是无处理能力的"终端"）。一般地，在客户端应用程序中只是提供了处理数据库的接口，而 DBMS 的核心部分（如数据存取和事务管理）则由服务器处理。客户机在处理应用程序时，如果需要访问数据库，则通过数据库语言（如 SQL）或图形用户界面中的菜单项、按钮等将相关请求提交给数据库服务器。数据库服务器则执行应用程序的请求，并将结果返回给客户机。

由于 C/S 结构的本质是通过对服务功能的分布来实现分工服务，因而又称为分布式服务模式。有时，人们也将 C/S 结构称为二层结构的数据库系统应用模式。

4. 浏览器/服务器结构

随着互联网和万维网的流行，以往的主机/终端结构和 C/S 结构都无法满足当前的全球网络开放、互连、信息随处可见和信息共享的新要求，于是就出现了浏览器/服务器（Brower/Server，B/S）结构。它是 C/S 结构的一种改进，可以说是三层 C/S 结构。它主要利用了不断成熟的万维网浏览器技术，通过浏览器就能实现原来需要复杂专用软件才能实现的强大功能，节约了开发成本，是一种全新的软件系统构造技术。

目前，网络数据库系统常常采用 B/S 结构。它将应用程序放在服务器端执行，客户机端只需安装统一的前端运行环境——浏览器，在客户机和数据库服务器之间增加一层用于转换的服务器（Web 服务器）。因此，数据库系统的 B/S 结构是 Internet/Intranet 环境下数据库的应用模式。

第一层是浏览器，即客户端，只有简单的输入/输出功能，处理极少部分的事务逻辑。由于客户机不需要安装客户端应用，只要有浏览器就能上网浏览，所以它面向的是大范围的用户，界面设计也比较简单、通用。

第二层是 Web 服务器，扮演着信息传送的角色。当用户想要访问数据库时，首先向 Web 服务器发送请求，Web 服务器同意请求后会向数据库服务器发送访问数据库的请求，这个请求是用 SQL 语句实现的。

第三层是数据库服务器，它存放着大量的数据，因此扮演着重要的角色。当数据库服务器收到了来自 Web 服务器的请求后，会对 SQL 语句进行处理，并将返回的结果发送给 Web 服务器；接下来，Web 服务器将接收到的数据结果转换为 HTML 文本形式发送给浏览器，也就是人们打开浏览器所看到的界面。

网络数据库系统的 B/S 体系结构如图 6.17 所示。

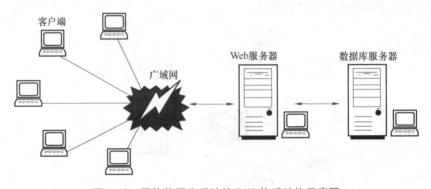

图 6.17　网络数据库系统的 B/S 体系结构示意图

5. 分布式数据库系统

随着地理位置上分散的用户对数据共享的需求日益增强，以及计算机网络技术的发展，在传统的集中式数据库系统的基础上产生了分布式数据库系统。

分布式数据库系统（Distributed DataBase System，DDBS）包含分布式数据库管理系统（DDBMS）和分布式数据库（DDB）。在分布式数据库系统中，一个应用程序可以对数据库进行透明操作，数据库中的数据分别在不同的局部数据库中存储、由不同的 DBMS 进行管理、在不同的机器上运行、由不同的操作系统支持、被不同的通信网络连接在一起。

分布式数据库系统将分别存储在不同地域、分别属于不同部门或组织机构的多种不同规模的数据库进行统一管理，使每个用户都可以在更大范围内、更灵活地访问和处理数据。因此，分布式数据库系统适合于那些所属机构在地理上分散的组织机构的事务处理，如银行业务系统、飞机订票系统等。

分布式数据库系统允许单位分散的各个部门将其常用的数据存储在本地，实施就地存放本地使用，从而提高响应速度、降低通信费用。分布式数据库系统与集中式数据库系统相比具有可扩展性，通过增加适当的数据冗余，提高系统的可靠性。

一个分布式数据库系统在逻辑上是一个统一的整体，在物理上则是分别存储在不同的物理结点上，每个结点的数据库系统都有独立处理本地事务的能力。一个应用程序通过网络连接可以访问分布在不同地理位置的数据库。从用户的角度看，一个分布式数据库系统在逻辑上和集中式数据库系统一样，用户可以在任何一个场所执行全局应用。

由于在大多数网络环境中，单个数据库服务器满足不了用户的使用需求，而分布式数据库比集中式数据库具有更高的可靠性，并且易于扩展，因此分布式数据库系统必将成为数据库系统发展的一个重要方向。

6.4　自测练习

1. 简答题

（1）简述数据、数据库、数据库管理系统、数据库应用系统的概念。

（2）什么是概念模型？什么是数据模型？

（3）简述两个实体之间的联系类型。

（4）简述数据模型的三个要素。

（5）简述关系模型的三类完整性约束。

（6）简述数据库管理系统的功能。

（7）简述数据库的三级模式和两级映像。

（8）什么是数据库的逻辑独立性和物理独立性？

2. 设计题

（1）假设某一个仓储管理数据库中有三个实体集：一是仓库，属性有仓库 ID、地址、面积、固定电话等；二是零件，有零件 ID、名称、规格、单价等属性；三是供应商，属性有供应商 ID、供应商名称、联系人、联系电话等。

如果每一个仓库可以存放多种零件，每一种零件可以存放于多个仓库中，每一个仓库存放每一种零件需要记录其库存量；一个供应商可以供应多种零件，每一种零件也可以由多个供应商提供，每一个供应商提供的每一种零件都要记录其供应量。

试为该数据库设计一个 E-R 模型，要求标注联系的类型。

（2）假设某网上订书系统主要涉及以下信息：

1）客户：客户编号、姓名、地址、联系电话。

2）图书：书号、书名、出版社、单价。

3）订单：订单号、日期、付款方式、总金额。

其中，一份订单可以订购多种图书，每一种图书可以订购多本；一个客户可以有多份订单，一份订单仅对应一个客户。试根据以上假设，建立相关数据库的 E-R 模型。

6-4　第 6 章
设计题解析

第 **7** 章 关系数据库

 导读

　　关系数据库是以"二维表格"的形式组织和描述数据的数据库。其中的"关系"二字为专业术语，即二维表格，对应数据库概念中的"数据模型"。支持"关系模型"的数据库系统称为关系型数据库系统。从 20 世纪 70 年代至今，关系型数据库一直是主流数据库类型，如 Oracle、DB2、SQL Server、MySQL 等。关系数据库以关系数据模型为基础，用关系来表示数据结构，用关系运算表示数据操作。因此，关系数据库的理论是严格的，它为数据的组织和管理提供了重要的理论依据。

本章要点

- 掌握与关系数据库相关的概念与术语
- 掌握关系的定义和性质
- 理解关系代数运算
- 掌握函数依赖与范式等关系规范化理论

 7-1 第7章
内容简介

7.1 关系数据结构

　　关系模型的数据结构非常简单，只包含单一的数据结构，即关系。在关系模型中，现实世界的实体以及实体间的各种联系，均使用关系来表示。在用户看来，在关系模型中，数据的逻辑结构是一张规范化的二维表，数据库中的数据以二维表格的形式组织和描述。比如表 7.1 就是一张记录学生基本信息的二维表格，该表格为学生基本信息登记表。

　　1. 关系模型相关的基本概念及术语

　　（1）关系（Relation）

　　一个关系逻辑上是一张二维表，是现实世界中的事物在数据库中的抽象表示。在关系模型中，无论是实体还是实体之间的联系，都用关系来表示，每个关系都用一个"关系名"进行标识，就是通常说的表名。例如，表 7.1 所示的学生基本信息登记表。

表 7.1 学生基本信息登记表

学号	姓名	性别	年龄	专业	学院
2016145002	陈好	男	20	软件工程	计算机学院
2016145003	张侠	男	21	信息管理	计算机学院
2016145004	江雪	女	20	大数据	计算机学院

关系有三种类型，即基本关系、查询表和视图表。其中，基本关系通常又称为基本表或基表，是实际存在的表，它是对实际存储数据的逻辑表示；查询表是与查询结果对应的表；视图表是由基本表或其他视图表导出的表，是虚表，不对应实际存储的数据。

（2）元组（Tuple）

表中的一行数据称为关系的一个元组，或表的一条记录（Record）。表中的数据是按行存储的，一行代表一个实体对象。因此，关系也可视为相同类型的元组的集合。例如，在表 7.1 中，第一行数据表示的是学号为"2016145002"、姓名为"陈好"的学生的基本信息。

（3）字段（Field）

表中的一列称为一个字段，对应实体的一个属性（Attribute）。表中每一列都有一个名称，称为字段名，也称为列名或属性名。关系中，每个元组由若干字段构成，各个字段描述了现实世界中相关事物的若干特征。例如，学生可以用学号、姓名、性别、年龄、专业、学院等属性来描述。

在同一个关系表中，所有记录的结构都是相同的，即每个记录所包含的字段、每个字段的宽度和数据类型等都相同。

（4）域（Domain）

域是一组具有相同数据类型的值的集合。在二维表中，一个属性的取值范围称为该属性的值域（简称域）。

（5）分量（Component）

在关系的一个元组中，某个字段的值称为该元组在此属性上的分量。

（6）码（Key）

在关系模型中，码是一个极为重要的概念，它提供了在关系表中检索元组的基本机制。码有候选码、主码和外码之分。如果关系的某个属性（或属性组）的值能够唯一地标识一个元组，而其任何真子集无此性质，则称这个属性（或属性组）为该关系的候选码，简称为码，也称为键。在数据库表中，码体现为一列或者多列的组合。

例如，学生信息表 Student（学号,姓名,性别,年龄）中，属性"学号"是候选码，常用下画线标注出来。选课表 SC(学号,课程号,成绩) 中，属性组（学号,课程号）是候选码。

一个关系至少有一个候选码，候选码也可能有多个。例如，"学生信息表"中学号和身份证号都能唯一地标识一个学生，因此学号和身份证号都是"学生信息表"的候选码，都具备作为主码的资格。

在关系的所有候选码中，可以指定其中一个作为关系的主码（Primary Key）。关系中主码的值是唯一的，即每个元组的主码属性值不能相同。例如，在"学生信息表"中，可以指定学号作为主码。

如果一个关系 R 的某个属性（或属性组）不是该关系的主码（或候选码），但却是另一个关系 S 的码，或引用了本关系 R 的码，则这样的属性（或属性组）称为关系 R 的外码，也称为外键。外键是关系表之间联系的纽带。

例如，在选课表 SC(学号,课程号,成绩)中，"学号"不是主码（注："学号"只是主码的组成部分），但"学号"是学生信息表 Student(学号,姓名,性别,年龄)的主码，则"学号"是选课表 SC 的外码。同理，"课程号"也为选课表 SC 的外码。

（7）关系模式（Relation Schema）

对关系的信息结构及语义的描述称为关系模式，用关系名及所包含的属性名集合表示。一般表示为：关系名(属性 1,属性 2,…,属性 n)。例如，课程信息表的关系模式为：课程(课程号,课程名,学时,学分)。

（8）主属性与非主属性

在一个关系模式中，如果一个属性包含在某一个候选码的属性集合中，则称它为主属性；不包含在任何候选码中的属性称为非主属性。

例如，在选课表 SC(学号,课程号,成绩)中，"学号"和"课程号"都是构成主码的一个属性，故它们都是主属性；而"成绩"则为非主属性。

2. 关系的定义和性质

由于关系模型建立在集合代数的基础上，因此一般从集合论的角度给出关系数据结构的形式化定义。

（1）笛卡儿积

给定一组域 D_1，D_2，…，D_n，则 $D_1 \times D_2 \times \cdots \times D_n = \{(d_1, d_2, \cdots, d_n) \mid d_i \in D_i, i = 1, 2, \cdots, n\}$ 称为 D_1，D_2，…，D_n 的笛卡儿积。其中，每个 $(d_1, d_2, \cdots, d_n)$ 称为一个元组，元组中的每个 d_i 是 D_i 域中的一个值，称为一个分量。由此可见，笛卡儿积是定义在域之上的一种集合运算。

（2）关系

给定一组域 $D_1, D_2, \cdots, D_n$，则 $D_1 \times D_2 \times \cdots \times D_n$ 的子集称为 $D_1 \times D_2 \times \cdots \times D_n$ 上的关系，记为 $R(D_1, D_2, \cdots, D_n)$。

其中，R 称为关系名，n 称为关系的度（或目）。关系中的每个元素称为关系的元组。

将关系作为关系数据模型的数据结构时，它通常是笛卡儿积的有限子集（包含无限元组的关系在数据库系统中没有意义）。因此，关系也是一个二维表，表的每一行对应一个元组，每一列对应一个域。

在关系型数据库中，基本关系具有以下性质：

1）关系中的每一列为一个属性，不同的列可以来自同一个域，每个属性要给予不同的属性名加以区分。

2）每一列中的分量来自同一个域，即属于同一类型的数据。

3）列的顺序无关紧要，可以任意交换。

4）关系中元组的顺序也可以任意交换。

5）在同一个关系中不能有两个完全相同的元组，即任意两个元组中候选码的值不能相同。

6）关系中每个分量必须取原子值，即每个分量必须是不可分割的数据项。

关系模型要求关系必须满足一定的规范化条件，最基本的要求是，每一个分量必须是不可再分的数据项。规范化的关系简称为范式，相关概念将在第 7.3 节进行介绍。

7.2　关系代数运算

关系代数是一种抽象的查询语言，用对关系的运算来表达查询，它是研究关系数据操作的数学工具。任何一种运算都是将一定的运算符作用于一定的运算对象上，以得到预期的结果。所以，运算对象、运算符、运算结果是运算的三大要素。关系代数的运算对象是关系，运算结果亦为关系。

关系是一种集合，关系代数用到的运算符包括集合运算符、专门的关系运算符、算术比较运算符和逻辑运算符。算术比较运算符和逻辑运算符是用来辅助专门的关系运算符进行操作的，所以按照运算符的不同，主要将关系代数分为传统的集合运算和专门的关系运算两种类型。

1. 传统的集合运算

传统的集合运算是二目运算，包括并、交、差、广义笛卡儿积四种。集合是指具有某种特定性质的具体的或抽象的对象的汇总。如全中国人的集合，它的元素就是每一个中国人。

设关系 R 和关系 S 具有相同的目 n（即两个关系都有 n 列），且相应的属性取自同一个域，即两个关系相容。t 是元组变量，$t \in R$ 表示 t 是 R 的一个元组。

图 7.1 分别是具有三个属性列的关系 R 和 S。

<table>
<tr><td colspan="3" align="center">R</td></tr>
<tr><td>A</td><td>B</td><td>C</td></tr>
<tr><td>a1</td><td>b1</td><td>c1</td></tr>
<tr><td>a1</td><td>b2</td><td>c1</td></tr>
<tr><td>a2</td><td>b2</td><td>c3</td></tr>
</table>

<table>
<tr><td colspan="3" align="center">S</td></tr>
<tr><td>A</td><td>B</td><td>C</td></tr>
<tr><td>a1</td><td>b1</td><td>c1</td></tr>
<tr><td>a1</td><td>b2</td><td>c2</td></tr>
<tr><td>a2</td><td>b2</td><td>c1</td></tr>
</table>

图 7.1　关系 R 和 S

（1）并运算（∪）

并，即合并，将关系 R 与关系 S 中的元组进行合并，然后去掉重复元组。运算过程如图 7.2 所示。记作：$R \cup S = \{t \mid t \in R \lor t \in S\}$。

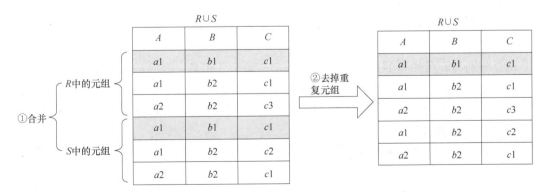

图 7.2　并运算示意图

（2）交运算（∩）

交运算指找出同时存在于 R 和 S 关系中的元组，运算过程如图 7.3 所示。记作：$R \cap S = \{t \mid t \in R \land t \in S\}$。

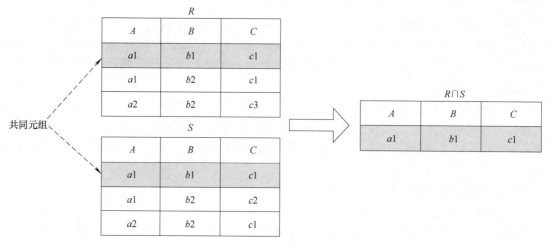

图 7.3　交运算示意图

（3）差运算（−）

差运算 $R-S$ 表示从关系 R 中去除同时存在于 S 中的元组，即 $R-S$ 是由属于 R 但不属于 S 的所有元组形成的集合。运算过程如图 7.4 所示。记作：$R-S = \{t \mid t \in R \land t \notin S\}$。

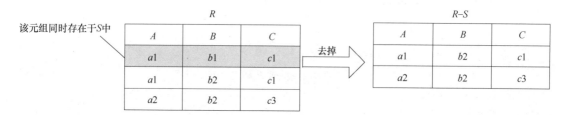

图 7.4　差运算示意图

（4）广义笛卡儿积（×）

广义笛卡儿积是将关系 R 中的每个元组与关系 S 中的每个元组进行拼接，组成一个新的关系，记为 $R \times S$。

两个分别为 n 目和 m 目的关系 R 和 S 的广义笛卡儿积是一个（$n+m$）列的元组的集合。元组的前 n 列是关系 R 的一个元组，后 m 列是关系 S 的一个元组。若 R 有 $k1$ 个元组，S 有 $k2$ 个元组，则关系 R 和关系 S 的广义笛卡儿积有 $k1 \times k2$ 个元组。运算过程如图 7.5 所示。

2. 专门的关系运算

专门的关系运算包括选择、投影、连接、除等。

（1）选择

从关系中找出满足给定条件的那些元组称为选择，记作：$\sigma_F(R) = \{t \mid t \in R \land F(t) =$ '真'$\}$。其中，F 为条件表达式，即找到那些属于关系 R，并且使条件表达式 F 为"真"的

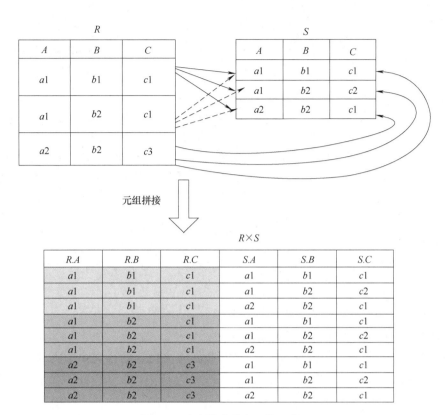

图 7.5　广义笛卡儿积运算示意图

元组 t。

条件表达式 F 的基本格式为：$X\theta Y$。其中，θ 是比较运算符，它可以是>、≥、<、≤、=或≠。X、Y 是列名，或为常量，或为简单函数；列名也可以用它的序号（列按从左到右顺序编号）来代替。

如果涉及多个条件，就要使用到与（∧）、或（∨）、非（¬）逻辑运算符。

设有一个学生基本信息数据库，其中有一张关系表 Student，见表 7.2，后面多个例子将对该关系表进行运算。

表 7.2　Student

Sno	Sname	Ssex	Sage	Sdept
201215121	李勇	男	20	信息系
201215122	刘晨	女	19	财经系
201215123	王敏	女	18	旅游系
201215125	张力	男	19	信息系

【例 7.1】　查询信息系的全体学生。

$$\sigma_{\text{Sdept}='信息系'}(\text{Student})$$

查询的结果是所有信息系的学生记录。选择运算是从行的角度进行筛选。

（2）投影

从关系表中挑选若干列组成新的关系表称为投影。这是从列的角度进行的运算，记作：$\prod_X(R) = \{t[X] \mid t \in R\}$。其中，$X$ 为关系表的属性列，若有多列，用逗号分隔。

【例7.2】 查询全体学生的姓名和所在系。

$$\prod_{Sname,Sdept}(\text{Student})$$

（3）连接

连接运算是从两个关系的广义笛卡儿积中选取属性之间满足一定条件的元组，记作：$R \underset{X\theta Y}{\bowtie} S$。其中，$X$ 为关系表 R 中的属性列，Y 为关系表 S 中的属性列，θ 是比较运算符，$X\theta Y$ 为条件表达式。

连接运算过程实质上是先进行关系 R 与 S 的广义笛卡儿积运算，然后再进行选择运算，即 $\sigma_{X\theta Y}(R \times S)$。

连接运算中有两种最为重要也最为常用的连接：一种是等值连接，另外一种是自然连接。

等值连接即比较运算符 θ 为 "=" 的连接，记作：$R \underset{X=Y}{\bowtie} S$。它是从关系 R 与 S 的广义笛卡儿积中选取 X、Y 列上值相等的那些行。

自然连接是一种特殊的等值连接，比较的列 X、Y 必须是两个关系中同名称的列（公共列），因此可以省略 "$X\theta Y$" 条件表达式，记作：$R \bowtie S$。并且在得到的结果中要将重复列去掉。

【例7.3】 设图 7.6a 和图 7.6b 分别为关系 R 和 S，图 7.6c 为 R 与 S 笛卡儿积的结果，图 7.6d 为非等值连接 $R \underset{C<E}{\bowtie} S$ 的结果，图 7.6e 为等值连接 $R \underset{R.B=S.B}{\bowtie} S$ 的结果，图 7.6f 为自然连接 $R \bowtie S$ 的结果。

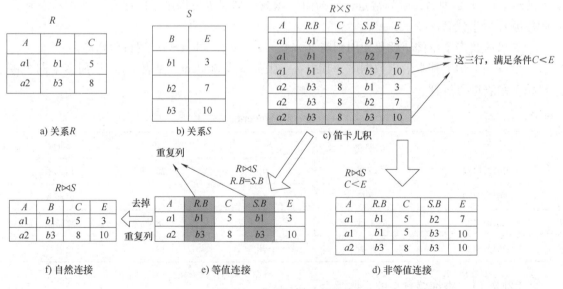

图 7.6 连接运算示意图

（4）除

在关系代数中，除运算可理解为广义笛卡儿积的逆运算。

关系 R 与 S 的除运算记作：$R \div S$。

7-2 连接运算与除运算

给定关系 $R(X, Y)$ 和 $S(Y, Z)$，则 R 与 S 的除运算得到一个新的关系 $T(X)$，且 T 的元组与 $S(Y)$ 的元组的组合都在 R 中。

除运算分两步求解：

1）确定关系表 T 的列：在关系表 R 中不在 S 中的那些列，即 $T(X)$。

2）确定关系表 T 的元组：$T(X)$ 中那些与 $S(Y)$ 中元组的组合都在 R 中的元组。

【例 7.4】 设图 7.7a 和图 7.7b 分别为关系 R 和 S，则图 7.7c 为 $R \div S$ 的中间结果，图 7.7d 为最终结果。

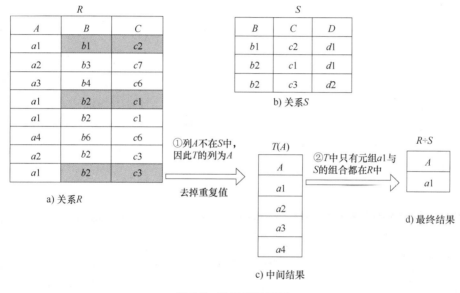

图 7.7 除运算示意图

7.3 关系规范化理论

前面已经介绍了关系代数运算，但是"运算中的关系模式是如何构建出来的，以及关系模式的设计质量如何"暂时还未涉及。本节将重点讨论关系模式设计的质量问题，而数据库模式构建属于数据库设计问题将在第 9 章讨论。

根据 E-R 图设计出数据库关系模式后，还需要对关系进行进一步的规范化处理，使关系达到一定的范式，比如达到第三范式，这个过程叫作关系规范化。1971 年—1972 年，Codd 系统地提出了 1NF、2NF、3NF 的概念，讨论了关系规范化的问题；1974 年，Codd 和 Boyce 共同提出了一个新范式，即 BCNF；1976 年，Fagin 提出了 4NF；后来又有研究人员提出了 5NF。

7.3.1 函数依赖

在介绍范式之前，先简单介绍函数依赖（Functional Dependency，FD）的概念。关系属性间往往存在一定的关系，而最基本的关系是函数依赖。以下是对该概念的形式化定义。

设有关系 $R(X,Y,Z)$，当属性 X 的值给定后，属性 Y 的值也就唯一地确定了，就称属性 X 函数决定属性 Y，表示为 $X\text{->}Y$，又称属性 Y 函数依赖于 X。

属性间的这种关系其实是函数依赖关系，正像一个函数 $y=f(x)$ 一样，x 的值给定了，函数值 y 也就唯一确定了，这正是"函数依赖"概念的由来。

函数依赖存在与否，完全决定于数据的语义。所谓数据语义，即人为赋予数据在特定场景下的含义，是对数据的一种约束。例如，如果一个职工只允许有一个电话号码，那么职工号确定了，则其电话号码也就随之确定了。也就是说，电话号码与职工号之间有函数依赖：职工号→电话号码。如果允许一个职工有多个电话号码，那么就不存在这种函数依赖了。因此，确定属性间的函数依赖，要根据数据的语义，既不能根据当前的数据值来归纳，更不能凭"想当然"。

7.3.2 范式

由于关系规范化的要求不同，出现了不同的标准，即范式，从 1NF、2NF、3NF、BCNF、4NF，直至 5NF。其规范化的条件按上述次序越来越强，后面的范式可以看成前面范式的特例。所谓"第几范式"可以理解为关系所达到的某一种规范级别。

一个低一级范式的关系模式通过模式分解可以转换为若干个高一级范式的关系模式，这个过程就叫规范化。

（1）第一范式（1NF）

如果一个关系模式 R 的每个属性对应的值都是不可再分的原子值，则该关系模式 R 属于第一范式，记为 $R \in 1NF$。

关系数据库表的每一列都是不可再分的原子数据项，而不能是集合、记录等非原子数据项。当实体中的某个属性有多个值时，必须拆分为不同的属性，即一个字段只存储一项信息。

7-3 范式理论简介

如学生信息表（学号,姓名,地址）中，地址列的值包含省份、市、详细住址等多项数据，非原子值，因此可以理解为不满足第一范式。但这也不是绝对的，理论上，只要能在数据库中创建出来的表，就需要满足第一范式。

第一范式的合理遵循需要根据系统的实际需求来定。例如，某些数据库系统中需要用到"地址"这个属性，本来直接将"地址"属性设计成数据库表的一个字段就行，但是如果系统经常会访问"地址"属性中的"城市"部分，那么就需要将"地址"这个属性重新拆分为省份、城市、详细地址等多个部分进行存储，这样在对地址中某一部分操作时将非常方便。这样设计才算满足了数据库的第一范式，如图 7.8 所示。

图 7.8b 和图 7.8d 所示的学生信息遵循了第一范式的要求，这样在对学生使用城市或班级进行分类时就非常方便，也提高了数据库的性能。

（2）第二范式（2NF）

如果一个关系模式 $R \in 1NF$，并且所有非主属性都完全函数依赖于其候选码，则该关系模式 R 属于第二范式，记为 $R \in 2NF$。

判断是否符合第二范式的步骤：先确定关系的主键；然后确定主属性和非主属性；最后确定非主属性是完全依赖于主键，还是只依赖于主键中的部分属性。部分依赖只存在于多个

学号	姓名	地址
20191212365	张三	云南省昆明市莲花小区6栋3单元203

a) 非第一范式

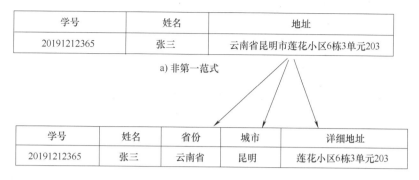

学号	姓名	省份	城市	详细地址
20191212365	张三	云南省	昆明	莲花小区6栋3单元203

b) 第一范式

学号	姓名	班级
20191212365	江雪	2019级计科1班

c) 非第一范式

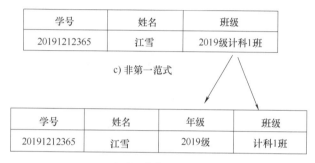

学号	姓名	年级	班级
20191212365	江雪	2019级	计科1班

d) 第一范式

图 7.8　非第一范式转换

属性组合作主键的情况。

下面举一个不满足 2NF 的例子。

【例 7.5】　有一"选课信息"表，其关系模式为（学号，课程编号，成绩，课程名称，学生姓名，学分），这些数据具有以下语义：

1）学号是一个学生的标识，课程编号是一门课程的标识，这些标识与其代表的学生和课程分别一一对应。

2）一个学生所修读的每一门课程都有一个成绩。

根据上述语义，则存在如下函数依赖（决定关系）：

（学号，课程编号）→成绩；

学号→学生姓名；

课程编号→课程名称；

课程编号→学分。

这些函数依赖关系可以用图 7.9 形象化地表示。

从图 7.9 可以看出，属性组合（学号，课程编号）可以决定其他所有属性的值，而单个属性"学号"或"课程编号"则不能，故（学号，课程编号）是这个关系的主键。"课程名称"只依赖于主键中的"课程编号"属性，"学生姓名"只依赖于主键中的"学号"属性，都属于部分依赖于主键，非完全依赖。因此，该关系模式不符合 2NF 的要求。

一个关系不满足 2NF 就会产生以下问题：

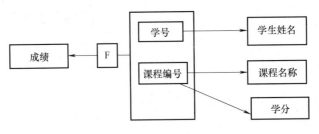

图 7.9 函数依赖示意图

1）数据冗余太多。冗余即数据重复，主要体现在数据库表某一列上的数据大量重复。如上述"选课"关系中，如果某一位学生选修了 6 门课程，那他的姓名就要重复 6 次；一门课程的名称、学分对选修这门课的所有学生重复出现。

2）修改异常。由于数据冗余，在修改时往往会导致数据的不一致。例如，改变一门课程的课程名称或学分，需要修改多个元组。如果部分修改，部分不修改，则会导致数据的不一致。

3）插入异常。假若要插入一个学生记录（学号 = "S1"，学生姓名 = "张三"），但该生还未选课，即这个学生无课程编号，这样的元组就插不进选课表中，因为插入元组时主键列的值不能为空。

4）删除数据异常。假定某个学生 S4 选了一门课 C3，现在他想退选，即数据库"选课信息表"执行删除 C3 操作，因为 C3 是主键的一部分，不能设置为空值，删除 C3 的唯一方法就是删除整个元组，这样使得 S4 的其他信息也一并删除，从而造成不应该删除的信息也被删除了。

分析上面的例子可以发现，问题在于有两类非主属性：一类如成绩，它对主键是完全函数依赖；另一类如课程名称、学生姓名、学分，它们对主键是部分依赖。

解决办法是使用投影分解法，即将具有完全依赖关系的列分离出来组合为一个新的关系。分解后得到如下三个关系模式：选课信息（学号,课程编号,成绩），学生信息（学号,学生姓名），课程信息（课程编号,课程名称,学分）。

关系模式"选课信息""课程信息"和"学生信息"中属性之间的函数依赖如图 7.10~图 7.12 所示。

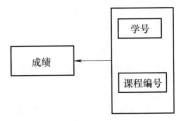

图 7.10 选课信息中的函数依赖

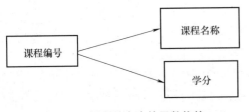

图 7.11 课程信息中的函数依赖

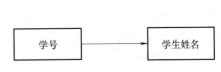

图 7.12 学生信息中的函数依赖

（3）第三范式（3NF）

如果一个关系模式 $R \in 2NF$，并且所有非主属性都直接函数依赖于其候选码（即不存在非主属性传递依赖于候选码），则该关系模式 R 属于第三范式，记为 $R \in 3NF$。

例如，关系模式 $R(A,B,C)$ 中，A 为主键，B、C 为非主属性，假如存在 $B\text{->}C$，即非主属性 C 依赖于非主属性 B，则 $A\text{->}C$ 称为传递依赖。

【例7.6】 表 $S1$（学号，姓名，系编号，系名，系办公室）中，根据函数依赖概念，只有"学号"能决定其他所有属性，故"学号"为表 $S1$ 的主键。由于是单个属性作主键，不存在部分依赖问题，因此 $S1$ 满足 2NF。下面以图 7.13 所示为例，看一下表 $S1$ 存在的问题。

冗余

学号	姓名	系编号	系名	系办公室
20202184073101	张三	x001	信息技术系	广靖B303
20202184073102	李四	x001	信息技术系	广靖B303
20202184073103	王五	x001	信息技术系	广靖B303
20202184073001	江雪	x002	财经系	广靖B404

图 7.13 学生信息表 S1

从图 7.13 可以直观地看出，表 $S1$ 在"系名"和"系办公室"列上会存在大量数据重复。数据重复浪费存储空间，而且使得更新数据库变得复杂。假设"信息技术系"要变更办公室，需要修改三行数据，实际情况中往往需要修改得更多。

是什么原因导致上述问题呢？经分析，除了主键依赖学号→系编号，表 $S1$ 还存在以下依赖关系：系编号→系办公室，系编号→系名。

也就是说，存在着非主属性"系名"和"系办公室"传递依赖于主属性"学号"的情况，因此表 $S1$ 不满足 3NF。

解决办法同样是将表 $S1$ 分解为：学生信息（学号，姓名，系编号）和系部信息（系编号，系名，系办公室）。分解后的关系模式"学生信息"与"系部信息"中均不再存在非主属性对候选码的传递依赖。

第二范式（2NF）和第三范式（3NF）的概念很容易混淆，区分它们的关键点在于：对于 2NF，非主属性是完全依赖于候选码，还是依赖于候选码的一部分；对于 3NF，非主属性是直接依赖于候选码，还是传递依赖于候选码。

（4）BCNF 范式

如果一个关系模式 $R \in 3NF$，且关系模式中的所有决定因素都包含码（键），则该关系模式 R 满足 BCNF 范式，记为 $R \in BCNF$。

决定因素，即关系模式的函数依赖关系中箭头起始端的属性或属性组。

BCNF（Boyce Codd Normal Form）是由 Boyce 与 Codd 提出的，比 3NF 又进了一步，通常认为 BCNF 是修正的第三范式。

由 BCNF 的定义可以得到结论，一个满足 BCNF 的关系模式有：

1）属于 3NF。

2）所有决定因素都包含码。

3）所有主属性都完全函数依赖于每一个不包含它的码。

事实上，满足 BCNF 的关系模式，不仅排除了任何属性（包括主属性和非主属性）对候选码的部分依赖和传递依赖，而且还排除了主属性之间的传递依赖。

下面用几个例子来加深对 BCNF 范式的理解。

【例 7.7】 关系模式 S（Sno，Sname，Sdept，Sage），其中 Sdept 为学生所在系部。假定 Sname 也具有唯一性，那么 S 就有两个码，这两个码都由单个属性组成。其他属性不存在对码的传递依赖与部分依赖，所以 S 属于 3NF。同时，S 中除 Sno、Sname 外没有其他决定因素，所以 S 也属于 BCNF。

【例 7.8】 关系模式 $SJP(S,J,P)$ 中，S 表示学生，J 表示课程，P 表示名次。每一个学生选修每门课程的成绩有一定的名次，每门课程中每一名次只有一个学生（即没有并列名次）。由语义可得到下面的函数依赖：

$$(S,J) \rightarrow P$$
$$(J,P) \rightarrow S$$

从依赖关系中可以看出，属性组合 (S,J) 或 (J,P) 都能决定 SJP 中其他属性的值，因此属性组合 (S,J) 和 (J,P) 为 SJP 的码（键），这个关系显然没有属性对码传递依赖或者部分依赖，故 SJP 属于 3NF，而且除属性组 (S,J) 和 (J,P) 外没有其他的决定因素，所以 SJP 属于 BCNF。

【例 7.9】 关系模式 $R(S,C,Z)$ 中，S 表示街道（Street）及号码，C 表示城市（City），Z 表示邮政编码（Zip）。由语义可得到下面的函数依赖：

$$(S,C) \rightarrow Z$$
$$Z \rightarrow C$$

所以属性组 (S,C) 为关系 R 的码，在关系模式 R 中，唯一的非主属性 Z 对码 (S,C) 完全函数依赖，也不存在传递函数依赖情况，所以 S 属于 3NF。但决定因素中，属性 Z 并不包含码，因此 R 不属于 BCNF。

BCNF 是在函数依赖的条件下对模式分解所能达到的最高级别。如果关系模式都属于 BCNF，那么在函数依赖范畴内它已实现了彻底的分离，消除了插入和删除的异常。而 3NF 的"不彻底"性表现在可能存在主属性对码的部分依赖和传递依赖。

7.4 自测练习

1. 定义并理解下列术语，说明它们之间的联系与区别。

（1）域，笛卡儿积，关系，元组，属性。

（2）主码，候选码，外码。

（3）关系模式，关系，关系数据库。

2. 举例说明关系模式和关系的区别。

3. 试问下列关系模式最高属于第几范式，并解释其原因。

（1）$R(A,B,C,D)$，$F = \{B \rightarrow D, AB \rightarrow C\}$。

（2）$R(A,B,C,D,E)$，$F = \{AB \rightarrow CE, E \rightarrow AB, C \rightarrow D\}$。

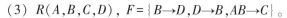

（3）$R(A,B,C,D)$，$F=\{B{\rightarrow}D,D{\rightarrow}B,AB{\rightarrow}C\}$。

（4）$R(A,B,C)$，$F=\{A{\rightarrow}B,B{\rightarrow}A,A{\rightarrow}C\}$。

（5）$R(A,B,C)$，$F=\{A{\rightarrow}B,B{\rightarrow}A,C{\rightarrow}A\}$。

（6）$R(A,B,C,D)$，$F=\{A{\rightarrow}C,D{\rightarrow}B\}$。

（7）$R(A,B,C,D)$，$F=\{A{\rightarrow}C,CD{\rightarrow}B\}$。

第 **8** 章 数据库管理

 导读

  关系数据库标准语言 SQL 功能强大，具有数据定义、数据查询、数据更新、数据控制等功能。熟练掌握 SQL 中的数据查询和数据更新，可以提高对数据库的操纵能力。数据库的安全性是指保护数据库以防止非法使用所造成的数据泄露、更改或破坏；数据库的完整性是指防止数据库中存在不符合语义或不正确的数据，从而保证数据的一致性和准确性。另外，数据库还提供了共享数据服务的机制，在支持多用户并发访问数据的同时，必须保证数据访问的正确性和可行性。因此，本章重点介绍关系型数据库中数据定义、数据操纵、数据控制、数据库的安全性与完整性、并发控制等相关的数据库管理功能。

本章要点

- 掌握 SQL 的数据定义功能
- 熟练掌握 SQL 的数据查询操作
- 熟练掌握 SQL 的数据更新操作
- 掌握数据库安全性控制方法和技术
- 掌握数据库完整性控制的方法和技术
- 掌握事务的概念，理解数据库并发控制

8-1 第 8 章
内容简介

8.1 数据定义

  关系型数据库中的关系集合必须由数据定义语言来定义，包括数据库模式、关系模式、外模式、关系的索引及存储结构等。

  结构化查询语言 SQL 的数据定义功能主要包括数据库/基本表/视图的创建、修改与删除，以及索引的创建与删除。

  在 SQL 中，相关对象的创建、修改与删除操作语句见表 8.1。

表 8.1　SQL 的数据定义

操作对象	创　建	修　改	删　除
数据库	CREATE　DATABASE	ALTER　DATABASE	DROP　DATABASE
基本表	CREATE　TABLE	ALTER　TABLE	DROP　TABLE
视图	CREATE　VIEW	ALTER　VIEW	DROP　VIEW
索引	CREATE　INDEX	—	DROP　INDEX

本节以基本表的创建为例，介绍 SQL 的数据定义功能。

一旦创建了数据库，就可以在其中建立基本表。基本表是关系模型中实体或实体之间联系的表示方式，是用来组织和存储数据、具有行列结构的数据库对象。在创建基本表时，至少需要根据逻辑结构设计阶段所定义的关系模式确定表中要包含哪些字段、每个字段的数据类型和宽度（如果必要），也可以定义关系模式需要满足的完整性约束条件。

SQL 支持的基本数据类型主要有以下几种：

- 整型：int（4B）；smallint（2B）；tinyint（1B）。
- 实型：float；real（4B）；decimal（p，n）；numeric（p，n）。
- 字符型：char（n）；varchar（n）；text。
- 逻辑型：bit（1B），只能存放 0 或 1。
- 货币型：money（8B）；smallmoney（4B）。
- 二进制型：binary（n），每个字符占一个字节，无须转换，数据输入方式决定它的输出方式；varbinary；image，用于 OLE 对象。
- 日期时间型：datetime。

8-2　数据表
定义语句解读

1. 创建基本表

创建基本表的语句格式：

```
CREATE TABLE<表名>
        (<列名><数据类型>[<列级完整性约束条件>]
        [,<列名><数据类型>[<列级完整性约束条件>]]
        [,<表级完整性约束条件>]);
```

参数说明：

- <表名>：所要定义的基本表的名字。
- <列名>：组成该表的各个字段（列）。
- <列级完整性约束条件>：涉及相应属性列的完整性约束条件。
- <表级完整性约束条件>：涉及一个或多个属性列的完整性约束条件。

如果完整性约束条件涉及该表的多个属性列，则必须定义在表一级上；否则，既可以定义在列级也可以定义在表级。关于完整性约束参见本章第 8.4 节。

【例 8.1】　学生信息表的创建。

```
CREATE　TABLE　Student
      （Sno　CHAR(9)　PRIMARY KEY,　/*列级完整性约束条件,Sno 是主码*/
```

```
Sname  CHAR(20)  NOT NULL  UNIQUE,  /＊Sname 不为空,取唯一值＊/
Ssex   CHAR(2),
Sage   SMALLINT,
Tel    CHAR(20)  NOT NULL,
Sdept  CHAR(20)
);
```

参数说明：

- PRIMARY KEY：定义主键约束，每个表只能创建一个 PRIMARY KEY。
- NOT NULL：确定列中不允许使用空值。
- UNIQUE：定义列的取值唯一。如果是在多个列上定义一个 UNIQUE 约束，则这些列的值组合起来不重复。一个表可以有多个 UNIQUE 约束。

【例 8.2】 课程信息表的创建。

```
CREATE  TABLE  Course
        (Cno  CHAR(4)  PRIMARY KEY,
        Cname  CHAR(40),
        Cpno  CHAR(4),
        Ccredit  SMALLINT,
        FOREIGN KEY(Cpno)REFERENCES  Course(Cno)
        );
```

参数说明：

- FOREIGN KEY REFERENCES：定义引用完整性约束，只能引用被参照表中有 PRIMARY KEY 或 UNIQUE 约束的列。

【例 8.3】 学生成绩表的创建。

```
CREATE  TABLE  SC
        (Sno  CHAR(9),
        Cno  CHAR(4),
        Grade  SMALLINT,
        PRIMARY KEY(Sno,Cno),
            /＊主码由两个属性构成,必须作为表级完整性进行定义＊/
        FOREIGN KEY(Sno)REFERENCES Student(Sno),
            /＊表级完整性约束条件,Sno 是外码,被参照表是 Student＊/
        FOREIGN KEY(Cno)REFERENCES Course(Cno)
            /＊表级完整性约束条件,Cno 是外码,被参照表是 Course＊/
        );
```

2. 基本表的修改

随着需求的变化，可能需要对基本表的结构进行相应的调整，如增加字段、删除字段或

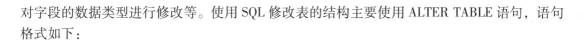

对字段的数据类型进行修改等。使用 SQL 修改表的结构主要使用 ALTER TABLE 语句，语句格式如下：

```
ALTER TABLE<表名>
[ADD[COLUMN]<新列名><数据类型>[完整性约束]]
[ADD<表级完整性约束>]
[DROP[COLUMN]<列名>[CASCADE|RESTRICT]]
[DROP CONSTRAINT<完整性约束名>[RESTRICT|CASCADE]]
[ALTER COLUMN<列名><数据类型>];
```

参数说明：
- <表名>：要修改的基本表。
- ADD 子句：用于增加新列、新的列级完整性约束或新的表级完整性约束条件。
- DROP COLUMN 子句：用于删除表中的列。如果指定了 CASCADE 短语，则自动删除引用了该列的其他对象；如果指定了 RESTRICT 短语，则如果该列被其他对象引用，关系数据库管理系统将拒绝删除该列。
- DROP CONSTRAINT 子句：用于删除指定的完整性约束条件。
- ALTER COLUMN 子句：主要用于修改原有列的数据类型。

【例 8.4】 在表 Student 中新增加一列登录名，列名为 LoginName，数据类型为 varchar(20)，允许取空值。

```
ALTER TABLE Student ADD LoginName varchar(20);
```

注意：当向表中新增一列时，最好为该列定义一个默认约束，使该列有一个默认值。如果增加的新列没有设置默认值，并且表中已经填写了数据，那么必须指定该列允许空值，否则，系统将产生错误信息。

【例 8.5】 修改表 Student 中的列 LoginName，将其数据类型改为 char(10)，并且允许为空。

```
ALTER TABLE Student  ALTER COLUMN LoginName char(20)  NULL;
```

【例 8.6】 删除 Student 表中的 LoginName 列。

```
ALTER TABLE Student DROP COLUMN LoginName;
```

【例 8.7】 为 Grade 表中的成绩列 grade 添加一个约束，限制该列的值只能为 0~100。

```
ALTER TABLE Grade
      ADD CONSTRAINT CK_grade CHECK(grade>=0 and grade<=100);
```

参数说明：
- CHECK：定义检查约束，该约束通过限制列的取值来强制实现域的完整性。

3. 基本表的删除
删除表就是将表中数据及其表结构从数据库中永久性删除。在 SQL 中，删除表可以使用 DROP TABLE 语句来完成。

需要注意的是，基本表一旦被删除，就无法恢复，除非还原数据库。因此，执行此操作时应该慎重。

删除基本表的语句格式如下：

```
DROP TABLE<表名>[RESTRICT |CASCADE];
```

参数说明：

● RESTRICT：删除表是有限制的。欲删除的基本表不能被其他表所引用，如果存在依赖该表的对象，则此表不能被删除。

● CASCADE：删除该表没有限制。在删除基本表的同时，相关的依赖对象一起被删除。

【例 8.8】 删除学生信息表。

```
DROP  TABLE  Student  CASCADE;
```

该语句执行后，学生信息表和学生成绩表的定义被删除，表内的数据也会被删除。

8.2 数据查询

查询数据是使用数据库的最基本的方式，也是最重要的方式。在 SQL 中，可以使用 SELECT 语句执行数据查询操作，查看基本表或视图中的数据。该语句具有非常灵活的使用方式和丰富的功能，它既可以在单表上完成简单的数据查询，也可以在多表上完成复杂的连接查询和嵌套查询。

数据查询语句的基本格式：

```
SELECT[ALL |DISTINCT]select_list[INTO new_table]
FROM table_source
[WHERE search_condition]
[GROUP BY group_by_expression
    [HAVING search_condition]]
[ORDER BY order_expression[ASC |DESC]]
```

参数说明：

● select_list：指定要显示的属性列。

● FROM 子句：指定查询对象（基本表或视图等）。

● WHERE 子句：指定查询条件。

8-3 数据查询语句解读

● GROUP BY 子句：对查询结果按指定列的值分组，该属性列值相等的元组为一个组，通常会在每组中使用聚集函数。其中，HAVING 短语对组进行筛选，只有满足指定条件的组才输出到查询结果中。

● ORDER BY 子句：对查询结果按指定列值的升序或降序排序。

一般情况下，FROM 子句是必不可少的，WHERE 子句是可选的。如果没有使用 WHERE 子句，那么表示无条件地查询所有的数据。

此外，还可以在查询之间使用 UNION、EXCEPT 和 INTERSECT 运算符，以便将各个查询的结果经过集合运算，合并或比较处理后输出到一个结果集中。

8.2.1 单表查询

单表查询指查询仅涉及一个表。SELECT 语句中的 select_list 可以是表中的属性列，也可以是列表达式，或者是经过计算的值。可以在 SELECT 关键字后的列表中使用各种运算符和函数。

1. 简单的列查询

在 SELECT 语句中，如果只使用 FROM 子句，可以实现简单的列查询。下面将分情况举例介绍不同查询要求的具体实现方法。

（1）查询指定的列

【例 8.9】 查询全体学生的姓名、学号、所在系。

```
SELECT  Sname,Sno,Sdept  FROM  Student;
```

当要查询全部列时，要么在 SELECT 关键字后面列出所有列名，要么将<列表达式>指定为"*"。比如要查询全体学生的详细记录，可使用

```
SELECT  Sno,Sname,Ssex,Sage,Sdept  FROM Student;
```

或者

```
SELECT  *  FROM Student;
```

（2）查询经过计算的值

select_list 不仅可以是表中的属性列，也可以是表达式。

【例 8.10】 查询全体学生的姓名及其出生年份。

```
SELECT  Sname,2021-Sage   FROM Student;
```

（3）消除重复记录

以上的查询方式通常会返回从表中搜索到的所有行的数据，而不管这些数据是否重复。而如果指定 DISTINCT 关键字，则会帮助用户去掉重复的行，默认为 ALL。

【例 8.11】 查询选修了课程的学生学号。

```
SELECT  Sno  FROM  SC;
```

等价于

```
SELECT  ALL  Sno  FROM  SC;
```

但此时应该使用如下语句：

```
SELECT  DISTINCT  Sno
FROM  SC;
```

2. 条件查询

如果查询时只关心满足条件的记录，可以使用 WHERE 子句来选择部分记录，从而限制查询的范围，提高查询效率。WHERE 子句中的 Search_Condition 包括算术表达式和逻辑表达式两种，Search_Condition 中常用的运算符有比较运算符和逻辑运算符。

比较运算符用于比较两个数值的大小，常用的比较运算符有 =（等于）、>（大于）、<（小于）、>=（大于或等于）、<=（小于或等于）、!= 或 <>（不等于）。

逻辑运算符主要有以下几类：

范围比较运算符：BETWEEN…AND…, NOT BETWEEN…AND…。

集合比较运算符：IN, NOT IN。

字符匹配运算符：LIKE, NOT LIKE。

空值比较运算符：IS NULL, IS NOT NULL。

条件连接运算符：AND, OR, NOT。

（1）基于比较大小的查询

【例 8.12】 查询计算机系全体学生的名单。

```
SELECT  Sname  FROM  Student   WHERE  Sdept='CS';
```

【例 8.13】 查询所有年龄在 20 岁以下的学生姓名及其年龄。

```
SELECT  Sname,Sage  FROM  Student  WHERE  Sage<20;
```

（2）确定范围的查询

IN、NOT IN、BETWEEN…AND…、NOT BETWEEN…AND… 可以用来查找属性值在或不在指定范围内的记录。其中，BETWEEN 后是范围的下限，AND 后是范围的上限；关键字 IN 之后一般是用一对圆括号表示的常量表。

【例 8.14】 查询年龄在 20～23 岁（包括 20 岁和 23 岁）之间的学生的姓名、系别和年龄。

```
SELECT  Sname,Sdept,Sage  FROM  Student
        WHERE   Sage BETWEEN 20 AND 23;
```

【例 8.15】 查询计算机系（CS）、数学系（MA）和信息系（IS）学生的姓名和性别。

```
SELECT  Sname,Ssex FROM  Student  WHERE  Sdept IN('CS','MA','IS');
```

（3）基于字符匹配的查询

通常在查询字符数据时，提供的查询条件并不是十分准确，例如，查询仅仅是包含或类似某种样式的字符，这种查询称为模糊查询。在 WHERE 子句中，可以使用 LIKE 关键字实现这种灵活的查询。

LIKE 用于测试一个字符串是否与给定的模式匹配。所谓模式是一种特殊的字符串，其中可以包含普通字符，也可以包含具有特殊含义的字符，通常称为通配符。

包含 LIKE 运算符的条件表达式一般为：

```
列名 LIKE<模式串>
```

模式串中可使用的通配符见表 8.2。

表 8.2 LIKE 子句中的通配符

通配符	含 义
％（百分号）	包含零个或多个字符的任意字符串
＿（下画线）	代表任意单个字符

需要强调的是，带有通配符的字符串必须使用单引号引起来。下面是一些带有通配符的模式匹配字符串示例：

```
LIKE'AB%'           /＊返回以"AB"开始的任意字符串＊/
LIKE'%ABC'          /＊返回以"ABC"结束的任意字符串＊/
LIKE'_AB'           /＊返回以"AB"结束的 3 个字符的字符串＊/
```

在 WHERE 子句中使用 LIKE 运算符的查询，其含义是：如果前面没有 NOT，则查询指定字段的值与模式串相匹配的记录；如果有 NOT，则查询指定字段的值不与模式串相匹配的记录。

8-4 LIKE子句中的通配符解读

【例 8.16】 查询课程名称中含有"语言"二字的课程信息。

```
SELECT  *  From  Course  WHERE  Cname  LIKE  '%语言%'
```

【例 8.17】 查询姓"欧阳"且全名为三个汉字的学生的姓名。

```
SELECT  Sname  FROM  Student
    WHERE  Sname  LIKE  '欧阳__';
```

（4）基于空值的查询

空值是尚未确定或不确定的值。要判断某列的值是否为空值，不能使用比较运算符等于和不等于，而只能使用专门判断空值的子句 IS NULL 或 IS NOT NULL。

【例 8.18】 查询所有已登记考试成绩的学生的学号和课程号。

```
SELECT  Sno,Cno  FROM  SC
    WHERE  Grade  IS NOT NULL;
```

（5）多重条件查询

通过使用逻辑运算符 AND 或者 OR 来连接多个查询条件，其中，AND 的优先级高于 OR。可以使用括号来改变查询的优先级。

【例 8.19】 查询计算机系的年龄在 20 岁以下的学生姓名。

```
SELECT  Sname  FROM  Student
    WHERE  Sdept='CS'  AND  Sage<20;
```

【例 8.20】 查询计算机系（CS）、数学系（MA）和信息系（IS）学生的姓名和性别。

```
SELECT  Sname,Ssex  FROM  Student
  WHERE  Sdept='CS'  OR  Sdept='MA'  OR  Sdept='IS';
```

3. 聚合函数查询

聚合函数又称聚集函数、统计函数，在 SELECT 语句中使用聚合函数对一组值执行统计计算，并返回单个值。例如，在 SQL SERVER 中主要提供以下几类聚合函数：

● 计数（统计元组个数、某列中值的个数）：

COUNT([DISTINCT |ALL]expression|*)

● 计算总和（此列必须为数值型）：

SUM([DISTINCT |ALL]expression)

8-5 聚合函数使用解读

● 计算平均值（此列必须为数值型）：

AVG([DISTINCT |ALL]expression)

● 求最大值：

MAX([DISTINCT |ALL]expression)

● 求最小值：

MIN([DISTINCT |ALL]expression)

聚合函数只能在以下位置作为表达式使用：

1）SELECT 语句的选择列表（子查询或外部查询）。

2）HAVING 子句。

【例 8.21】 在学生表中查询学生总人数。

```
SELECT  COUNT(*)  FROM  Student;
```

【例 8.22】 在成绩表中计算修读 1 号课程的学生平均成绩。

```
SELECT  AVG(Grade)  FROM  SC  WHERE  Cno='1';
```

4. 分组查询

使用分组技术可以将记录按属性分组，属性值相等的为一组。这样做的目的是为了细化统计函数的作用对象。如果未对查询结果分组，许多时候聚合函数将作用于整个查询结果；而对查询结果分组后，聚合函数将分别作用于每个组。在 SQL 中，使用 GROUP BY 子句可以实现分组查询。

【例 8.23】 统计各个课程号相应的选课学生人数。

```
SELECT  Cno,COUNT(Sno)  FROM  SC  GROUP  BY  Cno;
```

如果分组后还要求按一定的条件对这些组进行筛选，最终只输出满足指定条件的组，则可以使用 HAVING 短语指定筛选条件。

【例 8.24】 查询平均成绩大于等于 90 分的学生的学号和平均成绩。

```
SELECT  Sno,AVG(Grade)  FROM  SC
      GROUP  BY  Sno  HAVING  AVG(Grade)>=90;
```

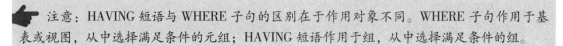

注意：HAVING 短语与 WHERE 子句的区别在于作用对象不同。WHERE 子句作用于基表或视图，从中选择满足条件的元组；HAVING 短语作用于组，从中选择满足条件的组。

5. 对查询结果排序

使用 ORDER BY 子句可以按一个或多个属性列对查询到的数据记录进行排序。默认的排序方式有两种，即升序和降序，分别使用关键字 ASC 和 DESC 来指定。当排序列包含空值（NULL）时，空值默认以最大值处理。

【例 8.25】 查询选修了 3 号课程的学生的学号及其成绩，查询结果按分数降序排列。

```
SELECT  Sno,Grade  FROM  SC  WHERE  Cno='3'
        ORDER  BY  Grade  DESC;
```

【例 8.26】 查询全体学生的情况，查询结果按所在系的编号升序排列，同一系中的学生按年龄降序排列。

```
SELECT  *  FROM  Student  ORDER  BY  Sdept,Sage  DESC;
```

当基于多个属性对数据进行排序时，出现在 ORDER BY 子句中的列的顺序非常重要，因为系统是按照排序列的先后进行排序的。如果第一个属性相同，则依据第二个属性排序；如果第二个属性也相同，则依据第三个属性排序；依此类推。

8.2.2　多表连接查询

在设计表时，为了提高表的设计质量，经常把相关的数据分散在不同的表中。但是，在实际使用时，往往需要同时从两个或两个以上表中查询数据，并且每一个表中的数据往往仍以单独的列出现在结果集中。从两个或两个以上表中查询数据，且结果集中出现的列来自于两个或两个以上表中的查询操作称为连接查询。

通过连接，可以从两个或多个表中根据各个表之间的逻辑关系来查询数据。该类查询是由一个广义笛卡儿积运算再加一个选取运算构成的查询。首先，用笛卡儿积完成对两个数据集合的乘运算；然后，对生成的结果集合进行选取运算，确保只把分别来自两个数据集合并且具有重叠部分的行合并在一起。

连接查询的意义在于从水平方向上合并两个数据集合，并产生一个新的结果集合。作为关系数据库中最主要的查询操作，多表连接查询方式主要包括交叉连接、内连接、外连接三种。

连接条件可在 FROM 或 WHERE 子句中指定，建议在 FROM 子句中指定；连接条件可以用 ON 子句显式规定。

（1）交叉连接

交叉连接也称为笛卡儿乘积，它返回两个表中所有数据行的全部组合，所得结果集中的数据行数等于第一个表中的数据行数乘以第二个表中的数据行数。

【例 8.27】 学生表和课程表的笛卡儿积。

```
SELECT  *  FROM  Student  CROSS  JOIN  Course
        WHERE  Sdept='计算机';
```

（2）内连接

通常使用比较运算符进行表之间某（些）相同列数据的比较，并列出这些表中与连接条件相匹配的数据行。常用的内连接查询包括等值连接、不等值连接和自连接查询。

1）连接条件或连接谓词中的运算符为等号（=）的连接查询称为等值连接。

【例 8.28】 查询每个学生选修课程的情况。

在 FROM 子句中指定连接条件：

```
SELECT  *  FROM  Student  INNER  JOIN  Grade
      ON  Student.Sno = Grade.Sno
```

在 WHERE 子句中指定连接条件：

```
SELECT  *  FROM  Student,Grade
      WHERE  Student.Sno=Grade.Sno
```

注意：如果属性名在参加连接的各表中是唯一的，则可以省略表名前缀。

2）当连接条件或连接谓词中的运算符不是等号（=）时，将该连接称为不等值连接。这些运算符可以是>、>=、<、<=、!=（或<>），还可以使用 BETWEEN…AND…之类的谓词。一般情况下，不等值连接通常和等值连接一起组成复合条件，共同完成一组查询。

【例 8.29】 查询每个学生选修课程成绩大于 80 的情况。

在 FROM 子句中指定连接：

```
SELECT  Student.*,Grade.*  FROM  Student  INNER  JOIN  Grade
      ON  Student.Sno=Grade.Sno  AND  Grade.Grade>80
```

3）连接还可以在同一张表中进行，这种连接称为自连接（Self Join），相应的查询称为自连接查询。

【例 8.30】 查找课程不同但成绩相同的学生的学号、课程号和成绩（不考虑同一学生成绩相同的情况）。

```
SELECT  X.Sno,X.Cno,X.grade,Y.Sno,Y.Cno,Y.grade
      FROM  Grade  X  JOIN  Grade  Y
            ON  X.Cno<>Y.Cno  AND  X.grade=Y.grade  AND  X.Sno<>Y.Sno
```

（3）外连接

在内连接操作中，只有满足连接条件的元组才会出现在查询结果中。但是，如果需要以 Student 表为主体列出每个学生的基本情况及其选课情况，当某个学生没有选课时也需要输出其基本情况信息（其选课信息为空值即可），这时可以使用外连接（OUTER JOIN）。

可以使用三种外连接关键字，即 LEFT OUTER JOIN（或 LEFT JOIN）、RIGHT OUTER JOIN（或 RIGHT JOIN）和 FULL OUTER JOIN（或 FULL JOIN）。

LEFT OUTER JOIN 表示左外连接，结果集中将包含左表中的所有数据和第二个连接表中满足条件的数据。

RIGHT OUTER JOIN 表示右外连接，结果集中将包含右表中的所有数据和第一个连接表中满足条件的数据。

FULL OUTER JOIN 表示全外连接，它综合了左外连接和右外连接的特点，返回两个表的所有行。对于不满足外连接条件的数据，在另外一个表中的对应值以 NULL 填充。

【例 8.31】　查询所有学生选修课程的情况，包括没有选修课程的学生。

```
SELECT  Student.Sno,Student.Sname,Cno,Grade
    FROM  Student  LEFT  OUTER  JOIN  Grade
        ON  Student.Sno=Grade.Sno
```

连接查询是 SQL 查询的核心，连接查询的连接类型依据实际需求选择。如果选择不当，非但不能提高查询效率，反而会带来一些逻辑错误，使得查询性能低下。

8.2.3　子查询与嵌套查询

（1）子查询

在 SQL 中，一个 SELECT…FROM…WHERE…语句称为一个查询块。将一个查询块嵌套在 SELECT、INSERT、UPDATE、DELETE 语句或其他子查询语句中时，该查询块被称为子查询。任何允许使用表达式的地方都可以使用子查询。

【例 8.32】　查询选修 2 号课程的学生姓名。

```
SELECT  Sname  FROM  Student
    WHERE  Sno  IN(SELECT  Sno  FROM  Grade  WHERE  Cno='2');
```

当查询语句比较复杂、不容易理解，或者一个查询依赖于另外一个查询的结果时，就可以使用子查询。

子查询的结果可以是一行或多行，返回多行的子查询通常用在 IN、NOT IN 之后。

（2）嵌套查询

嵌套查询是指将一个查询块嵌套在另一个 SELECT 语句的 WHERE 子句或 HAVING 短语的条件中的查询。在嵌套查询中，上层的查询块称为外层查询或父查询，下层的查询块称为内层查询或子查询。

SQL 允许多层嵌套查询，即一个子查询中还可以嵌套其他子查询。在使用子查询时，需要注意以下几点：

1）子查询必须使用圆括号括起来。

2）子查询中不能使用 ORDER BY 子句。

3）如果父查询中使用了 ORDER BY 子句，则 ORDER BY 子句必须与 TOP 子句同时出现。

4）嵌套查询一般的求解方法是由内向外，即每个子查询要在上一级查询处理之前求解，因为子查询的结果用于建立其父查询要使用的查找条件。

【例 8.33】　查询与"张三"在同一个院系学习的学生信息。

```
SELECT * FROM Student WHERE Sdept  IN
    (SELECT  Sdept  FROM  Student
        WHERE  Sname='张三');
```

【例 8.34】　查询选修了课程名为"数据库原理"的学生学号和姓名。

```
SELECT  Sno,Sname  FROM  Student
WHERE  Sno  IN
   (SELECT  Sno  FROM  Grade
     WHERE  Cno  IN
          (SELECT  Cno  FROM  Course
          WHERE  Cname='数据库原理'));
```

8-6 嵌套查询示例解析

带有比较运算符的子查询是指父查询与子查询之间用比较运算符进行连接。当用户能确切知道内层查询返回的是单值时，可以用=、>、<、>=、<=、!=（或<>）等比较运算符。

【例 8.35】　找出每个学生的超过他的选课平均成绩的课程号。

```
SELECT  Sno,Cno  FROM  SC  x
WHERE  Grade>=(SELECT  AVG(Grade)  FROM  SC  y
                WHERE  y.Sno=x.Sno);
```

注意：该嵌套查询的子查询属于相关子查询。子查询的执行及其结果依赖于外部查询的数据和结果。该嵌套查询的执行顺序是由外向内，子查询往往要执行多次。

8.3　数据更新

数据表创建以后，往往只是一个没有数据的空表。因此，向表中输入数据可能是创建表之后首先需要执行的操作。无论表中是否有数据，都可以根据需要向表中添加数据。当表中的数据不合适或者出现了错误时，可以修改表中的数据。如果表中某些记录不再需要了，则可以删除这些记录。

1. 用 INSERT 语句插入数据

语句的基本格式：

```
INSERT[INTO]table_or_view_name[(column_list)]
{
      {VALUES(({DEFAULT |NULL |expression}[,…n])[,…n])
      |DEFAULT VALUES
      }
};
```

参数说明：

● table_or_view_name：要接收数据的表或视图的名称。

● (column_list)：要在其中插入数据的一列或多列的列表。必须用括号将 column_list 括起来，并且用逗号进行分隔。注意：如果某列不在 column_list 中，则 SQL SERVER 必须能够基于该列提供一个值，否则不能加载行。

● VALUES：引入要插入的数据值的列表。对于 column_list（如果已指定）或表中的每

个列，都必须有一个数据值，并且必须用圆括号将值列表括起来。

● DEFAULT：强制数据库引擎加载为列定义的默认值。如果某列并不存在默认值，并且该列允许 NULL 值，则插入 NULL。

● DEFAULT VALUES：强制新行为每个列定义的默认值。

（1）插入所有列数据

【例 8.36】　在 Student 表中插入一条新的学生信息。

```
INSERT  INTO  Student
 VALUES('8','曾玉林','男','1991-2-25','信息技术',20,NULL,'123456',
NULL);
```

（2）插入部分列

【例 8.37】　在 Student 表中插入一条新的学生信息：学号为 9，姓名为李林，性别为男，院系为信息技术，总学分为 18。

```
INSERT  INTO  Student(studentID,studentName,sex,speciality,cred-
ithour)
 VALUES('9','李林','男','信息技术',18);
```

注意：该语句不能写成

```
INSERT  INTO  Student  VALUES('9','李林','男','信息技术',18);
```
因为值列表的数据个数与表中列的个数不一致。

（3）插入多行数据

使用 INSERT［INTO］…derived_table 命令可以一次插入多行数据。

【例 8.38】　将学生基本信息（学号、姓名、性别）插入到学生名册表（stu_Info）中。

```
INSERT INTO stu_Info
 SELECT studentID,studentName,sex FROM Student;
```

使用 INSERT…INTO 形式插入多行数据时，需要注意下面两点：

1）要插入的数据表必须已经存在。

2）要插入数据的表结构必须和 SELECT 语句的结果集兼容。也就是说，两者的列的数量和顺序必须相同、列的数据类型必须兼容。

2. 用 UPDATE 语句修改数据

可以使用 UPDATE 语句修改表中已经存在的数据，该语句既可以一次更新一行数据，也可以一次更新多行数据。

语句的基本格式如下：

```
UPDATE[TOP(n)[PERCENT]]  table_or_view_name
 SET{column_name={expression |DEFAULT |NULL}
    |@ variable=column{+=|-=| * =|/=|% =|&=|^=‖=}expression
```

```
    }
  [WHERE search_condition];
```

参数说明：

- TOP（n）［PERCENT］：指定将要更新的行数或行百分比。
- table_or view_name：要更新行的表或视图的名称。
- SET：指定要更新的列或变量名称的列表。
- WHERE：指定条件 search_condition 来限定所更新的行。

当执行 UPDATE 语句时，如果使用了 WHERE 子句，则指定表中所有满足 WHERE 子句条件的行将被更新；如果没有指定 WHERE 子句，则表中所有的行都将被更新。

【例 8.39】 将学生表 Student 中"李林"所属的学院由"信息技术"改为"数学"。

```
UPDATE  Student  SET  speciality='数学'
WHERE  studentName='李林';
```

更新数据时，每个列既可以被直接赋值，也可以通过计算得到新值。

【例 8.40】 将所有计算机系学生的选课成绩加 5 分。

```
UPDATE  Grade  SET  Grade=Grade+5
WHERE  studentID  IN
  (SELECT  studentID  FROM  Student
    WHERE  speciality='计算机');
```

3. 用 DELETE 语句删除数据

当不再需要表中的数据时，可以将其删除。一般情况下，可以使用 DELETE 语句删除表中的数据。该语句可以从一个表中删除一行或多行数据。

语句的基本格式如下：

```
DELETE[FROM]table_name
[WHERE search_condition];
```

说明：如果使用了 WHERE 子句，表示从指定的表中删除满足 WHERE 条件的数据行；如果没有使用 WHERE 子句，则表示删除指定表中的全部数据。

【例 8.41】 删除 Student 表中姓名为"李林"的记录。

```
DELETE  FROM  Student
WHERE  studentName='李林';
```

8.4　安全性与完整性

数据库的安全性是指保护数据库以防止不合法使用所造成的数据泄露、更改或破坏。系统安全保护措施是否有效是数据库系统主要的性能指标之一，比如新产品实验数据不能被泄露、客户档案不能被篡改、银行储蓄数据不能被破坏。

数据的安全性强调保护数据库，防止恶意的破坏和非法的存取，防范对象涉及非法用户和非法操作。

数据库的完整性包括正确性和相容性两个方面。数据的正确性是指数据符合现实世界语义，反映当前实际状况；数据的相容性是指数据库中同一对象在不同关系表中的数据是符合逻辑的。例如，学生的学号必须唯一、性别只能是男或女、学生所在的院系必须是学校已成立的院系等。

数据的完整性强调防止数据库中存在不符合语义的数据，也就是防止数据库中存在不正确的数据，防范对象涉及不合语义的、不正确的数据。

8.4.1　安全管理

数据库中的数据共享必然带来数据库的安全性问题。

数据库安全性问题包含两个方面的内容：一方面，是数据的安全性，需要确保当数据库系统发生故障、数据存储媒体被破坏或用户误操作时，数据不会丢失；另一方面，是数据库系统的安全性，需要确保数据库系统不被非法用户侵入，有明确的用户与角色，用户对表、视图、列的操作有规范的授权等。

DBA 对数据库进行安全管理，简单地说，就是管理什么样的人可以访问哪些数据，以及可对数据库做哪些操作。DBMS 提供的安全措施主要包括用户身份鉴别、强制存取控制、视图机制、审计日志分析、数据加密存储和加密传输等。不同的 DBMS 为数据库提供的安全管理机制会有一定的差异，但最基本的措施是用户权限管理。

（1）用户身份鉴别

用户标识：由用户名和用户标识号组成，它是系统提供的最外层安全保护措施（用户标识号在系统整个生命周期内是唯一的）。

用户身份鉴别的方法：静态口令鉴别（静态口令一般由用户自己设定，这些口令是静态不变的）、动态口令鉴别（口令是动态变化的，每次鉴别时均需使用动态产生的新口令登录数据库管理系统，即采用一次一密的方法）、生物特征鉴别（通过生物特征进行认证的技术，生物特征有指纹、虹膜和掌纹等）、智能卡鉴别（智能卡是一种不可复制的硬件，内置集成电路芯片，具有硬件加密功能）等。

（2）存取权限控制

数据库管理系统为了实现数据库的安全性，通常提供授权功能，给用户授予一定的访问权限。对数据库模式的授权由 DBA 在创建用户时实现，对数据的操作权限可以由数据对象的创建者来授予。

在 SQL 中，使用 GRANT 语句和 REVOKE 语句向用户授予或收回对数据的操作权限。语句格式如下：

授予权限：

```
GRANT<权限>[,<权限>]…
                [ON<对象类型><对象名>]
TO<用户>[,<用户>]… |PUBLIC
                [WITH GRANT OPTION];
```

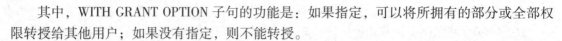
其中，WITH GRANT OPTION 子句的功能是：如果指定，可以将所拥有的部分或全部权限转授给其他用户；如果没有指定，则不能转授。

收回权限：

```
REVOKE<权限>[ ,<权限>]…
                [ON<对象类型><对象名>]
FROM   <用户>[ ,<用户>]…
                [CASCADE];
```

其中，CASCADE 参数代表级联收回，表示当前正在收回的权限也将从其他被该用户授权的用户中撤销。

（3）操作权限类型

在 SQL 中，用户对数据库各种资源（包括基本表、视图等）的操作权限主要包括建立、撤销、查询、插入、删除、修改、引用、使用等。详细使用说明可参考 SQL 技术手册。

【例 8.42】 把查询 Student 表的权限授予用户 U1。

```
GRANT SELECT ON TABLE Student TO U1;
```

【例 8.43】 把查询 Student 表和修改学生学号的权限授予用户 U4。

```
GRANT UPDATE(Sno),SELECT ON TABLE Student TO U4;
```

【例 8.44】 把用户 U4 修改学生学号的权限收回。

```
REVOKE UPDATE(Sno) ON TABLE Student FROM U4;
```

8.4.2 完整性控制

对于关系模型中数据完整性约束的概念以及三类完整性规则已在第 6.2.4 节中进行了详细的描述。这里，主要介绍如何通过 SQL 实现数据的完整性控制。

为了维护数据库的完整性，RDBMS 必须提供定义完整性约束条件的机制、检查数据完整性的方法和违约处理方式。关系模型中实体完整性、参照完整性和用户定义的完整性约束条件一般由 SQL 的数据定义语句来描述；数据是否满足完整性约束条件一般在 INSERT、UPDATE、DELETE 语句执行后开始检查，也可以在事务提交时检查；DBMS 若发现用户操作违背了完整性约束条件，将会采取一定的动作，比如拒绝（NO ACTION）执行该操作、级联（CASCADE）执行其他相关操作等。

在数据库管理系统中，完整性约束作为数据表定义的一部分，在 CREATE TABLE 语句中定义和声明。同时，完整性约束独立于数据表的结构，可以在不改变表结构的情况下，使用 ALTER TABLE 语句来添加、修改或删除。

定义约束时，可以针对一列，也可以针对多列。如果把约束定义在一列上，称为列级约束；如果把约束定义在多列上，称为表级约束。每一个约束要有唯一的约束名称。

在 RDBMS 中，完整性约束一般包括主键约束（PRIMARY KEY）、唯一约束（UNIQUE）、外键约束（FOREIGN KEY）、空值约束（NULL/NOT NULL）、检查约束（CHECK）和默认值约束（DEFAULT）几种类型。

1. 实体完整性约束

实体完整性规则要求基本表的主键值必须唯一，而且主属性不允许取空值。

在 RDBMS 中，由主键约束（PRIMARY KEY）来强制实施基本表的实体完整性。可以利用 SQL 的 CREATE TABLE 语句中的 PRIMARY KEY 短语，或在 ALTER TABLE 语句中使用 ADD PRIMARY KEY 短语来定义实体完整性约束条件。

例如，对于学生信息表和学生选课表，可在建立表结构时分别定义主键约束。

SQL 语句如下：

（1）在列级定义主键

```
CREATE TABLE Student
    (  Sno   CHAR(9)  PRIMARY KEY,
       Sname  CHAR(20)  NOT NULL,
       Ssex  CHAR(2),
       Sage  SMALLINT,
       Sdept  CHAR(20)
    );
```

（2）在表级定义主键

```
CREATE TABLE SC
    (  Sno   CHAR(9)  NOT NULL,
       Cno   CHAR(4)  NOT NULL,
       Grade    SMALLINT,
       PRIMARY  KEY(Sno,Cno)    /*只能在表级定义主键*/
    );
```

一旦为基本表创建了主键约束，数据库管理系统通常会在主键上建立一个唯一索引，以提高系统的查询性能。

另外，在基本表中插入记录，或对主键列进行修改操作时，关系数据库管理系统将按照实体完整性规则自动进行检查，包括：检查主键值是否唯一，如果不唯一则拒绝插入或修改；检查各个主属性是否为空，只要有一个为空就拒绝插入或修改。

2. 参照完整性约束

参照完整性规则要求基本表中外键的值要么取空值，要么等于被参照表中某一个主键的值。在 RDBMS 中，由外键约束（FOREIGN KEY）来强制实施基本表的参照完整性。可以利用 SQL 的 CREATE TABLE 语句中的 FOREIGN KEY 和 REFERENCES 短语，或在 ALTER TABLE 语句中使用 ADD FOREIGN KEY 短语来定义参照完整性约束条件。其中，FOREIGN KEY 指定哪些列为外键，REFERENCES 短语指明这些外键将参照哪一个关系。

例如，对于学生选课表，可在建立表结构时分别将 Sno、Cno 定义为外键。SQL 语句如下：

```
CREATE TABLE SC
        ( Sno     CHAR(9)  NOT NULL,
          Cno     CHAR(4)  NOT NULL,
          Grade   SMALLINT,
          PRIMARY KEY(Sno,Cno),
          FOREIGN KEY(Sno)REFERENCES Student(Sno),
                /*在表级定义参照完整性*/
          FOREIGN KEY(Cno)REFERENCES Course(Cno)
                /*在表级定义参照完整性*/
          );
```

☞ 说明：在本例中，选课关系 SC 中的 Sno 和 Cno 属于本关系中的主属性，因而不能取空值；同时，由外键约束可知，SC 中属性 Sno 的值必须是 Student 表中 Sno 列的某个值，即不应该存在一个未注册的学生选修了课程；SC 中属性 Cno 的值必须是 Course 表中 Cno 列的某个值，即不允许出现某个学生选修了一门不存在的课程。

如果在表之间定义了参照完整性规则，则在对参照表和被参照表进行更新操作时有可能会破坏参照完整性。此时，DBMS 将检查是否违反了参照完整性规则，如果是，则将进行违约处理。

违约处理的策略如下：

1）拒绝（NO ACTION）执行。这是系统默认的策略，含义是：如果发生了违约，不允许执行该操作。例如，如果在被参照表中删除了一个记录，只有当参照表中没有任何记录的外键值与被参照表中要删除记录的主键值相同时，系统才执行此操作；否则，将拒绝执行。

2）级联（CASCADE）操作。当删除或修改被参照表中的一个记录造成与参照表中的数据不一致时，删除或修改参照表中所有造成不一致的记录。

3）设置为空值（SET NULL）。当删除或修改被参照表中的一个记录造成与参照表中的数据不一致时，将参照表中所有造成不一致的记录的外键属性设置为空值。当然，这种策略需要在定义参照表时，除了定义外键约束，还要定义外键属性允许取空值。但如果外键属性是参照表主键的一部分，则不允许为空。

【例 8.45】 在学生选课表中将 Sno、Cno 定义为外键，并且将外键 Sno 定义为级联删除和级联修改，将外键 Cno 定义为级联修改操作。

SQL 语句如下：

```
CREATE TABLE SC
      ( Sno     CHAR(9)  NOT NULL,
        Cno     CHAR(4)  NOT NULL,
        Grade   SMALLINT,
        PRIMARY KEY(Sno,Cno),
        FOREIGN KEY(Sno)REFERENCES Student(Sno)
```

```
          ON DELETE CASCADE          /* 级联删除 SC 表中相应的记录 */
          ON UPDATE CASCADE,          /* 级联修改 SC 表中相应的记录 */
     FOREIGN KEY(Cno)REFERENCES Course(Cno)
          ON DELETE NO ACTION          /* 该定义为默认值,可以不定义 */
          ON UPDATE CASCADE          /* 级联修改 SC 表中相应的记录 */
     );
```

3. 用户定义的完整性约束

用户定义的完整性是指用户根据具体的应用环境规定的特殊约束条件,反映某一具体应用所涉及的数据必须满足的语义要求。利用唯一性(UNIQUE)约束、默认值(DEFAULT)约束和检查(CHECK)约束等可以定义相关完整性约束条件。

关系模型应提供定义和检验这类完整性的机制,以便用统一的、系统的方法来处理它们,而不需由应用程序承担这一功能。

(1)唯一性约束

UNIQUE 约束用于确保表中某一列或某些列(非主键)没有相同的值。与 PRIMARY KEY 约束类似,UNIQUE 约束也强制唯一性,并且系统通常也会自动在相关属性(组)上创建索引。一个表中可以定义多个 UNIQUE 约束,并且定义 UNIQUE 约束的列允许取空值。

(2)默认值约束

将表中某列定义了 DEFAULT 约束后,用户在插入新记录时,如果没有为该列指定数据,那么系统会将默认值赋给该列,当然该默认值也可以是空值(NULL)。例如,假设 Student 表中的同学绝大多数性别为"男",可以通过设置"sex"字段的 DEFALUT 约束来实现,以简化用户的输入。

(3)检查约束

CHECK 约束用于限制输入到一列或多列的值的范围,由逻辑表达式判断数据的有效性。也就是说,一个列的输入内容必须满足 CHECK 约束的条件,否则,数据无法正常输入,从而确保数据的域完整性。例如,成绩表中的"成绩"字段的值,应该保证在 0~100 之间;又如,课程表中的"学分"字段的值,应该保证在 0~80 之间。而这些要求只用 int 数据类型是无法实现的,必须通过 CHECK 约束来完成。

【例 8.46】　建立部门表 DEPT,要求部门名称 Dname 列取值唯一并且不能取空值。

```
CREATE TABLE DEPT
     (  Deptno  NUMERIC(2),
        Dname  CHAR(9)  UNIQUE  NOT  NULL,
        Location  CHAR(10),
        PRIMARY KEY(Deptno)
     );
```

【例 8.47】　Student 表的 Ssex 只允许取"男"或"女";民族默认值为"汉族",允许取空值。

```
CREATE TABLE Student
        ( Sno  CHAR(9)  PRIMARY KEY,
        Sname  CHAR(8)  NOT NULL,
        Ssex  CHAR(2)  CHECK(Ssex IN('男','女')),
        Snation VARCHAR(30)DEFAULT  '汉族'  NULL,
        Sage  SMALLINT,
        Sdept  CHAR(20)
        );
```

【例 8.48】 SC 表 Grade 字段的值应该在 0~100 之间。

```
CREATE TABLE  SC
        ( Sno    CHAR(9),
        Cno    CHAR(4),
        Grade   SMALLINT CHECK(Grade>=0 AND Grade<=100),
        PRIMARY KEY(Sno,Cno),
        FOREIGN KEY(Sno)REFERENCES Student(Sno),
        FOREIGN KEY(Cno)REFERENCES Course(Cno)
        );
```

对于用户自定义的完整性约束条件，无论是在列级还是在表级进行定义，约束条件检查和违约处理策略为：插入记录或修改属性的值时，关系数据库管理系统检查属性或记录上的约束条件是否满足，如果不满足则拒绝执行此操作。

8.5　事务与并发控制

在某些实际应用中，需要把多个访问操作作为一个整体，要么都做要么都不做。数据库在为用户提供共享数据服务、支持用户并发访问数据的同时，必须保证数据访问的正确性和可靠性。本节主要讨论利用事务与并发控制技术解决此类问题的方法，重点介绍事务的基本概念和特性，分析和讨论如何在事务并发执行中保证其隔离性、原子性和持久性的方法与策略。

8.5.1　事务

1. 事务的概念

对于用户而言，事务（Transaction）是具有完整逻辑意义的数据库操作序列的集合。对于数据库管理系统而言，事务则是一个读/写操作序列，是一个不可分割的逻辑工作单元，序列中的操作要么都执行，要么都不执行。

事务和存储过程等批处理有一定的相似之处，通常都是为了完成一定业务逻辑而将一条或者多条语句"封装"起来，使它们与其他操作之间出现一个逻辑上的边界，并形成相对独立的工作单元。

事务是数据库管理系统中竞争资源、并发控制和数据恢复的基本单元。如果事务执行成功，则在该事务中进行的所有数据更新均会提交，成为数据库中的永久组成部分；如果事务遇到故障或错误，且必须被取消，则所有的数据更新都要被还原。

为了解决多用户并发操作可能带来的相关问题，DBMS 引入了事务的概念，用于保证数据的一致性。

例如，当用银行卡消费时，首先要从消费者账户扣除资金，然后再添加资金到公司的户头上。在此过程中进行的所有操作可以理解为不可分割的，不能只扣除不添加，也不能只添加不扣除。因此，相关数据库应用需要将其作为一个完整的事务进行处理。

2. 事务的特性

为了保证事务并发执行或发生故障时数据库的一致性（完整性），事务应具有以下四种特性，简称为 ACID 特性。

1）原子性（Atomicity）：事务是一个不可分割的逻辑工作单元，它所包含的一系列操作是一个整体，所有操作要么都被执行，要么都不被执行。保持事务的原子性是 DBMS 的职责。

2）一致性（Consistency）：一个单独执行的事务应保证其执行结果一致，总是将数据库从一个一致性状态转变到另一个一致性状态。事务不能违背定义在数据库中的任何完整性约束及业务规则隐含的完整性要求。

3）隔离性（Isolation）：当多个事务并发执行时，一个事务的执行不能影响其他事务的执行。也就是说，并发执行的各个事务之间不能互相干扰，多个事务并发执行的结果与分别执行单个事务的结果完全一样。

4）持久性（Durability）：一个事务成功提交后，它对数据库所做的更新必须是永久的，即使随后系统出现故障也不应该对其有任何影响。

3. 事务的分类

根据事务运行模式的不同，一般可将事务分为显式事务与隐式事务两类。

对于用户通过事务处理语句 BEGIN TRANSACTION、COMMIT TRANSACTION 或 ROLLBACK TRANSACTION 明确定义了什么时候开始、什么时候结束的事务称为显式事务。

隐式事务是指上一个事务提交或回滚后，系统自动开启的一个新的事务。该类事务不需要用 BEGIN TRANSACTION 语句标识事务的开始，但只有执行 COMMIT TRANSACTION 或 ROLLBACK TRANSACTION 语句时，当前事务才会结束。

在 SQL Server 中，需要使用 SET IMPLICIT_ TRANSACTIONS ON 语句将隐式事务模式设置为打开才能产生隐式事务。此时，系统执行下一条语句将自动启动一个新事务，并且每关闭一个事务后执行下一条语句又会启动一个新事务，直到关闭隐式事务设置开关。

实际上，在 SQL Server 中还有一类自动提交事务，由一条单独的 T-SQL 语句构成。如 CREATE、ALTER TABLE、DROP、SELECT、INSERT、UPDATE、DELETE、FETCH、OPEN、GRANT、REVOKE、TRUNCATE TABLE 等，一条语句就是一个事务，语句成功执行后将被自动提交，而当执行过程中出错时则被自动回滚。

事务处理语句 COMMIT TRANSACTION 实现事务提交，表示成功结束事务，所有数据更新将会被持久化，并释放事务占用的全部资源。语句 ROLLBACK TRANSACTION 称为事务回滚，表示中止当前事务，回滚到事务的起点，撤销事务对数据库所做的更新，并释放事务占用的全部资源。

8.5.2 并发控制

数据库可分为集中式数据库和分布式数据库。对于集中式数据库，为了共享数据库资源，除了允许单个用户独占使用外，还允许多个用户同时使用数据库。允许多个用户同时使用数据库进行相关操作的数据库系统称为多用户数据库系统。

多用户数据库系统的操作方式又可分为串行执行方式和并行执行方式两种。串行执行方式是指每个时刻只有一个事务运行，其他事务必须等到这个事务结束以后方能运行。在该方式下，系统资源大部分处于空闲状态。为了充分利用系统资源，发挥数据库共享资源的特点，应该允许多个事务并行执行。例如，高铁订票数据库系统、金融数据库系统等，其特点是在同一时刻并发运行的事务数可达数百甚至上千个。

在单处理机系统中，事务的并行执行实际上是并行操作的事务轮流交叉运行，这种方式称为交叉并发方式。虽然不是真正地并行运行，但能够减少处理机的空闲时间，提高系统效率。在多处理机系统中，每个处理机可以单独运行一个事务，多个处理机可以同时运行多个事务，实现多个事务真正并行运行，这种方式称为同时并发方式。

多个用户并发操作时，很可能发生多个事务同时存取同一数据的情况，若不加以控制，将会破坏数据库中数据的一致性。这里，重点针对单处理机系统下交叉并发方式，讨论事务并发执行可能存在的问题，以及基于封锁技术的并发控制。

1. 事务并发执行存在的问题

并发数据访问（并发操作）是指多个用户同时访问某些数据。当数据库引擎所支持的并发操作数较大时，数据库并发程序就会增多。并发操作可以提高系统性能，但如果不对事务的并发执行加以控制，就有可能破坏数据库的一致性。

 8-7 事务并发带来的问题

在事务并发执行中，经常会发生多个事务同时存取同一数据的情况，此时可能会访问到不正确的数据、破坏事务的隔离性和数据库的一致性等。比如修改数据的用户会影响到同时读取或修改相同数据的其他用户。

事务并发执行可能出现的问题可以分为以下几种情况：

（1）丢失修改

当两个或多个事务根据最初查询到的值先后修改同一数据时，就会出现丢失修改的问题。在第一个事务修改了这个数据后，第二个事务也修改了该数据，可能造成第一个事务对该数据的修改丢失。

例如，两个事务 T_1 和 T_2 读入同一数据并修改，由于每个事务都不知道其他事务的存在，已经修改的数据被另一个事务重写，即 T_2 提交的结果破坏了 T_1 提交的结果，从而导致 T_1 的修改丢失，从而使得数据库的数据不正确。

（2）不可重复读

一个事务内先后两次（或多次）对同一数据读取到的值不相同，称为不可重复读。

例如，事务 T_1 读取 $B = 100$ 进行运算，T_2 读取同一数据 B，对其进行修改后将 $B = 200$ 写回数据库。T_1 为了对读取值进行校对而再次读 B，但此时 B 已为 200，发现与第一次读取到的值不一致。这样的错误将导致数据无法验证。

又如，事务 T_1 按一定条件从数据库中读取了某些记录后，事务 T_2 删除了其中部分记录，当 T_1 再次按相同条件读取记录时，则发现记录"神秘地"消失了。

再如，事务 T_1 按一定条件从数据库中读取某些记录后，事务 T_2 插入了一些记录，当 T_1 再次按相同条件读取数据时，则发现多了一些记录。

后两种出现的不可重复读现象，有时也统称为幻影现象（Phantom Row）。

（3）脏读

一个事务读取到另一个事务修改后未提交且被撤销的数据，称为脏读，又称为读"脏数据"，即读出的是不正确的临时数据。

例如，事务 T_1 修改某一数据后，但未提交；事务 T_2 读取同一数据后，T_1 由于某种原因被撤销。这时，T_1 已修改过的数据恢复原值，导致 T_2 先前读到的数据与数据库中的数据不一致，T_2 读到的数据被称为"脏数据"。

【例 8.49】　火车订票系统中的一个活动序列：

1）甲售票点（事务 T_1）读出某列次的火车票余额 A，设 $A=16$。

2）乙售票点（事务 T_2）读出同一列次的火车票余额 A，也为 16。

3）甲售票点卖出一张火车票，修改余额 $A \leftarrow A-1$，A 为 15，把 A 写回数据库。

4）乙售票点也卖出一张火车票，修改余额 $A \leftarrow A-1$，A 也为 15，把 A 写回数据库。

结果明明卖出了两张火车票，数据库中火车票余额却只减少 1。这种数据不一致性的情况就是由并发操作引起的。在并发操作情况下，对 T_1、T_2 两个事务操作序列的调度是随机的，若按上面的调度序列执行，T_1 事务的修改就会丢失，这是由于第 4）步中 T_2 事务修改 A 并写回后覆盖了 T_1 事务的修改。

为防止出现上述数据不一致的情况，必须对事务的执行进行合理的调度，使并发事务的执行可串行化，从而消除干扰。控制多个用户同时访问和更改共享数据时不会彼此冲突所采取的措施称为并发控制。

2. 封锁机制

并发控制的目标就是要用正确的方式对并发事务的执行实现可串行化的调度。其中，锁是实现并发控制的主要方法，是防止其他事务访问指定资源的一种手段，它能够使多个用户同时操纵数据库中同一个数据而不发生数据不一致的现象。

基于锁的并发控制方法的基本思想是：当事务 T 需要访问数据库对象 Q 时，先申请对 Q 加锁。如果获得批准，则事务 T 继续执行，且此后不允许其他任何事务修改 Q，直到事务 T 释放 Q 上的锁为止。

在 SQL Server 中，根据用户采取的操作，锁由数据库引擎在内部进行管理，会自动获取和释放锁。封锁，就是使事务对它要操作的数据具有一定的控制能力。

（1）封锁的三个环节

第一个环节是申请加锁，即事务在操作之前需要对它想使用的数据提出加锁请求；第二个环节是获得锁，即当条件成熟时，系统允许事务对相关数据加锁，从而使事务获得对数据的控制权；第三个环节是释放锁，即事务完成相关操作后放弃对相关数据的控制权。

（2）锁的类型

锁的类型确定并发事务可以访问数据的方式。对于数据的不同操作，应选择合适的锁，并遵从一定的封锁协议。SQL Server 中常见的封锁模式见表 8.3。

表 8.3　SQL Server 中常见的封锁模式

封锁模式	描述
共享（S）	用于不需要更新数据的读取操作（如 SELECT 语句），一旦读取完数据，便立即释放
更新（U）	用于可更新的资源。防止当多个事务在读取、锁定以及随后可能进行的资源更新时发生常见形式的死锁。锁定的数据不能被修改，但可以读取
排他（X）	用于数据更新操作，比如 INSERT、UPDATE 或 DELETE，确保不会同时对同一数据资源进行多重更新，防止并发事务对资源进行访问
意向	用于建立锁的层次结构，使锁之间的冲突最小化。意向锁表示希望在层次较低的资源上获得共享锁或排它锁，包含三种类型：意向共享（IS）、意向排它（IX）和共享意向排它（SIX）
架构	在执行依赖于表架构的操作时使用。架构锁包含两种类型：架构修改（Sch-M）和架构稳定（Sch-S）

（3）锁的兼容性

锁的兼容性指是否可以控制多个事务同时获取同一资源上的封锁。如果某个事务已锁定一个资源，而另一个事务又需要访问该资源，那么 SQL Server 会根据第一个事务所用锁定模式的兼容性确定是否授予第二个锁。

资源的锁定模式有一个兼容性矩阵，显示哪些锁与在同一资源上获取的其他锁兼容。对于已锁定的资源，只能施加兼容类型的锁。请求的锁定模式与现有锁定模式的兼容性情况见表 8.4。

表 8.4　锁的兼容性

请求模式	现有锁定模式					
	IS	S	U	IX	SIX	X
意向共享（IS）	是	是	是	是	是	否
共享（S）	是	是	是	否	否	否
更新（U）	是	是	否	否	否	否
意向排他（IX）	是	否	否	是	否	否
共享意向排他（SIX）	是	否	否	否	否	否
排他（X）	否	否	否	否	否	否

（4）死锁的产生及解决办法

封锁机制的引入能解决事务并发执行可能出现的数据不一致，但也会引起事务之间的死锁问题。在使用事务和锁的过程中，死锁是一个不可避免的现象。在数据库系统中，最典型的死锁形式是：多个用户分别锁定了一个资源，并又试图请求锁定对方已锁定的资源，这就产生一个锁定请求环，导致多个用户都处于等待对方释放所锁定资源的状态。

数据库管理系统解决死锁常用的方法如下：

1）要求每个事务一次性将要使用的数据全部加锁，否则就不能继续执行。或者预先规定一个顺序，所有事务都按此顺序加锁。

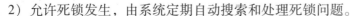

2）允许死锁发生，由系统定期自动搜索和处理死锁问题。

3. 封锁协议

数据库系统采用封锁技术实现并发控制时所遵守的规则称为封锁协议，如什么时候申请加锁、什么时候释放锁等。不同的封锁协议约定了不同的规则，为并发控制提供了不同程度的保证。下面简要介绍常用的三级封锁协议和两段锁协议。

（1）三级封锁协议

三级封锁协议通过选择不同的加锁类型和释放时机而不同程度地解决并发操作可能出现的问题，从而保证数据的一致性要求。三级封锁协议见表 8.5。

其中，一级封锁协议规定，事务 T 要修改的数据 R 必须先加排他锁（X 锁），直到事务结束（无论是提交还是回滚）才释放。其作用是防止修改丢失，并保证正常结束时数据的可恢复性。

二级封锁协议在一级封锁协议上规定，对事务 T 要读取的数据 R 加上临时共享锁（S 锁），读取操作结束后立即释放，不用等到事务结束。其主要作用是防止读出"脏数据"。

三级封锁协议在一级封锁协议上规定，对事务 T 要读取的数据 R 加上共享锁（S 锁），直到事务结束才释放。其主要作用是保证数据可重复读。

表 8.5　三级封锁协议

协议级别	X 锁 事务结束释放	S 锁 读结束释放	S 锁 事务结束释放	一致性保证 不丢失修改	一致性保证 不读"脏数据"	一致性保证 可重复读
一级封锁	√			√		
二级封锁	√	√		√	√	
三级封锁	√		√	√	√	√

（2）两段锁协议

两段锁协议（Two-Phase Locking protocol，2PL）可以保证事务并行调度可串行化，从而保证数据的正确性。两段锁协议约定：事务 T 在对数据 A 进行读或写操作之前，必须首先获得对 A 的封锁；并且在释放一个封锁之后，T 不能再申请和获得其他任何封锁。也就是说，将事务获得封锁和释放封锁分成两个阶段。可以证明，事务遵循两段锁协议是保证并发操作可串行化调度的充分条件（但非必要条件）。

例如，假设事务 T 包含如下顺序的加锁和解锁操作：

```
LOCK-X(A)···LOCK-S(B)···LOCK-S(C)···UNLOCK(A)···UNLOCK(C)···UNLOCK(B)
```

则显然 T 遵守两段锁协议。所有遵守两段锁协议的事务，它们并发执行的结果必然是正确的。

最后需要说明的是，数据库管理系统（如 SQL Server）通常建议让系统自动管理数据库中的锁。因此，对于一般用户而言，了解封锁机制并不意味着必须要使用它，但可以帮助人们进一步增强保证数据一致性和正确性的意识。

8.6 自测练习

1. 简答题

简述下列术语：数据定义、数据操作、数据控制、数据库安全性、数据库完整性、事务、并发控制。

8-8 第8章 选择题解析

2. 选择题

（1）数据库安全性和计算机系统安全性的关系包括（　　）。

    A. 操作系统　　　　　　　　　　　B. 紧密相连

    C. 网络系统　　　　　　　　　　　D. 相互支持

（2）数据库安全性控制的常用方法和技术包括（　　）。

    A. 用户标识　　　　　　　　　　　B. 风险识别

    C. 日记查询　　　　　　　　　　　D. 存取控制

（3）MAC 机制中的客体所指代的内容有（　　）。

    A. 文件　　　　　B. 基表　　　　　C. 索引　　　　　D. 视图

（4）数据库的完整性约束条件包括（　　）。

    A. 列级约束　　　　B. 空值约束　　　　C. 检查约束　　　　D. 外键约束

（5）DBMS 的完整性控制机制应具有（　　）功能。

    A. 定义功能　　　　B. 检查功能　　　　C. 违约反应　　　　D. 改错功能

（6）RDBMS 在实现参照完整性时需要考虑（　　）方面的问题。

    A. 外码能否取空值　　　　　　　　B. 是否级联删除

    C. 插入是否受限　　　　　　　　　D. 关系表的列数

3. 应用题

（1）假设有下面两个关系模式：职工（职工号，姓名，年龄，职务，工资，部门号），其中职工号为主码；部门（部门号，名称，经理名，电话），其中部门号为主码。用 SQL 定义这两个关系模式，要求在模式中完成以下完整性约束条件的定义：定义每个模式的主码；定义参照完整性。

（2）请为三建工程项目建立一个供应情况的视图，包括供应商代码（SNO）、零件代码（PNO）、供应数量（QTY）。针对该视图完成下列查询：找出三建工程项目使用的各种零件代码及其数量；找出供应商 S1 的供应情况。

导读

　　随着计算机技术的广泛应用，目前从小型的单项事务处理到大中型的管理信息系统都采用数据库技术来保持数据的完整性和一致性，因此，在应用系统设计中，数据库设计得是否合理十分重要。数据库设计是指针对一个具体的应用环境，构造最优的数据库模式，建立数据库及应用系统，使之能够有效地存储数据，满足各种用户的应用需求。本章将围绕数据库设计过程，重点针对概念结构设计、逻辑结构设计和物理结构设计，介绍数据库设计的相关知识和方法。

 本章要点

- 掌握数据库设计过程
- 熟练掌握数据库概念结构设计的方法
- 掌握 E-R 图转换成关系模式的相关规则
- 能够实际地设计一个数据库

9-1 第 9 章
内容简介

9.1　数据库设计过程

　　数据库设计是数据库生命周期中的一个重要阶段，也是工作量比较大的一项活动，其质量对数据库系统影响颇大。

　　一般而言，关系数据库设计的目标就是生成一组关系模式，简单地说，就是设计出一组表，以满足企业或组织的信息和数据处理需求，这组表要避免不必要的数据冗余，并且可以方便地获取信息。

　　信息需求表示一个企业或组织所需要的数据及其结构，数据处理需求表示一个企业或组织经常需要进行的数据处理，如工资计算、工资统计等。前者表达了对数据库的内容及结构上的要求，也就是静态要求；后者表达了基于数据库的数据处理要求，也就是动态要求，同样需要相应的数据库表支持。

　　数据库设计也和其他工程设计一样，是一个反复推敲修改、不断试探求佳和分阶段质量保障的过程。

　　数据库设计的基本过程如图 9.1 所示，一般可分为如下四个步骤。

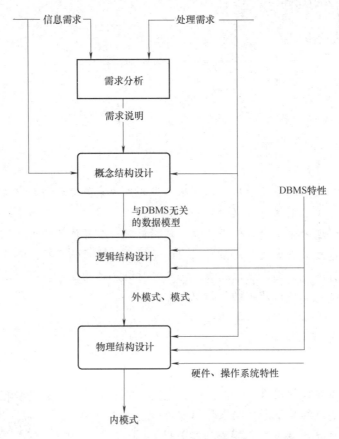

图 9.1　数据库设计的基本过程

（1）需求分析

　　需求分析简单地说就是分析用户的需求，它是设计数据库的起点。需求分析结果是否能准确反映用户的实际要求将直接影响后面各阶段的设计，并影响设计结果是否合理和实用。

　　需求分析的主要任务是通过详细调查要处理的对象（组织、部门、企业等），充分了解原系统（手工或计算机系统）的工作概况及工作流程，明确用户的各种需求，形成数据流图和数据字典，然后在此基础上确定新系统的功能，并产生需求规格说明书。值得注意的是，新系统必须充分考虑今后可能的扩充和改变，不能仅仅按当前应用需求来设计数据库。

　　如图 9.2 所示，需求分析具体可按以下几步进行：

1）调查组织机构情况。

2）调查各部门业务活动情况。

3）明确用户对新系统的各种需求。

4）确定新系统的边界。

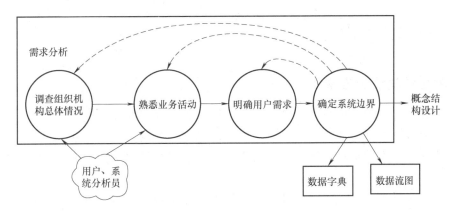

图 9.2　需求分析的过程

需求分析的重点在于协助用户明确对新系统的各种需求，包括信息需求、处理需求、安全性与完整性需求。信息需求是指用户需要从数据库中获取的数据，由信息需求确定数据库中需要存储哪些数据。处理需求是指用户要求具有什么处理功能，对某种处理要求的响应时间，处理方式是联机处理还是批处理等。明确用户的处理需求，将有利于后期应用程序模块的设计。

调查并了解用户的需求后，还需要进一步分析和抽象用户的需求，使之转换为后续各设计阶段可用的形式。在众多分析和表达用户需求的方法中，结构化分析（Structured Analysis，SA）是一个简单、实用的方法。SA 方法采用自顶向下、逐层分解的方式分析系统，用数据流图（Data Flow Diagram，DFD）、数据字典（Data Dictionary，DD）描述系统。

（2）概念结构设计

在需求分析的基础上，通过概念数据模型来表示数据及其相互之间的联系。概念数据模型是与 DBMS 无关、面向现实世界的数据模型，因而也易于为用户所理解。在此阶段，设计人员可以致力于模拟现实世界，而不必过早地纠缠于 DBMS 所规定的各种细节；同时，用户可以参与和评价数据库的设计，从而有利于保证数据库设计的正确性和质量。

（3）逻辑结构设计

在逻辑结构设计阶段，将第（2）步所得到的概念数据模型转换成与特定的 DBMS 相关的逻辑数据模型。然而，数据库逻辑结构设计不是一个简单的数据模型转换问题，而是进一步深入解决数据模式设计的一些技术问题，如数据模型的规范化、满足 DBMS 的各种限制等。数据库逻辑结构设计的结果以数据定义语言（DDL）表示。除了数据库的逻辑模式外，本阶段还要为各类用户或应用设计其各自的逻辑模式，即外模式。

（4）物理结构设计

数据库物理结构设计的任务是：根据逻辑模式、DBMS 及计算机系统所提供的手段和施加的限制，设计数据库的内模式，即文件结构、各种存取路径、存储空间的分配、记录的存储格式等。数据库内模式虽不直接面向用户，但对数据库的性能影响颇大。DBMS 提供相应的 DDL 及命令供数据库设计人员及 DBA 定义内模式使用。

9.2 概念结构设计

9.2.1 概念结构设计方法

将需求分析得到的用户需求抽象为信息结构即概念模型的过程就是概念结构设计，它是整个数据库设计的关键环节。关于概念模型的基本概念及其表示方法，已经在第6.2.2节中进行过介绍，本节将从方法论的角度进一步讨论数据库概念结构设计的相关知识和方法。

概念结构设计要从需求分析阶段收集到的数据中找出实体、确认实体的属性和联系，最后建立数据库的概念数据模型，并用 E-R 图表示。因此，建立 E-R 图的基本步骤如下：

S1：确定实体和实体的属性。

S2：确定实体和实体之间的联系及联系的类型。

S3：给实体和联系加上属性。

概念结构设计的方法很多，一般有下列三种方法。

（1）自顶向下

自顶向下是指从总体概念结构开始逐层细化，即首先定义全局概念结构框架，然后逐步细化。

（2）自底向上

自底向上是指从具体的对象逐层抽象，最后形成总体概念结构。也就是说，首先定义各局部应用的 E-R 图，然后将它们集成起来，得到整体 E-R 图。它是被广泛使用的方法。

（3）逐步扩张

逐步扩张则首先定义最重要的核心概念结构，然后向外扩充，以"滚雪球"的方式逐步生成其他概念结构，直至总体概念结构。

上面三种方法都可以完成概念结构的设计。设计 E-R 图本无一定的程式，上面所介绍的方法无非是提供一个系统考虑问题的方法。如果设计者认为合适，也可混合运用上面几种设计方法，如采用自顶向下和自底向上相结合的方法。

例如，在开发一个大型管理信息系统时，数据库设计经常采用的策略是自顶向下地进行需求分析，然后再自底向上地进行概念结构设计，即先设计局部 E-R 图，然后将它们集成起来，得到全局 E-R 图。

9.2.2 局部视图设计

一个整体的系统模型可以有多个局部视图。由于各个部门对于数据的需求和处理方式可能有所不同，因而可以根据需求分析阶段产生的各个部门的数据流图和数据字典中的相关数据，设计出各自的局部视图。

局部视图设计的一般方法如下：

首先，选择局部应用。根据应用系统的具体情况，在多层的 DFD 中选择一个适当层次的 DFD，作为设计局部 E-R 图的出发点。

　　选择好局部应用之后，就要设计其局部 E-R 图。在前面选好的某一层次的 DFD 中，每个局部应用都对应了一组 DFD，局部应用涉及的数据都已经收集在数据字典中了。因此，现在需要将这些数据从数据字典中抽取出来，参照 DFD，标定局部应用中的实体、实体的属性，标识实体的主码，确定实体之间的联系及其类型，最后用 E-R 图描述出来。

　　然而，如何确定实体和实体的属性这个看似简单的问题常常会困扰设计人员，因为实体与属性之间并不存在形式上可以截然划分的界限。

　　事实上，在数据字典中，数据结构、数据流和数据存储都是若干属性有意义的聚合，已经体现了具体的应用环境对实体和属性的自然划分。可以先从这些内容出发定义 E-R 图，然后再进行必要的调整。在调整中遵循的一条原则是：为了简化 E-R 图的设计，现实世界的事物能作为属性对待的尽量作为属性对待。

　　在设计实践中，对于如何划分实体及其属性，一般有两个原则可以参考：

　　1）作为属性不能再具有需要描述的性质，即属性在含义上必须是不可分的数据项，不能包含其他属性。

　　2）属性不能与其他实体具有联系，即 E-R 图中所表示的联系是实体之间的联系。

　　凡符合上述两项特性的事物一般均作为属性来对待。

　　例如，在电子商务平台应用中，注册用户是一个实体，姓名、联系电话、身份证号是注册用户的属性。如果将收货地址看成注册用户的一个属性，则每一个用户只能有一个收货地址与之关联；如果将收货地址看成一个实体，则允许每个用户可以有若干个收货地址（包括零个）与之关联，如图 9.3 所示。

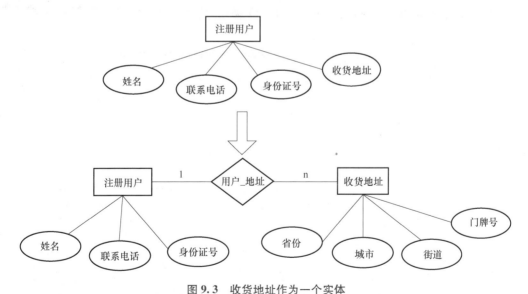

图 9.3　收货地址作为一个实体

　　同时，对于如何划分实体和联系也需要遵循一定的原则。实体（集）之间可用多种方式连接起来，但是把每一种可能的联系都加到 E-R 图中并不是一个好办法，因为这样做往往会导致冗余联系，并且给数据库更新带来困难。实际上，两个实体（集）之间的联系有可能从其他的一个或多个联系中导出。

划分实体和联系的一个参考原则是：当描述发生在实体（集）之间的行为时，最好用联系来表达。例如，读者与图书之间的借、还书行为，顾客与商品之间的购买行为，均应作为联系来看待。实体之间的联系要有一个名称，联系名一般采用"行为动词"来表示。

另外，两个实体（集）之间的联系可能会带有属性。划分联系的属性通常也需要参考以下两条原则：一是发生联系的实体的标识属性应当作为联系的默认属性（在 E-R 图中可以不用明确给出）；二是与联系中的所有实体都有关的属性可以作为联系的属性，如学生和课程的选课联系中的成绩属性。

总之，每个局部 E-R 图要求对用户信息需求是完整的，所有实体、属性、联系都有唯一名称，符合语义要求，无冗余联系，并确保局部概念模型能够满足数据处理的需求。图 9.4a 和图 9.4b 分别表示大学教学数据库中教务处和研究生院关于学生选课情况的两个局部 E-R 图（图中加斜线的属性表示存在冲突，下一小节具体讲解）。

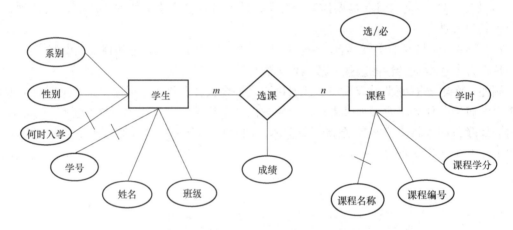

a) 教务处关于学生选课的局部E-R图

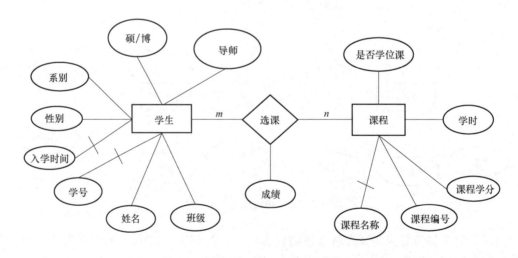

b) 研究生院关于学生选课的局部E-R图

图 9.4　教务处和研究生院关于学生选课的局部 E-R 图

9.2.3　视图集成

各子系统的局部 E-R 图设计好以后，接下来就是将所有的局部 E-R 图集成为一个系统总的 E-R 图。局部视图的集成一般分为以下几个步骤，其中合理消除冲突是合并 E-R 图的主要工作与关键所在。

（1）确认局部 E-R 图中的对应和冲突

对应是指各个局部视图中语法和语义都相同的概念，也就是它们的共同部分；冲突是指它们之间有矛盾的概念，即局部 E-R 图之间存在不一致的情况。

各子系统局部 E-R 图之间的冲突主要有三类，见表 9.1。

表 9.1　局部 E-R 图之间的冲突分类

冲突类型	冲突名	举例
属性冲突	值域冲突	同一个属性"学号"，在学生实体中当作整数，在其他实体中作为字符串
	取值单位冲突	同一属性的值采用不同的度量单位
命名冲突	同名异义	图 9.4 中的"课程名称"无法区分本科生课程和研究生课程
	异名同义	图 9.4 中的"何时入学"和"入学时间"
结构冲突	同一对象，不同抽象	如"课程"，有人抽象为实体，有人抽象为"学生"实体的属性
	同一联系，不同类型	一个是一对多；另一个是多对多联系
	同一实体，属性组成不同	图 9.4b 中学生实体多出"导师"等属性

（2）对局部 E-R 图进行部分修改，解决冲突

对于冲突的处理，一般需要进行统一，以形成一致性的表示。对于结构冲突，需要采取多种技术手段来消除，如把属性变成实体或把实体变成属性等。另外，还要消除不必要的冗余（包括数据冗余和联系冗余）。

如在图 9.4 中，"入学时间"和"何时入学"两个属性名可以统一成"入学时间"，"学号"一律用字符串类型，"学生"分为本科生和研究生两类，"课程"也分为本科生课程和研究生课程两类。

（3）合并局部 E-R 图，形成全局模式

尽可能合并对应的部分，保留特殊的部分，删除冗余部分，必要时对模式进行适当的修改，力求使模式简明、清晰。

图 9.5 是图 9.4 中两个局部 E-R 图的集成，虚线内的部分是修改后的两个视图。分别对图 9.4 中同名异义的两个"学生"实体、两个"课程"实体、两个"选课"联系进行了修改。

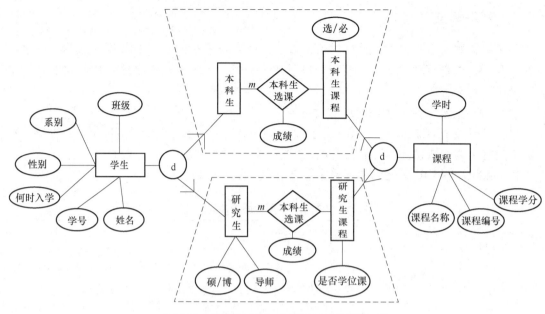

图 9.5　对图 9.4 中两个局部 E-R 图的集成

9.3　逻辑结构设计

概念结构是独立于任何一种数据模型的信息结构，逻辑结构设计的任务就是把用 E-R 图描述的概念结构转换为与特定 DBMS 支持的数据模型相符合的逻辑结构。

目前的数据库应用系统大都采用关系型 DBMS，因此，逻辑结构设计就是将 E-R 图中的实体、联系及属性转换成为若干个关系（表），并确定它们的属性（字段）、关键字和相关约束的过程。转换后，一个关系可以用一个关系模式表示，也可用关系表结构来表示。所有的关系模式组成数据库的逻辑模式（简称为模式）。

本节主要介绍 E-R 图向关系模式转换的原则与方法，并简要讨论关系模式的优化问题。

9.3.1　概念模型向关系模式的转换

E-R 图向关系模式的转换要解决的问题是，如何将实体和实体间的联系转换为表，如何确定这些表的字段和主键。转换的一般性原则为：

9-3　E-R 图向关系模式转换

1）一个实体转换为一张表，表的字段就是实体的属性，表的主键就是实体的码。

2）一个多对多的联系也可转换为一张表，表的字段就是联系的属性，两端实体的码组合成为表的主键。

对于实体之间不同的联系类型，下面分为三种情况讨论具体的转换方法。

1. 一对一联系

转换方法：联系两端的实体转换为两张表，实体属性作为表的字段，实体的码作为表的主键，在任意一端的表中加入另外一端表的主键（作为外键）和联系的属性。

例如，假设一个部门必须有一位经理，而且只有一位经理，员工与部门之间有"经理"这样一个 1∶1 的联系，其 E-R 图如图 9.6 所示，可以转换成如图 9.7 所示的关系模式。

因为每个部门必有一位经理，故部门是全参与；而员工不可能人人都当经理，因而是部分参与。此种情况下，部分参与一端转换后的表的主键及联系的属性加入到全参与一端转换后的表中。

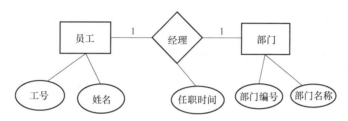

图 9.6　1∶1 联系的 E-R 图示例

2. 一对多联系

转换方法：在 n 端实体转换成的表中加入 1 端实体的码（作为外键）和联系的属性。

例如，大学数据库中教师实体与系部实体之间具有多对一的联系，其 E-R 图如图 9.8 所示，可以转换成如图 9.9 所示的关系模式（表）。

其中，"系部编号"属性作为"教师"关系模式的外键来使用。

图 9.7　图 9.6 的 E-R 图转换的结果

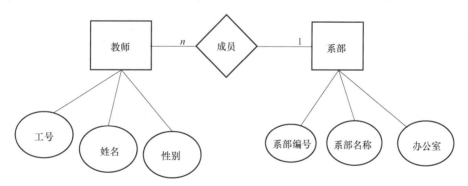

图 9.8　1∶n 联系的 E-R 图示例

3. 多对多联系

转换方法：除了联系两端的实体各自转换为一张表之外，联系本身需要单独转换成一张表，联系的属性转换为表的字段，两端实体的码加入到新表中，组合作为表的主键。

例如，学生选课 E-R 图如图 9.10 所示，图 9.11 是转换后的关系模式（表）。

图 9.9　图 9.8 的 E-R 图转换的结果

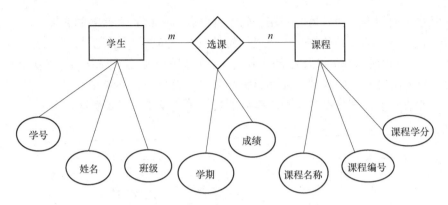

图 9.10　$m:n$ 联系的 E-R 图示例

9.3.2　关系模式的优化

当定义 E-R 图并正确地识别所有的实体后，由 E-R 图生成的关系模式应该就不需要太多进一步的规范化。然而数据库逻辑设计的结果不是唯一的，为了进一步提高数据库应用系统的性能，还应该根据应用需要适当地修改、调整关系模式，这就是关系模式的优化。前面为了让读者易于理解，用关系表代替了关系模式，其实关系模式只是关系表的表头部分，简记为：表名（字段 1,字段 2,字段 3,…）。

关系模式的优化通常以关系规范化理论（范式理论）为基础，相关概念和方法请参考本书第 7.3 节。关系模式优化的基本方法步骤如下：

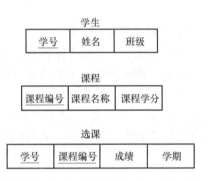

图 9.11　图 9.10 的 E-R 图转换的结果

1）确定函数依赖。根据数据的语义要求分别写出每个关系模式内部各属性之间的函数依赖，以及不同关系模式的属性之间的函数依赖。

2）对关系模式逐一进行分析，考察是否存在部分函数依赖、传递函数依赖等，确定各关系模式分别属于第几范式。一般来说，关系模式规范到第三范式即可。

3）根据需求分析阶段得到的处理要求，分析这些关系模式是否适合特定的应用环境，确定是否需要对某些关系模式进行合并或分解。

必须注意的是，并不是规范化程度越高的关系模式就越优。例如，当查询经常涉及两个或多个关系模式的属性时，系统经常进行连接运算。连接运算的代价是相当高的，可以说关系模式低效的主要原因就是由连接运算引起的。这时，可以考虑将这几个关系合并为一个关系。因此，在这种情况下，第二范式甚至第一范式也许更合适。

4）如果确有必要，可对关系模式进行适当的分解，以便提高系统效率。

9.4　物理结构设计

数据库在物理设备上的存储结构与存取方法称为数据库的物理结构，它依赖于特定的数据库管理系统。根据数据库的逻辑结构选定数据库管理系统（如 Oracle、MySQL 等），设计数据库的存储结构、存取方式等，就是数据库物理结构设计。

物理结构设计也就是数据库内模式的设计，内模式和逻辑模式不一样，它不直接面向用户，一般用户不需要了解内模式的设计。因此，物理结构设计可以不考虑用户理解的方便，主要是为了提高数据库的性能，特别是满足主要应用的性能要求。

由于不同的数据库管理系统所提供的硬件环境和存储结构、存取方法有一定的差异，因此，数据库物理结构设计没有通用的方法。同时，在进行物理结构设计时，设计人员必须充分了解所用数据库管理系统的功能、性能和特点，包括所提供的物理环境、存储结构和存取方法。

一般而言，数据库物理结构设计可以分为以下几个步骤：

1）选定数据库管理系统。

2）确定存取方法。

3）确定存储结构。

9.4.1　选定数据库管理系统

图 9.12 所示是常见的数据库管理系统，可以根据以下应用需求对 DBMS 进行选择：

图 9.12　常见的数据库管理系统

1）选择商业数据库还是开源数据库。商业数据库需要考虑版权的问题。

2）从性能方面考虑。Oracle 性能比较高，如果项目需要大的事务操作时可以考虑选择它，其他情况可选择别的数据库管理系统。

3）从使用的操作系统考虑。SQL Server 只支持在 Windows 下使用，其他一些数据库则可以在 Linux、Windows 操作系统下运行。

4）从开发语言考虑。如果选择的是 .NET 语言，选择 SQL Server 会比较好一点，与 .NET 配合比较好。

5）从应用场景考虑。MySQL 这类开源数据库比较适合互联网项目，而 Oracle 和 SQL Server 更适用于企业级项目。

9.4.2　确定存取方法

确定数据库的存取方法，就是确定建立哪些存储路径以实现快速存取数据库中的数据。现行的 DBMS 一般都提供了多种存取方法，如索引方法、Hash 方法等。其中，最常用的是索引方法。

数据库的索引类似书的目录。在书中，目录允许用户不必浏览全书就能迅速地找到所需要的位置；在数据库中，索引也允许应用程序迅速找到表中的数据，而不必扫描整个数据库。在书中，目录就是内容和相应页号的清单；在数据库中，索引就是表中数据和相应存储位置的列表。使用索引可以大大减少数据的查询时间。

在创建索引时，一般遵循以下的一些经验性原则：

1）如果一个（组）属性列经常在查询条件中出现，可考虑在此属性列上建立索引。

2）如果一个属性列经常作为最大值和最小值等聚集函数的参数，可考虑在这个属性列上建立索引。

3）如果一个（组）属性列经常在连接操作的连接条件中出现，可考虑在这个属性列上建立索引。

需要注意的是，索引虽然能加速查询的速度，但是为数据库中的每张表都设置大量的索引并不是一个明智的做法。这是因为增加索引也有其不利的一面：首先，每个索引都将占用一定的存储空间，如果建立聚簇索引（会改变数据物理存储位置的一种索引），占用的空间就会更大；其次，对表中的数据进行增加、删除和修改时，索引也要动态维护，这样就会降低数据的更新速度。

9.4.3　确定存储结构

确定数据库物理存储结构主要指确定数据的存放位置和存储结构，包括确定关系、索引、聚簇、日志、备份等的存储安排和存储结构，确定系统配置等。

1）确定数据的存放位置。为了提高系统性能，应该根据应用情况将数据的易变部分与稳定部分、经常存取部分和存取频率较低部分分开存放。

例如，目前很多计算机有多个磁盘或磁盘阵列，因此可以将表和索引放在不同的磁盘上。在查询时，由于磁盘驱动器并行工作，可以提高物理 I/O 效率。也可以将比较大的表分放在两个磁盘上，以加快存取速度，这在多用户环境下特别有效。还可以将日志文件与数据库对象（表、索引等）放在不同的磁盘上，以改进系统的性能。

2）确定系统配置。关系数据库管理系统一般都提供了一些系统配置变量和存储分配参数，供设计人员和数据库管理员对数据库进行物理优化。初始情况下，系统都为这些变量赋予了合理的默认值，但是这些值不一定适合每一种应用环境，在进行物理结构设计时需要重新对这些变量赋值，以改善系统的性能。

系统配置变量很多，如同时使用数据库的用户数、同时打开的数据库对象数、内存分配参数、缓冲区分配参数（使用的缓冲区长度、个数）、存储分配参数、物理块的大小、物理块装填因子、时间片大小、数据库大小、锁的数目等。这些参数值影响存取时间和存储空间的分配，在物理结构设计时要根据应用环境确定这些参数值，以使系统性能达到最佳。

9.5　自测练习

1. 试述数据库设计过程。
2. 试述数据库设计过程中形成的数据库模式。
3. 设某汽车运输公司数据库中有三个实体集：一是"车队"实体集，属性有车队号、车队名等；二是"车辆"实体集，属性有牌照号、厂家、出厂日期等；三是"司机"实体集，属性有司机编号、姓名、电话等。

车队与司机之间存在"聘用"联系，每个车队可聘用若干司机，但每个司机只能应聘于一个车队，车队聘用司机有"聘用时间"和"聘期"两个属性。

车队与车辆之间存在"拥有"联系，每个车队可拥有若干车辆，但每辆车只能属于一个车队。

司机与车辆之间存在着"使用"联系，司机使用车辆有"使用日期"和"公里数"两个属性，每个司机可使用多辆汽车，每辆汽车可被多个司机使用。

（1）请根据以上描述，绘制相应的 E-R 图，注明实体名、属性、联系。

（2）将 E-R 图转换成关系模式，画出相应的数据库模型图，并说明主键和外键。

（3）分析这些关系模式中所包含的函数依赖，据此分析相应的关系模式达到了第几范式，并对这些关系模式进行规范化。

4. 学校中有若干系，每个系有若干班级和教研室，每个教研室有若干教员，其中有的教授和副教授每人各带若干研究生，每个班有若干学生，每个学生选修若干课程，每门课可由若干学生选修。请用 E-R 图画出此学校的概念数据模型。

参 考 文 献

［1］ 严蔚敏，李冬梅，吴伟民. 数据结构：C 语言版［M］. 2 版. 北京：人民邮电出版社，2015.

［2］ 于秀丽. 数据结构与数据库应用教程［M］. 北京：清华大学出版社，2019.

［3］ 严蔚敏，陈文博. 数据结构及应用算法教程：修订版［M］. 北京：清华大学出版社，2011.

［4］ 李春葆，金晶. 数据结构教程：C 语言版［M］. 北京：清华大学出版社，2006.

［5］ 耿国华. 数据结构：用 C 语言描述［M］. 北京：高等教育出版社，2011.

［6］ 王红梅，胡明，王涛. 数据结构：C++版［M］. 北京：清华大学出版社，2011.

［7］ 尹志宇，郭晴. 数据库原理与应用教程：SQL Server 2008［M］. 北京：清华大学出版社，2013.

［8］ 姚普选. 数据库原理及应用：Access［M］. 2 版. 北京：清华大学出版社，2006.

［9］ 史嘉权. 数据库系统概论［M］. 北京：清华大学出版社，2006.

［10］ 王珊，萨师煊. 数据库系统概论［M］. 5 版. 北京：高等教育出版社，2014.

［11］ 王能斌. 数据库系统教程：上册［M］. 北京：电子工业出版社，2008.

［12］ SILBERSCHATZ A，KORTH H F，SUDARSHAN S. 数据库系统概念：原书第 6 版［M］. 杨冬青，李红燕，唐世渭，等译. 北京：机械工业出版社，2016.

［13］ 吴慧婷，定会. 数据库技术及应用教程：SQL Server 2008［M］. 北京：机械工业出版社，2018.